3판

현대인의 생활영양

경이로움과 무한한 가능성으로 기쁨을 선사해 준
사랑하는 딸들, 수현·한나 그리고 유나에게……

CONTEMPORARY NUTRITION FOR LIVING

3판

현대인의 생활영양

박태선 · 김은경 지음

교문사

3판을 내면서

지난 2000년 초판 발행 후 본 교재로 인생철학이 담긴 강의를 해주신 교수님, 그리고 그 열정의 강의에 함께 한 학생들에게 마음 속 깊이 고마움을 전한다. 그동안 본 저서를 교재로 강의하면서 강의자와 수강생을 연결하는 교재의 중요성을 절감하고 있으며, 강의할 때마다 부족한 점과 보완할 점을 교재에 표시하면서 꾸준히 수정·보완해왔다.

본 저서를 '교양과목'의 교재로 사용할 때에는 다소 깊이 있는 내용은 생략하고 영양학의 근본적 원리와 식생활에의 적용을 강조하는 한편, 학생들의 흥미와 관심을 유발하도록 노력하였다. 또한 식품영양학을 전공하는 학생들이 영양학을 처음 접하는 '기초영양학' 교과목의 교재로 사용할 때에는 기본 개념에 충실하면서 앞으로 이어지는 다양한 영양학 수업의 기초를 확실히 다질 수 있도록 심혈을 기울였다.

초판 발행 후 20여 년이 흘렀지만, 그때의 감격과 고백을 지금도 여전히 마음에 담고 있다.

대학시절 '영양학' 과목을 수강하던 우리가 강단에 서서 영양학 강의를 시작한 지 어느새 많은 시간이 흘렀다. 이제는 마치 인생의 축소판과도 같은 영양학으로부터 삶의 지혜를 배우게 되었다. 예를 들어, 영양소의 상호작용에 대하여 강의하면서 "우리의 인생도 서로의 부족한 것을 채워주는 서로가 되고 싶다."라는 고백이 튀어나오고, 균형식의 중요성을 강조하면서 중용(中庸)의 진리를 새삼 깨닫게 된다. 인터넷을 통하여 온 세상이 하나가 되는 시대가 되어도 우리의 몸이 생태계를 구성하는 것과 동일한 원소들로 만들어졌으며, 우리의 육체와 영혼이 모두 자연의 일부분인 것에는 변함이 없다.

이렇듯 새롭게 깨닫게 된 영양학의 지혜를 식품영양학을 전공하는 학생들뿐만 아니라 대학이라는 조직체의 일원으로 생활하다가 광활한 인생을 향하여 첫 발을 내딛어야 할 모든 학생들과 공유하고픈 충동을 느끼게 되었다. 실제로 대학에서 영양과 관련된 기초과목 및 교양과목을 강의하면서 이와 같은 욕구는 서서히 고개를 들게 되었으며, 어느 바람 불던 가을날, 뜻을 모아 이 책의 집필을 시작하였다. 그동안 정성껏 준비하였던 강의노트에 살을 붙이고 보완하는 작업은 자신의 모든 것을 하나의 조각에 담고자 손길마다 사랑과 땀을 쏟아 붓는 조각가의 심정과 같았다.

무엇보다도 눈코 뜰 새 없이 바쁘게 살아가는 현대인들에게 식생활과 건강의 중요성이 강제적 의무사항으로 인식되기보다는, 스스로가 가꾸고 소중히 다루어야 할 삶의 일부로서 이해되기를 바라고, 각 장의 서문에 우리의 이러한 바람을 피력하고자 노력하였다. 그리하여 이 책이 단순히 교과목으로서의 '영양학'이 아니라, 현대인의 생활 속에서 살아 숨 쉬는 지침서로서의 '영양학'으로 자리 잡는 데 미력하나마 도움이 되었으면 하는 바람이다.

이번에는, 2005년 이후 5년마다 제·개정하고 있는 2020 한국인영양소섭취기준(Dietary Reference Intakes for Korean, KDRI)의 변경내용을 반영하였으며, 본 교재에 소개된 각종 통계자료를 업그레이드하였다.

'평균수명 100세 시대'의 도래를 눈앞에 두고 ('삶의 질'을 중요시하게 되면서) 식생활, 즉 먹을거리에 대한 관심은 상상을 초월한다. 더욱이 스마트폰의 출시로 장소와 시간에 구애 없이 원하는 정보를 순식간에 검색할 수 있게 되었다. 그 많은 정보 중에서 식품 및 영양에 대한 정보야말로 남녀노소를 불문하고 가장 빈번히 조회하는 정보 중의 하나이리라!

이제 우리는 학생들에게 건강한 삶을 영위하기 위한 영양학의 정보를 가르치기보다는 그와 같은 정보의 홍수 속에서 과학적 검증을 거친 올바른 정보를 구별해내는 능력을 가르치는 것이 더욱 중요하게 되었다. 이와 같은 변별력을 발휘하려면 단편적인 영양학 지식들의 열거만으로는 결코 파악할 수 없는 '우주 및 자연과 인간의 조화를 토대로 움직이는 영양소의 세계'에 대한 이해가 우선되어야 한다.

아무쪼록 이번 개정으로 《현대인의 생활영양》 교재가 '100세 건강시대'의 주역이 될 젊은 이들을 위한 '건강 식생활의 지침서'로서의 진가(眞價)를 더욱 발휘하게 되기를 소망한다.

2021년 2월
개강을 앞두고 설레는 마음으로~
박태선, 김은경 씀

차 례

개정판을 내면서 ...iv

Chapter 1

건강 및 생활영양의 개요

1. 건강이란? ...2
1) 건강에 대한 정의 ...2
2) 건강을 유지하기 위해 필요한 요소 ...3
3) 건강 및 영양상태의 연속 스펙트럼 ...3
4) 건강식 ...4

2. 한국인의 사망원인은 어떻게 변화했을까? ...5
1) 평균수명의 변화 ...5
2) 사망원인의 변화 ...6

3. 영양과 영양소의 의미는? ...8
1) 영양 ...8
2) 영양소 ...8
3) 영양학의 범위 ...9

4. 영양소는 체내에서 어떠한 역할을 할까? ...11
1) 몸의 구성물질 공급 ...11
2) 에너지 공급 ...13
3) 생리적 기능 조절 ...13

5. 한국인 영양소 섭취기준의 의미는? ...14
1) 영양소 섭취기준 제정 배경 ...14
2) 영양소 섭취기준 ...15
3) 영양소 섭취기준의 활용 및 사용 시 유의점 ...16

Chapter 2

균형식의 실천을 위하여

1. 식사구성안을 이용한 식사계획은? ...20
1) 식사구성안의 영양목표 ...21
2) 식품군 분류 ...21
3) 대표식품의 1인 1회 분량 ...22
4) 권장식사패턴 ...23
5) 식단 작성의 예 ...23
6) 식사모형: 식품구성자전거 ...23

2. 한국인을 위한 식생활 실천지침은? ...26

3. 식품표시제도란 무엇인가? ...29
1) 식품 및 영양 표시제도의 정의 ...29
2) 식품 및 영양 표시제도의 기능 ...30
3) 미국의 영양표시제도 ...30
4) 우리나라의 영양표시제도 ...31

4. 영양상태는 어떻게 판정하나? ...34
1) 신체계측법 ...35
2) 생화학적 방법 ...37
3) 임상적 방법 ...38
4) 식사조사법 ...38

소화 · 흡수, 그리고 운반

1. 소화계란 무엇인가? ...42

2. 소화과정은 어떻게 진행될까? ...44
1) 입안에서의 소화 ...44
2) 위에서의 소화 ...44
3) 소장에서의 소화 ...45
4) 소화과정에 영향을 미치는 요인들 ...47

3. 영양소는 어떻게 흡수되나? ...48
1) 소장 상피세포의 구조 ...48
2) 확산과 능동적 이동 ...49
3) 대장의 역할 ...49

4. 신체에서 순환계는 어떻게 '도로'의 역할을 할까? ...50
1) 혈액과 림프 ...50
2) 순환계 ...51
3) 세 포 ...52

물

1. 물도 영양소일까? ...56

2. 체내에서 물은 어떤 역할을 할까? ...57
1) 기계적 기능 ...57
2) 화학적 기능 ...58

3. 체내의 수분평형은 어떻게 유지되나? ...58
1) 수분 섭취량 = 수분 손실량 ...59
2) 체내에 물이 저장되는 공간 ...60
3) 부종현상 ...61
4) 탈수현상 ...62

4. 물, 얼마나 마셔야 하나? ...63
1) 우리 몸에 공급되는 물의 급원 ...63
2) 우리가 마시는 다양한 음료수 ...64
3) 계절 및 주변환경에 따른 수분 섭취량 ...66
4) 바람직한 수분 섭취량 ...67
5) 수분 필요량을 결정짓는 요인 ...68

5. 물과 관련된 공중보건 문제는 무엇일까? ...70
1) 염소 ...70
2) 불소 ...70
3) 알루미늄 ...70

6. 우리가 먹는 식수는 안전할까? ...71
1) 수돗물 ...71
2) 정수 ...71
3) 약수 ...71

탄수화물 영양

1. 탄수화물은 어떻게 만들어질까? ...74

2. 탄수화물을 구성단위에 따라 분류해 보면? ...75
1) 단당류 ...75

차례

2) 이당류 ...77

3) 다당류 ...77

3. 우리의 식생활에서 '탄수화물'이 가지는 중요한 의미는? ...79

1) 주요 에너지원 ...79

2) 케토시스의 방지 ...79

3) 음식에 단맛 제공 ...79

4) 식이섬유 제공 ...82

4. 탄수화물은 체내에서 어떻게 대사되나? ...82

1) 에너지 생성 ...82

2) 젖산 생성 ...83

3) 글리코겐 합성 ...84

4) 지방 합성 ...85

5) 불필수아미노산 합성 ...85

5. 탄수화물, 얼마나 먹어야 하나? ...85

1) 탄수화물의 급원식품 및 영양소 섭취기준 ...85

2) 적정 에너지 구성비 ...86

3) 총 당류 섭취기준 ...86

4) 한국인의 탄수화물 섭취 실태 ...87

6. 혈당조절을 위해 신체에서는 지금 어떠한 일이 일어나고 있는가? ...87

1) 혈당의 변화 ...88

2) 단식 시 신체의 대응책 ...88

7. 탄수화물 섭취와 관련된 영양문제는 무엇인가? ...89

1) 당뇨병 ...89

2) 유당 불내성 ...92

3) 충치 ...93

4) 숨어 있는 설탕을 찾아라! ...93

8. 식이섬유, 과연 어떤 영양소인가? ...95

1) 식이섬유의 정의 및 종류 ...95

2) 식이섬유의 생리기능 ...96

3) 식이섬유의 영양소 섭취기준 ...98

9. 가공 시 식품의 영양적 가치는 어떻게 달라질까? ...99

1) 영양학적 품질 저하 ...99

2) 식품가공 시의 보완책 ...100

지질 영양

1. 지질은 어떠한 영양소인가? ...104

1) 지질의 구성성분 ...104

2) 에너지 저장고 ...105

3) 기름과 지방의 차이 ...105

4) 가시적 지질과 비가시적 지질 ...106

2. 지질은 어떻게 분류되는가? ...106

1) 지방산 ...106

2) 중성지방 ...109

3) 인지질 ...112

4) 콜레스테롤 ...113

3. 체내에서 지질의 역할은 무엇인가? ...116

4. 지질은 어떻게 소화 · 흡수 및 대사될까? ...118

　1) 소화 및 흡수 ...118

　2) 지단백질 형태로 운반 ...119

　3) 대사 ...121

5. 지질, 얼마나 먹어야 하나? ...121

　1) 지질 및 콜레스테롤의 권장섭취량 ...121

　2) 한국인의 지질 섭취 실태 ...123

6. 지질과 관련된 영양 · 건강문제는 무엇인가?
...124

　1) 마가린과 쇼트닝, 트랜스지방 ...124

　2) 정제어유 캡슐 ...126

　3) 지질 대용품의 이용 ...128

**7. 지질 섭취와 심혈관계 질환은 어떠한 관계가 있
는가?** ...129

　1) 이상지질혈증 ...129

　2) 관상심장병 ...131

단백질 영양

1. 자연계에서 '질소'는 어떻게 순환될까? ...136

2. 아미노산이란? ...138

　1) 아미노산의 정의와 유전정보 ...138

　2) 아미노산의 종류 ...138

3. 단백질은 체내에서 어떠한 역할을 할까? ...140

　1) 체구성 성분으로서의 단백질 ...140

　2) 체액의 중성(산 · 알칼리 균형) 유지 ...140

　3) 효소 · 호르몬 · 항체의 합성 ...140

　4) 에너지의 급원 ...142

4. 단백질은 어떻게 소화 · 흡수될까? ...142

5. 아미노산은 체내에서 어떻게 이용될까? ...143

　1) 단백질 합성 ...143

　2) 단백질 및 아미노산의 대사 ...145

　3) 탈아미노기 반응과 요소의 합성 ...146

6. 단백질, 얼마나 먹어야 하나? ...147

　1) 질소평형 ...147

　2) 단백질 권장섭취량 ...148

　3) 한국인의 단백질 섭취 실태 ...150

7. 단백질 섭취가 부족하거나 또는 지나치다면?
...150

　1) 단백질 섭취 부족 ...150

　2) 단백질의 과량섭취로 인한 문제점 ...152

　3) 아미노산의 불균형 ...152

8. 식품 단백질의 종류에 따른 질의 차이는? ...153

　1) 식품 단백질의 질적인 평가 ...153

　2) 단백질의 보완효과 ...154

　3) 동물성 단백질 식품의 섭취 ...156

차례

비타민 영양

1. 비타민은 어떻게 발견되었는가? ...160
   1) '비타민설'이 대두된 배경 ...161
   2) 비타민의 명명 ...162

2. 비타민의 종류 및 일반 성질은 무엇인가? ...162
   1) 비타민의 역할 ...162
   2) 비타민의 종류 ...164
   3) 비타민의 일반 성질 ...164
   4) 식생활에서 주의가 요구되는 비타민 ...164

3. 비타민은 어떻게 소화 · 흡수되는가? ...165
   1) 지용성 비타민 ...165
   2) 수용성 비타민 ...166

4. 지용성 비타민에는 어떤 것들이 있을까? ...166
   1) 비타민 A ...166
   2) 비타민 D ...170
   3) 비타민 E ...174
   4) 비타민 K ...177

5. 수용성 비타민에는 어떤 것들이 있을까? ...178
   1) 비타민 C ...178
   2) 비타민 B_1(티아민) ...185
   3) 비타민 B_2(리보플라빈) ...187
   4) 니아신 ...189
   5) 비타민 B_6 ...190
   6) 엽산 ...191
   7) 비타민 B_{12} ...193

   8) 판토텐산 ...195
   9) 비오틴 ...196

무기질 영양

1. 무기질이란 무엇인가? ...202
   1) 무기질 고유의 특성 ...202
   2) 자연계에서의 무기질 순환 ...203
   3) 체내에 존재하는 무기질 ...204

2. 무기질은 어떻게 소화 · 흡수될까? ...205

3. 무기질은 체내에서 어떠한 역할을 할까? ...206
   1) 산 · 알칼리 균형 ...206
   2) 삼투압 조절 ...207
   3) 신체의 구성성분 ...207
   4) 대사의 촉매작용 ...207
   5) 기타 ...207

4. 다량 무기질의 종류는? ...207
   1) 칼슘 ...207
   2) 인 ...215
   3) 나트륨 ...216
   4) 칼륨 ...222
   5) 마그네슘 ...223

5. 미량 무기질의 종류는? ...224

    1) 철 ...224

    2) 요오드 ...228

    3) 아연 ...229

    4) 셀레늄 ...230

    5) 기타 미량 원소는? ...231

6. 중금속 중독은 얼마나 위험한가? ...231

    1) 납 중독 ...232

    2) 수은 중독 ...232

Chapter 10

에너지 대사와 비만

1. 자연계에서 식품에너지는 어떻게 순환되나? ...236

    1) 자연계에서의 에너지 순환 ...236

    2) 식품에너지의 이용 ...237

2. 인체가 필요로 하는 에너지는 얼마나 될까? ...238

    1) 기초대사량 ...238

    2) 활동대사량 ...241

    3) 식품의 열량소대사량 ...242

3. 에너지 불균형은 인체에 어떤 영향을 미칠까? ...242

    1) 체내의 저장에너지 ...243

    2) 체지방량의 변화 ...244

    3) 에너지 대사에 영향을 미치는 유전적 요소 ...245

4. 신경성 섭식장애, 과연 무엇인가? ...246

    1) 신경성 섭식장애의 원인 ...246

    2) 신경성 식욕부진증 ...248

    3) 신경성 탐식증 ...250

    4) 신경성 섭식장애의 치료 ...252

    5) 신경성 섭식장애의 위험 신호 ...253

5. 비만, 올바른 이해와 효과적인 관리법은? ...254

    1) 비만의 주된 원인 ...254

    2) 비만의 진단 ...255

    3) 지방조직의 특성과 대사성염증 ...257

    4) 비만의 분류 ...258

    5) 비만의 치료 ...260

차례

음주 · 흡연과 건강

1. 알코올 섭취와 건강은 어떤 관계가 있을까?
...276

1) 알코올도 영양소인가? ...276
2) 우리나라의 알코올 음료 소비량 ...277
3) 음주량과 음주상태 ...278
4) 알코올 섭취가 영양상태에 미치는 영향 ...282
5) 알코올 섭취가 건강에 미치는 영향 ...284
6) 건전한 음주문화의 정착을 위하여 ...287

2. 흡연과 건강은 어떤 관계가 있을까? ...290

1) 한국인의 흡연 실태 ...290
2) 흡연이 영양상태에 미치는 영향 ...292
3) 흡연이 건강에 미치는 영향 ...292

임신기와 수유기 영양

1. 임신기의 올바른 영양관리는? ...300

1) 임신 및 태아의 발달 ...301
2) 임신 시의 체중 증가량 ...303
3) 임신합병증과 영양 ...304
4) 임신 중 나타나는 이상증세 ...305
5) 임신부의 영양소 섭취기준 ...306
6) 임신부의 식사지침 ...308

2. 수유기의 올바른 영양관리는? ...311

1) 우리나라의 모유 수유 현황 ...311
2) 모유 수유의 장점 ...312
3) 수유의 생리 ...313
4) 수유부의 영양소 섭취기준 ...316
5) 수유부의 식사지침 ...316

기능성식품과 건강기능식품

1. 기능성식품에 대한 이해 ...320

1) 기능성식품의 정의 ...320
2) 기능성식품, 과연 필요한가? ...322
3) 기능성식품은 나라마다 어떻게 발전하였는가?
...324

2. 우리나라의 건강기능식품 바로 알기 ...325

1) 건강기능식품에 관한 법률 ...325
2) 건강기능식품의 정의 ...325
3) 일반식품, 건강기능식품과 의약품은 서로 어떻게
다른가? ...330
4) 건강기능식품의 표시기준 ...332
5) 건강기능식품의 허위 · 과대 표시나 광고 금지
...334

찾아보기 ...337

건강 및 생활영양의 개요

1. 건강이란?
2. 한국인의 사망원인은 어떻게 변화했을까?
3. 영양과 영양소의 의미는?
4. 영양소는 체내에서 어떠한 역할을 할까?
5. 한국인 영양소 섭취기준의 의미는?

Chapter 1

건강 및
생활영양의 개요

"We are what we eat. We eat what we are."
우리의 몸은 섭취하는 음식을 그대로 반영하여 형성되며,
우리는 궁극적으로 몸을 형성하게 될 성분들을
음식물로부터 취한다.
따라서 육체적 건강상태는 먹는 음식에 의해
직접적인 영향을 받고 있음은 두말할 나위가 없으며,
정신세계 역시 우리가 섭취한 음식에 의해
직접·간접적인 영향을 받고 있다.

1. 건강이란?

1) 건강에 대한 정의

세계보건기구(WHO) 주최로 1946년 뉴욕에서 개최된 '건강관련 국제회의'에서 제시된 다음과 같은 '건강'의 정의가 오늘날에도 흔히 사용된다. "건강이란 단지 질병이 없거나 허약하지 않은 상태를 뜻하는 것이 아니고, 신체적·정신적·사회적·영적으로 완전하게 양호한 상태를 의미한다."

2) 건강을 유지하기 위해 필요한 요소

개인의 건강상태는 병원·보건소 등의 진료시설 및 의료보험을 포함한 그 사회의 의료체계, 위생시설, 응급치료 체계 및 보건복지 정책, 그리고 개인의 운동·생활습관 및 스트레스 관리 등의 요소와 밀접한 상관관계가 있다. 이 중 일부는 사회적 요인으로서 국가의 정책적·제도적 뒷받침이 필요한 반면, 운동, 생활습관, 스트레스 관리 등의 개인적 요인은 자신의 노력 여하에 의해 얼마든지 향상이 가능하다.

3) 건강 및 영양상태의 연속 스펙트럼

왠지 컨디션이 좋지 않고 여기저기가 불편하여 병원을 찾게 되면, 의사는 "신경성입니다." 또는 "과로 때문입니다."라는 진단을 내리지만, 병원문을 나서면서도 여전히 몸과 마음은 가볍지 않다. 현대인이라면 누구나 이와 같은 경우를 종종 경험하게 되는데, 질병이 없는 상태라 하여 과연 건강하다고 할 수 있을까? 평소에 건강하던 사람이 하루아침에 중병에 걸리는 것은 아니며, 특히 감염성 질환을 제외한 만성질환의 경우는 더더욱 그러하다.

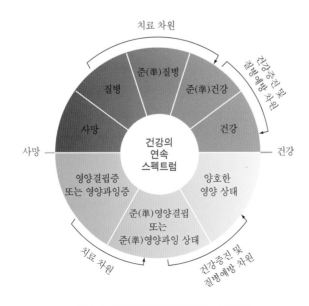

그림 1-1 건강 및 영양상태의 연속 스펙트럼

건강 및 질병의 관계는 그림 1-1에서 보듯이 건강·준(準)건강·준(準)질병·질병 및 사망이라는 다섯 단계가 연속성 있는 스펙트럼을 형성하고 있다. 건강한 사람이란 최고수준의 건강상태를 유지하고 생동감 있게 생활하는 사람을 말하며, 준건강 또는 준질병 상태는 현재 질병을 가지고 있지는 않지만 질병상태로 옮겨갈 수 있는 가능성이 잠재되어 있는 상태를 일컫는다. 건강과 밀접한 연관이 있는 개인의 영양상태 역시 모든 영양소가 필요량만큼 적절히 공급되고 있는 양호한 영양상태에서 하루아침에 심각한 영양결핍증 또는 영양과잉증으로 발전하는 것은 아니다. 즉 임상적인 소견을 나타내는 영양결핍증 또는 영양과잉증은 준영양결핍 또는 준영양과잉 상태를 거쳐 장기간의 영양 불균형이 지속되어 온 결과이다.

현재 우리 사회에는 준건강인·준환자(준질병) 또는 잠재적인 영양결핍 또는 잠재적인 영양과잉 상태의 범주에 속해 있는 인구가 급증하고 있다. 이에 대한 원인으로는 정신적 스트레스, 운동량 감소, 영양소 섭취의 불균형, 결식, 불규칙적인 식사 및 가공식품의 이용 증가 등을 들 수 있다. 현대인은 일생을 살아나가는 데 있어서 이 스펙트럼의 좌우를 이동하면서 생활하고 있으며, 우리는 '삶의 질(quality of life)'을 향상시키기 위해 삶의 목표를 항상 스펙트럼의 우측방향에 두고 있다.

4) 건강식

대부분의 현대인들은 자신의 건강지수를 준건강 상태에서 건강상태로 상향조절하고 싶어한다. 이를 위해 운동 및 식사조절을 포함한 다양한 노력을 기울이고 있으며, 그 가운데 많은 사람들이 '건강식'에 대한 환상을 가지고 있다. 그렇다면 건강식이란 과연 어떠한 식사인가? 한마디로 건강식은 곧 '균형식(balanced diet)'을 뜻한다. 매일매일의 식생활에서 신체가 필요로 하는 다양한 영양소의 균형이 양적인 면과 질적인 면에서 모두 잘 갖추어진 건강식을 실천하는 것은 오직 여러 가지 식품을 골고루 섭취함으로써만 가능하다. 단일식품에 대한 과신 또는 특정 식품의 초능력을 믿는 데서 오히려 영양 불균형이 초래되고, 건강을 해치는 일이 종종 발생한다.

2. 한국인의 사망원인은 어떻게 변화했을까?

1) 평균수명의 변화

한국인의 평균(기대)수명은 2019년을 기준으로 남자 80.3세 및 여자 86.3세이며, 이는 20년 전과 비교해 볼 때 약 10세가량 증가하였고, 10년 전에 비해서도 5세 이상 늘어난 수치이다(그림 1-2). 이와 같은 속도로 평균수명이 해마다 꾸준히 증가해 간다고 가정할 때, 2030년에는 남녀의 평균수명이 각기 82.6세 및 87.7세가 될 것으로 전망하고 있다.

평균수명의 증가와 관련하여, 최근 삶의 질을 높이는 것에 대한 중요성이 부각되고 있다. 즉 누구나 단순한 수명의 증가보다는 건강이 보장된 삶의 연장을 원하고 있으며, 이와 함께 현대인의 주요 사망원인이 되고 있는 만성질환 및 성인병의 예방·치료에 대한 중요성이 강조되고 있다.

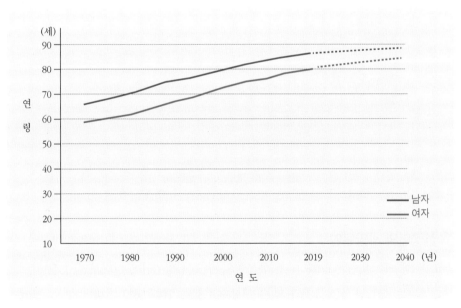

그림 1-2 한국인 평균수명의 변화
자료 : 통계청 생명표(2018). 장래 기대수명(자료 갱신 2019)

2) 사망원인의 변화

(1) 미국인의 사망원인

미국인의 사망원인(2018)에 관한 통계자료에 의하면, 1위가 심장관련 질환 (23.1%), 2위가 암(21.1%)으로 보고되었다. 또한 미국인 전체 사망원인의 약 52.6% 이상을 차지하는 심장병·암·뇌졸중·당뇨병 등이 모두 식사와 관련된 질환임을 감안할 때, 식사관련요인만 잘 관리하여도 주요 사망원인이 되는 질병으로부터 벗어날 수 있음을 알 수 있다(그림 1-3).

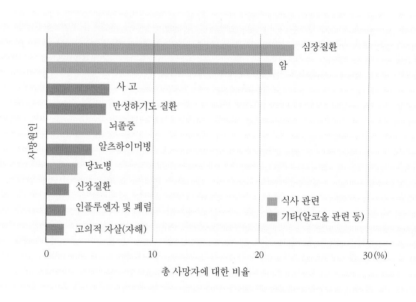

그림 1-3 미국인의 사망원인(2018)
자료 : Centers for Disease Control ans Prevention(CDC)(미국 연방 질병예방통제센터), 2018

(2) 한국인의 사망원인

표 1-1에 제시된 1950년대 이후 한국인의 주요 사망원인을 살펴보면, 1950~1960 년대까지는 궁핍한 식량사정과 낮은 생활수준으로 인한 영양 섭취의 부족, 그리고 열악한 보건 및 위생환경 등으로 인하여 폐렴 및 결핵이 1위를 차지하였다. 그러나 2018년에는 사망원인의 순위가 크게 바뀌어 악성 신생물(각종 암, 1위), 뇌혈관질환

표 1-1 한국인의 주요 사망원인의 변화

연도 순위	1953	1960	1970	1980	1990	2000	2010	2018
1	결핵	폐렴	순환기계	순환기계 (고혈압)	악성 신생물	악성 신생물(암)	악성 신생물(암)	악성 신생물(암)
2	위장질환	결핵	호흡기계	악성 신생물	뇌혈관 질환	뇌혈관 질환	뇌혈관 질환	심장질환
3	뇌혈관 질환	소화기계	감염	불의의 사고	불의의 사고	심장질환	심장질환	폐렴
4	폐렴 및 기관지염	감염	악성 신생물	소화기계	심장병	운수사고	고의적 자해(자살)	뇌혈관 질환
5	신경계	악성 신생물	손상 및 중독	호흡기계	고혈압	간질환	당뇨병	고의적 자해(자살)
6	노쇠	신경계	소화기계	감염	만성 간질환 및 간경변	당뇨병	폐렴	당뇨병
7	심장질환	피부병	내분비 대사질환	신경계	당뇨병	만성기도 질환	만성하기 도 질환	간 질환
8	감염	기관지염	신경계	내분비 대사질환	결핵	자살	간 질환	만성하기도 질환
9	악성 신생물	심장병	비뇨기계	비뇨기계	자살	고혈압성 질환	운수사고	알츠하이머병
10	원인불명	뇌염	결합조직 결함	정신병	폐렴 및 기관지염	폐렴	고혈압성 질환	고혈압성 질환

자료 : 통계청(2019). 2018 「사망원인통계」 통계정보 보고서.

(2위), 심장질환(3위) 등이 주요 사인이 되면서, 점차 선진국의 사망원인 패턴과 유사해지고 있다.

이처럼 최근 들어 우리 나라에서 악성 신생물 및 심장순환기계 질환이 주요 사망원인의 자리에 오르게 된 것은 식생활 패턴의 변화와 밀접한 연관이 있다. 따라서 선진국에서 보여주었던 성인병 발생의 패턴을 그대로 답습하지 않기 위해서는 우리 식습관의 현주소에 관한 재평가와 함께 바람직한 한국적 식생활 패턴의 올바른 방향제시가 시급한 시점이다.

3. 영양과 영양소의 의미는?

1) 영 양

'영양(nutrition)'이란 신체가 식품을 선택하여 섭취한 후 식품성분이 우리 몸의 일부가 되는 과정을 말하며, 좀 더 폭넓게는 신체가 음식물을 섭취하여 소화·흡수 시킨 후 각 영양소를 이용함으로써 건강을 유지하는 상태를 뜻한다고 할 수 있다. 이때 영양은 입에서부터가 아니라 '무엇을 먹을까?' 고민하는 순간부터 시작된다. 먹고자 하는 식품을 결정하는 그 순간이 '영양'의 첫 출발인 것이다(그림 1-4).

2) 영양소

"People eat foods, cells eat nutrients."

성인의 몸은 6×10^{13}개에 달하는 세포로 구성되어 있으며, 매초마다 수천만 개의 세포(제3장 소화·흡수, 그리고 운반, 53쪽, 그림 3-8 참조)가 파괴되고 새로

그림 1-4 영양의 첫 출발, 식품의 선택

운 세포로 교체된다. 신체는 결국 세포교체가 원활히 이루어져야만 건강을 유지할 수 있고, 건강한 세포를 만들기 위해서는 세포를 구성하는 재료가 되는 '영양소(nutrients)'의 계속적인 공급이 필수적이다. 식품을 구성하고 있는 물질 중 우리 몸에 에너지를 공급하고 성장 및 다양한 생리기능을 도모하는 등 건강을 유지하는데 필요한 성분을 영양소라고 정의한다. 따라서 영양이란 용어가 '상태' 또는 '과정'을 의미한다면, 영양소는 '물질'을 뜻한다.

지금까지 총 50여 종의 영양소가 밝혀져 있으며, 이들은 크게 물·탄수화물·지질·단백질·비타민, 그리고 무기질의 6대 영양소로 분류된다. 그 밖에 식품에 함유되어 있는 색소·향기성분 및 효소 등은 아직까지 영양물질로 정의되고 있지는 않지만, 체내에서 다양한 생리기능을 지니고 있음이 최근 밝혀지고 있다.

3) 영양학의 범위

영양학이라는 학문은 자연과학적 요소뿐만 아니라 인문·사회·문화적 요인을 함께 포함하고 있다. 따라서 다음 세 가지의 종합적이고 다각적인 견지에서 영양학의 완전한 학문적 역할이 성립된다.

Nutrition is a "Melting Pot" science.

(1) 식품과 관련된 영양학

각종 식품의 영양성분을 분석함으로써 식품의 영양가를 평가하고, 영양의 균형을 극대화할 수 있는 식품배합 및 식품개발에 대해 연구한다. 섭취한 식품의 종류와 양만 알면 식품의 영양소 함량 데이터베이스를 이용하여 어떠한 영양소를 얼마나 섭취하였는지에 대한 평가가 가능해진다. 식품의 영양소 분석자료를 참고로 식단을 작성한다면 건강식에 보다 쉽게 접근할 수 있을 것이다.

(2) 인체와 관련된 영양학

영양학에서는 인체를 포함한 유기체를 중심으로, 일단 입을 통해 섭취된 식품이 체내에서 소화·흡수되어 어떠한 생리기능을 나타내는가에 초점을 맞춘다. 에너지를 방출하여 신체활동을 가능케 하며, 정상적인 성장 및 신체기능의 유지를 위해

그림 1-5   개인의 식품선택에 영향을 주는 요인들

인체가 어떻게 식품 및 이에 함유된 영양성분들을 이용하고 있는지, 그 과정을 연구하는 학문이다. 따라서 올바른 영양과 균형잡힌 식생활을 실현하기 위해서는 인체생리학 및 생화학, 더 나아가 생명과학에 대한 깊은 이해와 연구가 필요하다.

(3) 인문 · 사회 · 문화적 요인과 관련된 영양학

(1), (2)를 근거로 하여 식사구성을 하였다 하더라도 누구나 그러한 영양소의 균형이 잘 갖추어진 이상적인 식사를 기꺼이 받아들일 수 있는 것은 아니다. 그림 1-5는 개인의 영양상태 및 식품선택에 영향을 주는 다양한 요인들을 제시하고 있다. 각 민족마다 고유한 식생활 문화를 지니고 있으며, 이러한 식문화가 식품의 선택에 영향을 주어 그 민족의 전반적인 영양상태 및 건강에 영향을 미칠 수 있다.

최근 우리나라에서도 다문화 가정뿐만 아니라 학업 및 취업 등을 목적으로 국내에 거주하는 외국인이 증가함에 따라 외국 음식 및 문화가 소개되어 우리의 식생활에 영향을 주고 있다(그림 1-6).

그림 1-6 멕시칸 음식과 외국 식당들(인도, 태국, 이슬람 식당)

　그 외에도 개인의 종교적·경제적 및 심리적 요인에 의해 식품선택이 영향을 받으며, TV 및 대중매체를 통한 광고 또한 현대인의 식생활 패턴 및 식문화 형성에 중요한 역할을 한다.

4. 영양소는 체내에서 어떠한 역할을 할까?

1) 몸의 구성물질 공급

　우리의 신체를 '집'에 비유한다면, 일상생활에서 섭취하는 음식물은 집을 짓는 데 필요한 원자재가 된다. 집을 굳건히 세우고 유지하기 위해서는 집을 짓는 데 필요한 자재를 꾸준히 제공해 주어야만 한다. 즉 몸을 구성하는 물질이 바로 영양소이므로, 신체의 성장과 유지, 그리고 소모된 조직의 보수를 위하여 영양소의 계속적인 공급이 필요하다.

　우리가 섭취하는 영양소로부터 우리의 몸이 만들어진다. 따라서 '건강을 유지하기 위하여 무엇을 먹어야 할까?'라고 고민한다면, 역으로 '우리의 몸을 구성하는 영양성분이 무엇인가?'를 우선 알아야 하겠다("We are what we eat. We eat what we are.").

표 1-2 인체를 구성하는 각종 원소

원 소	비율(%)
O	65
C	18
H	10
N	3
Ca	1.5~2.2
P	0.8~1.2
⋮	⋮

표 1-3 인체를 구성하는 각종 영양소(예)

영양소	비율(%)
수 분	65
단백질	16
지 질	15
무기질	4
탄수화물	미량
비타민	극미량

(1) 인체를 구성하는 원소

인체를 구성하는 원소의 종류를 살펴보면 표 1-2와 같다. 산소가 전체의 65%를 차지하고 탄소·수소·질소가 각각 18%, 10%, 3%를 차지하므로, 이들 네 가지 원소가 인체의 총 96% 정도를 차지한다.

(2) 인체를 구성하는 영양소

인체를 구성하는 영양소의 종류와 그 구성비율을 살펴보면 표 1-3과 같다. 수분 함량이 전체의 65%로 가장 많고, 단백질과 지질이 각각 16%와 15%를 차지하므로 이들 세 가지 영양소가 체중의 약 96%를 구성한다. 인체의 나머지 4%는 주로 무기질로 구성되어 있으며, 체내에 존재하는 탄수화물과 비타민은 양적으로 볼 때 아주 미량이다. 그림 1-7에서 보듯이 인체를 구성하는 성분과 식품을 구성하는 성분이 같으므로 식품 섭취를 통하여 인간이 생명을 유지하는 데 필요한 모든 영양소를 공급받을 수 있음은 놀라운 자연의 섭리이다.

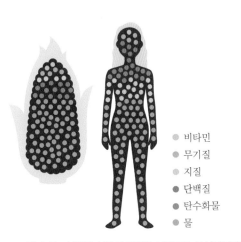

- 비타민
- 무기질
- 지질
- 단백질
- 탄수화물
- 물

그림 1-7 식품과 사람이 동일한 성분으로 구성되었네!

2) 에너지 공급

유기물질인 탄수화물·단백질 및 지질은 체내에서 연소되어 에너지를 발생하므로 이들 3대 영양소를 '열량소'라고도 한다. 혈액을 통해 공급되는 산소를 이용하여 세포 내에서 이들 열량소가 산화 또는 연소되는 과정은 아주 서서히 진행되므로, 기름이나 석탄을 연소할 때처럼 불꽃이 발생하지 않으며 뜨겁지도 않다. 탄수화물·지질·단백질은 이들을 구성하는 탄소-탄소의 결합방식 또는 각각의 산소 보유량에 따라 완전히 연소될 때 발생하는 에너지 함량이 각기 다르다. 즉 체내에서 탄수화물 1g은 4kcal를, 지질 1g은 9kcal를, 그리고 단백질 1g은 4kcal를 발생한다.

열량소의 대사 및 산화로부터 발생한 에너지는 체내에서 다양한 형태의 에너지로 전환되어 사용된다. 즉, 기계적 에너지(활동에너지)는 근육이 수축운동을 하는 데, 열에너지는 체온을 유지하는 데, 전기에너지는 뇌와 신경의 자극을 전달하는 데, 기초대사에너지는 호흡 및 맥박을 유지하는 데, 그리고 화학에너지는 새로운 세포를 합성하는 데 사용되고 있다.

3) 생리적 기능 조절

연료가 충분하여도 윤활유가 부족하면 자동차의 엔진이 잘 움직이지 않듯이, 우리 몸에서도 삐걱삐걱 소리가 나면서 에너지 대사 및 영양소의 산화가 원활히 이루

칼로리(calorie)

1 칼로리는 1g의 물을 1℃ 올리는 데 필요한 에너지의 양으로 cal로 나타내며, 1 킬로칼로리(kilocalories)는 1kg의 물을 1℃ 올리는 데 필요한 에너지의 양으로 kcal로 나타낸다. 종종 에너지의 단위를 단순히 칼로리로 이야기하나, 이는 실제로 킬로칼로리(kcal)를 의미한다.

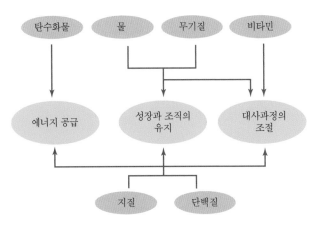

그림 1-8　영양소들의 상호관계

어지지 않는다면 생리적 조절작용을 담당하는 미량 영양소가 부족하다는 신호로 인식하여야 한다. 비타민과 무기질은 체내에서 에너지 공급을 위한 직접적인 기질로 이용되지는 않으나, 대사 및 생리기능이 원활히 이루어지는 데 필수적인 보조요소로 작용한다.

이상에서 설명된 각 영양소의 역할을 요약하면 그림 1-8과 같다.

5. 한국인 영양소 섭취기준의 의미는?

1) 영양소 섭취기준의 제정 배경

그림 1-9 한국인 영양소 섭취기준 (2020)

종전에 사용하던 영양권장량(recommended dietary allowances, RDA)*은 영양섭취 부족이 주요 관심사였던 시기에 필수영양소 결핍 예방을 목표로 제정되었고, 따라서 대다수 건강한 사람들의 필요량을 충족시키는 권장량을 단일 값으로 제시하였다. 그러나 최근 건강문제에서 영양부족이 차지하는 비중은 줄어드는 반면 비만과 만성질환의 발생률이 증가하고 영양보충제 및 건강보조식품의 사용증가로 영양소의 과다섭취가 건강에 미치는 영향에 대한 우려가 높아지고 있다. 이에 만성질환 및 영양소 과다 섭취의 예방까지 고려한 새로운 개념의 영양소 섭취기준(dietary reference intakes, DRIs)이 2005년에 처음으로 제정되었으며, 5년마다 개정되어 최근 2020년에 재개정되었다(그림 1-9).

☑ 영양권장량 : 2005년 10월 "한국인 영양소 섭취기준"이 제정되기 이전에 사용되었던 영양소의 섭취기준으로 전체 인구의 95%가 영양결핍이 되지 않기 위해서 하루에 섭취해야 하는 영양소 필요량을 제시함.

2) 영양소 섭취기준

(1) 정 의

한국인 영양소 섭취기준이란 한국인의 건강을 최적상태로 유지할 수 있는 영양소 섭취수준을 말한다. 2005년에 새로이 설정된 영양소 섭취기준은 평균필요량(Estimated Average Requirements, EAR), 권장섭취량(Recommended Nutrient Intake, RNI), 충분섭취량(Adequate Intake, AI), 상한섭취량(Tolerable Upper Intake Level, UL)의 4가지로 구성되었다(그림 1-10).

2020 한국인 영양소 섭취기준에서는 안전하고 충분한 영양을 확보하는 기준치(평균필요량, 권장섭취량, 충분섭취량, 상한섭취량)와 더불어 식사와 관련된 만성질환 위험감소를 고려한 기준치로

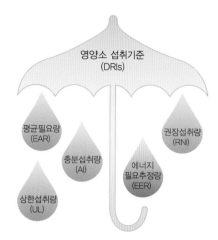

그림 1-10 영양소 섭취기준의 구성

에너지적정비율(Acceptable Macronutrient Distribution Range, AMDR)과 만성질환 위험감소섭취량(Chronic Disease Risk Reduction intake, CDRR)을 제시하였다.

(2) 구 성

❶ **평균필요량(EAR)** 대상 집단의 영양소 필요량 분포치의 중앙값에 해당되는 수치로서 그 집단 구성원 절반의 1일 필요량을 충족시키는 값이다. 일부 영양소의 경우 섭취상태를 반영하는 지표 또는 해당 영양소의 영양상태 평가기준이 명확히 확립되어 있지 않은 경우, 평균필요량이 설정되어 있지 않을 수도 있다.

❷ **권장섭취량(RNI)** 평균필요량에 표준편차의 2배를 더하여 정한 값으로, 인구집단의 97.5%에 해당하는 사람들이 필요량을 충족시킬 수 있는 섭취량으로 나타낸 값이다.

❸ **충분섭취량(AI)** 영양소 필요량에 대한 정확한 자료가 부족하거나 권장섭취량을 산출할 수 없는 경우에 제시한 값으로, 주로 역학조사에서 관찰된 건강한 사람들의 영양소 섭취수준을 기준으로 정한다.

❹ **상한섭취량(UL)** 과량 섭취 시 건강에 악영향을 나타낼 위험이 있는 영양소에 한하여, 과잉 섭취로 인한 위험을 예방하기 위하여 대다수 구성원들에게 유해한 영향을 나타내지 않을 최대 섭취수준을 상한섭취량으로 설정한다.

그림 1-11은 이러한 4가지 영양소 섭취기준을 나타낸 것이다. 영양소 섭취기준은

한 영양소에 대하여 2~3가지 수치가 있으며 식생활의 내용을 보다 정밀하게 평가하고 식사에 적용할 수 있도록 제정되었다. 따라서 그 내용을 충분히 이해하여 올바로 사용하는 것이 중요하다.

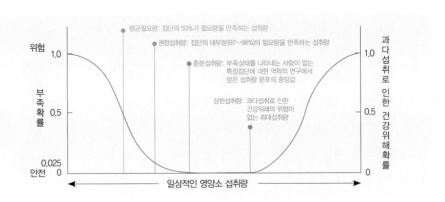

그림 1-11 영양소 섭취기준 지표의 개념도(평균필요량, 권장섭취량, 충분섭취량, 상한섭취량)
자료: 보건복지부·한국영양학회(2015), 한국인 영양소 섭취기준

❺ 에너지적정비율(AMDR) 각 영양소를 통해 섭취하는 에너지의 양을 전체 에너지 섭취량에서 차지하는 비율의 적정범위로 제시하였다. 성인의 경우, 탄수화물 : 단백질 : 지방 = 55-65 : 7-20 : 15-30로 제시하였다.

❻ 만성질환위험감소섭취량(CDRR) 건강한 인구집단에서 만성질환의 위험을 감소시킬 수 있는 영양소의 최저 수준의 섭취량이다. 이는 섭취량을 그 기준치 이하를 목표로 감소시키라는 의미가 아니라 그 기준치보다 높게 섭취할 경우 전반적으로 섭취량을 줄이면 만성질환에 대한 위험을 감소시킬 수 있다는 근거를 중심으로 도출된 섭취기준을 의미한다.

3) 영양소 섭취기준의 활용 및 사용 시 유의점

영양소 섭취기준은 건강한 개인 또는 건강한 사람으로 구성된 집단에 적용되며, 개인 및 집단의 식사 섭취상태 평가와 식사계획에 주로 활용된다. 영양소 섭취에 대한 과학적 근거가 충분히 존재하지 않는 연령계층(예: 영아)의 경우, 많은 영양소에서 상한섭취량이 제시되어 있지 않다고 하여 이런 영양소들을 다량으로 섭취하여도 건강장애가 생기지 않는다는 것을 의미하는 것은 아니다.

표 1–3 한국인 20대 성인 남녀의 1일 영양소 섭취기준(2020, DRIs)

영양소	남				여			
	평균필요량	권장섭취량	충분섭취량	상한섭취량	평균필요량	권장섭취량	충분섭취량	상한섭취량
에너지(kcal)		2,600*				2,000*		
탄수화물(g)	100	130			100	130		
단백질(g)	50	65			45	55		
식이섬유(g)			25				20	
수분(mL)			2,600				2,100	
비타민 A(μg RAE)	570	800		3,000	460	650		3,000
비타민 D(μg)			10	100			10	100
비타민 E(mg α-TE)			12	540			12	540
비타민 K(μg)			75				65	
비타민 C(mg)	75	100		2,000	75	100		2,000
비타민 B$_1$(mg)	1.0	1.2			0.9	1.1		
비타민 B$_2$(mg)	1.3	1.5			1.0	1.2		
니아신(mg NE)	12	16		35**	11	14		35
비타민 B$_6$(mg)	1.3	1.5		100*	1.2	1.4		100*
비타민 B$_{12}$(μg)	2.0	2.4			2.0	2.4		
엽산(μg DFE)	320	400		1,000	320	400		1,000
판토텐산(mg)			5				5	
비오틴(μg)			30				30	
칼슘(mg)	650	800		2,500	530	700		2,500
인(mg)	580	700		3,500	580	700		3,500
나트륨(g)			1.5				1.5	2,300
염소(g)			2.3				2.3	
칼륨(g)			3.5				3.5	
마그네슘(mg)	310	370		(350)	240	280		(350)
철(mg)	8	10		45	11	14		45
아연(mg)	8	10		35	7.0	8		35
구리(μg)	650	850		10,000	500	650		10,000
불소(mg)			3.4	10			2.7	10
망간(mg)			4.0	11			3.5	11
요오드(μg)	95	150		2,400	95	150		2,400
셀레늄(μg)	50	60		400	50	60		400
몰리브덴(μg)	25	30		600	20	25		500

자료 : 보건복지부 · 한국영양학회(2020). 한국인 영양소 섭취기준.
※ 에너지 필요추정량, ※※ 니코틴산(μg), ( ): 식품 외 급원의 마그네슘에만 해당됨.
• 나트륨의 경우 : 만성질환위험감소섭취량으로 설정됨.
• 엽산의 상한섭취량은 보충제 또는 강화식품 형태로 섭취한 μg/일에 해당됨.

✷ 나의 건강나이는 얼마인지 알아보자!

다음 문항의 점검표에서 자신에게 해당하는 것을 골라 우측의 점수를 합산하시오.

문항		점수	문항		점수
생활만족도	• 만족 • 보통 • 불만족	−3 +3 +5	운동	• 주 3회 30분 • 주 2회 30분 • 가볍게 매일 • 주 1회 이하 • 거의 안 함	−10 −5 −4 +2 +10
수면	• 항상 부족 • 종종 부족 • 항상 숙면	+3 +2 −2	혈압	• 45세 미만에서 고혈압 발병 • 45세 이상에서 고혈압 발병 • 60세 이상에서 고혈압 발병 • 정상	+4 +3 +2 0
고기 섭취	• 하루 1회 이상 • 주 4~5회 • 주 3회 이내	+6 +4 −3	당뇨병	• 있음 • 없음	+5 0
과일 · 채소 섭취	• 하루 2회 • 하루 1회 • 하루 한 가지 1회 • 주 5회 이하 • 주 1회 이하	−4 −3 −1 +1 +3	감기	• 지난 1년간 3번 이상 • 지난 1년간 1~2번 • 앓지 않았음	+3 +1 −3
담배	• 안 피움 • 10년 전부터 금연 • 10년 이내에 금연 • 하루 1/2갑 이하 • 하루 1갑 이하 • 하루 2갑 이하 • 하루 2갑 이상	−2 0 +2 +6 +12 +16 +20	화가 날 때	• 시간을 낭비할 때 화가 남 • 내색하지 않음 • 속을 태우지 않음 • 금방 수그러짐	+5 +2 0 −3
음주	• 매일 맥주 1병 이상 • 매주 맥주 5병 • 매주 맥주 2½병 이하	+5 +3 −1	스트레스 관리	• 쌓이는 즉시 해소함 • 자연히 풀리기를 기다림	−5 +5

건강나이 = ☐ (총점)/6 + ☐ (자신의 나이) = ☐

평가 건강나이 > 자신의 실제나이: 건강하지 못할 가능성이 있음.

　　　건강나이 < 자신의 실제나이: 건강관리를 잘 하고 있음.

Chapter 2

균형식의 실천을 위하여

1. 식사구성안을 이용한 식사계획은?

2. 한국인을 위한 식생활 실천지침은?

3. 식품표시제도란 무엇인가?

4. 영양상태는 어떻게 판정하나?

균형식의
실천을 위하여

"Eating to live or living to eat?"
시간에 쫓기는 현대인이라면 세끼 식사를 하는 데 들이는 시간이
아깝다는 생각을 할 때도 있을 것이다.
그래서 종종 "하루에 필요한 모든 영양소가
골고루 들어 있는 알약 몇 개를 아침에 먹는 것으로
하루 식사를 해결할 수는 없을까?" 하는 상상을 해보기도 한다.
그러나 생각하는 인간에게 있어서 모든 영양소를 배합한 알약 몇 개가
진정한 의미의 균형식을 대신할 수는 없을 것이다.

1. 식사구성안을 이용한 식사계획은?

올바른 식생활을 실천하고 좋은 영양상태를 유지하기 위해 가장 적합한 방법은
'균형 잡힌 식사'를 하는 것임을 제1장에서 이미 살펴보았다. 그렇다면 어떻게 균형
식을 실천할 수 있을까? 한국인 영양소 섭취기준은 너무 전문적이어서 일반인들이
식단을 계획하거나 평가하는 데 적용하기에는 어려움이 있다. 따라서 일반인이 여
러 가지 식품이 적절히 함유된 균형 잡힌 식사를 실천하는 데 도움을 주기 위하여
식사구성안이 고안되었다.

1) 식사구성안의 영양목표

식사구성안의 영양목표는 한국인 영양소 섭취기준(2020)과 한국 성인을 위한 식사지침을 참고하여 설정하였다(표 2-1).

표 2-1 식사구성안의 영양목표

1. 적절한 섭취	
에너지	에너지필요추정량의 100%
단백질	총 에너지의 7-20%
비타민	권장섭취량 또는 충분섭취량의 100%, 상한섭취량 미만
무기질	권장섭취량 또는 충분섭취량의 100%, 상한섭취량 미만
식이섬유	충분섭취량의 100%
2. 섭취의 절제	
지 방	**3세 이상:** 총 에너지의 15-30%
나트륨	소금 5.75g 이하
당 류	설탕, 물엿 등의 첨가당 되도록 적게

1) 성인기준

2) 식품군 분류

식사구성안에 사용되는 식품군 분류는 표 2-2와 같다. 2010년 개정된 한국인 영양소 섭취기준(식사구성안)에서는 과거의 식품군 중 유지, 견과 및 당류를 유지·당류로 바꾸고 견과류를 고기·생선·달걀·콩류에 포함시켰다.

표 2-2 식품군 분류

식품군	품 목
곡 류	곡류, 면류, 떡류, 빵류, 씨리얼류, 감자류, 기타
고기 · 생선 · 달걀 · 콩류	육류, 어패류, 난류, 콩류, 견과류
채소류	채소류, 해조류, 버섯류
과일류	과일류, 주스류
우유 · 유제품류	우유, 유제품
유지 · 당류	유지류, 당류

자료: 보건복지부·한국영양학회(2015). 한국인 영양소 섭취기준.

3) 대표식품의 1인 1회 분량

권장섭취패턴을 제시하기 위하여 최근 5년치 국민건강영양조사 자료를 통합분석하여 식품군별 대표식품의 1인 1회 분량을 설정하였다(표 2-3).

식품군	1인 1회 분량					
곡류	밥 1공기 (210g)	백미 (90g)	국수 1대접 (건면 100g)	냉면국수 1대접 (건면 100g)	떡국용 떡 1인분 (130g)	식빵 2쪽 (100g)
고기·생선·달걀·콩류	육류 1접시 (생 60g)	닭고기 1조각 (생 60g)	생선 1토막 (생 60g)	콩 (20g)	두부 2조각 (80g)	달걀 1개 (60g)
채소류	콩나물 1접시 (생 70g)	시금치나물 1접시 (생 70g)	배추김치 1접시 (생 40g)	오이소박이 1접시 (생 60g)	버섯 1접시 (생 30g)	물미역 1접시 (생 30g)
과일류	사과(중) 1/2개 (100g)	귤(중) 1개 (100g)	참외(중) 1/2개 (200g)	포도 1/3송이 (100g)	수박 1쪽 (200g)	오렌지주스 1/2컵 (100mL)
우유·유제품류	우유 1컵 (200mL)	치즈 1장 (20g)	호상요구르트 1/2컵 (100g)	액상요구르트 3/4컵 (150g)	아이스크림 1/2컵 (100g)	
유지·당류	식용유 1작은술 (5g)	버터 1작은술 (5g)	마요네즈 1작은술 (5g)	커피믹스 1회 (12g)	설탕 1큰술 (10g)	꿀 1큰술 (10g)

자료: 보건복지부·한국영양학회(2015). 한국인 영양소 섭취기준.

4) 권장식사패턴

개인의 연령 및 성별에 따라 필요한 영양소의 양이 다르므로, 엄밀한 의미에서 영양소 필요량을 충족시키기 위한 식사구성 또한 개인에 따라 달라져야 한다. 식사구성안이란 일반적으로 대다수의 사람들에게 적용될 수 있는 식사지침으로서 연령군별로 주요 영양소의 권장섭취량을 고려하여 하루에 섭취해야 할 각 식품군의 1일 섭취횟수를 표 2-4에서와 같이 제시한 것이다. 여기서 각 식품군의 섭취 횟수는 표 2-3에 제시된 것과 같은 1인 1회 분량을 근거로 한 것이다.

표 2-4 성인기(19~64세)의 각 식품군 1일 섭취 횟수

(섭취 횟수)

식품군	곡류	고기 · 생선 · 달걀 · 콩류	채소류	과일류	우유 · 유제품류	유지 · 당류
남 (2,400kcal)	4	5	8	3	1	6
여 (1,900kcal)	3	4	8	2	1	4

자료: 보건복지부·한국영양학회(2015). 한국인 영양소 섭취기준.

5) 식단 작성의 예

우리나라 성인 남자(2,400kcal)와 여자(1,900kcal)의 영양소 섭취기준을 충족시켜 주는 식단의 예는 표 2-5와 같다.

6) 식사모형 : 식품구성자전거

2010년 한국인 영양소 섭취기준이 개정되면서 그전까지 사용하던 식품구성탑을 대신하여 식품구성자전거(food balance wheels)를 제안하였다. 식사모형은 운동을 권장하기 위해 자전거 이미지를 사용하였고, 자전거 바퀴모양을 이용하여 6개의 식품군에 권장식사패턴의 섭취 횟수와 분량에 비례하도록 면적을 배분하고, 또 하나의 바퀴에 물잔 이미지를 삽입함으로써 수분 섭취의 중요성을 상징하였다. 식품군의 상징색은 국제적인 영양교육의 통일성에 기여하고자 미국 피라미드(my pyramid plan)의 식품군 색과 동일하게 하였다.

표 2-5 식사구성안에 따른 성인(19~64세) 남녀의 1일 식사의 예

성인 남자 (2,400kcal)

구분	식단	식단 사진	
		식사	간식
아침	쌀밥 육개장 조기구이 콩자반 실파무침		시리얼, 우유, 배
점심	잔치국수 동태전 느타리버섯볶음 시금치나물 가지나물		단감, 사과
저녁	잡곡밥 미역국 수육 모듬쌈&쌈장 도토리묵무침 배추김치		군고구마, 녹차

성인 여자 (1,900kcal)

구분	식단	식단 사진	
		식사	간식
아침	쌀밥 달걀국 땅콩멸치볶음 애호박나물 깍두기		우유, 토마토
점심	보리밥 팽이버섯된장국 소불고기 콩나물무침 오이소박이		귤
저녁	떡국 갈치카레구이 꽈리고추볶음 배추겉절이 양배추샐러드		포도

자료 : 보건복지부 · 한국영양학회(2015). 한국인 영양소 섭취기준.

[곡류]
매일 2~4회 정도

[고기 · 생선 · 달걀 · 콩류]
매일 3~4회 정도

식품구성
자전거

[채소류]
매 끼니 2가지 이상
(나물, 생채, 쌈 등)

[우유 · 유제품류]
매일 1~2잔

[과일류]
매일 1~2개

그림 2-1 식사모형 : 식품구성자전거(food balance wheels)
자료 : 보건복지부 · 한국영양학회(2015). 한국인 영양소 섭취기준.

외국의 식사모형

1. 미국의 식사모형

식품피라미드

미국의 식품피라미드(food guide pyramid)
는 1992년 농무성(USDA)에 의해 제정된 것
으로서, 미국인에게 권장되는 식품의 구성 및
섭취빈도에 따라 피라미드 모양으로 구성하
였다. 한국인을 위한 식품구성자전거에서와
마찬가지로 넓은 면적(제일 밑)의 곡류는 가
장 많이 섭취하도록 권장하고, 좁은 면적(제일
위)의 유지 및 당류는 될 수 있는 대로 적게 섭
취할 것을 권장하고 있다.

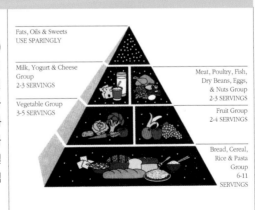

Fats, Oils & Sweets
USE SPARINGLY

Milk, Yogurt & Cheese
Group
2-3 SERVINGS

Meat, Poultry, Fish,
Dry Beans, Eggs,
& Nuts Group
2-3 SERVINGS

Vegetable Group
3-5 SERVINGS

Fruit Group
2-4 SERVINGS

Bread, Cereal,
Rice & Pasta
Group
6-11
SERVINGS

(계속)

나의 식사 피라미드 플랜

2005년 미국 농무성(USDA)은 미국의 식사 지침을 토대로 '나의 식사 피라미드 플랜(my pyramid plan)'을 제시하였다. 즉, 개인의 특성(연령, 성별, 신장, 체중, 신체활동수준, 식품기호도, 생애주기)에 따라 6가지 식품군의 섭취량이 달라지는(6가지 식품군의 섭취량에 비례하여 6가지 색의 삼각형의 면적을 나타냄) 12가지 식사패턴을 제시하였으며, 특별히 계단을 오르는 사람의 형상을 통하여 운동의 중요성을 강조하고 있다.

2. 지중해 식사 피라미드

최근 영양 전문가들은 혈청 지질 농도 및 심장순환계 질환의 발생 위험을 낮추기 위하여, 또한 건강한 식생활을 위해 변형된 지중해식 식단을 소개하고 있다. 지중해 식사 피라미드에서는 곡류 및 빵류, 과일류, 콩 및 견과류, 채소류가 기본을 이루며, 육류보다는 어류와 가금류가 강조되고 있다. 또한, 지방은 주로 올리브기름을 통하여 섭취하도록 권장하며, 매일 1컵 정도의 와인 섭취와 함께 규칙적인 운동이 권장된다.

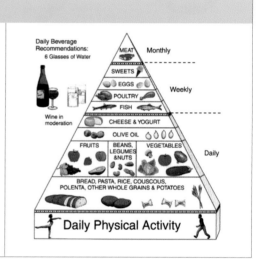

2. 한국인을 위한 식생활 실천지침은?

우리나라 정부는 제5차 국민건강증진종합계획(Health Plan 2030, 2021~2030)을 수립하고 이를 위한 추진 전략을 마련하였다. 이의 비전은 "모든 사람이 평생 건강을 누리는 사회"이며, 총괄목표는 "건강수명 연장" 및 "건강형평성 제고"이다.

'건강증진종합계획 2030' 중 '건강생활 실천' 분야는 총 5개의 영역(금연, 절주, 영양, 신체활동, 구강건강)으로 구성되었다. 이중 '영양'은 건강한 식생활 실천 및 최적의 영양상태 유지 기반 강화를 내용으로 하고 있다.

우리나라 성인을 위한 식생활 실천지침은 총 6개의 영역으로 구성되어 있는데, 지침의 내용 중 3가지는 권장하고, 3가지는 제한하자는 내용이므로 '3가지는 잘하고 3가지는 안하는 일주일 건강 식습관'이라는 '337 운동 캠페인'을 함께 펼치고 있다 (그림 2-2).

성인을 위한
식생활지침

❶ 각 식품군을 매일 골고루 먹자.
❷ 활동량을 늘리고 건강 체중을 유지하자.
❸ 청결한 음식을 알맞게 먹자.
❹ 짠 음식을 피하고 싱겁게 먹자.
❺ 지방이 많은 고기나 튀긴 음식을 적게 먹자.
❻ 술을 마실 때는 그 양을 제한하자.

337
3가지 잘하고, 3가지 안하는
일주일 건강 식습관

그림 2-2 성인을 위한 식생활 실천지침

우리나라 성인을 위한 식생활지침의 6가지 영역에 대한 구체적인 실천사항은 다음과 같다.

▦ 권장사항

▶▶ 각 식품군을 매일 골고루 먹자

① 곡류는 다양하게 먹고 전곡을 많이 먹습니다.

② 여러 가지 색깔의 채소를 매일 먹습니다.

③ 다양한 제철과일을 매일 먹습니다.

④ 간식으로 우유, 요구르트, 치즈와 같은 유제품을 먹습니다.

⑤ 가임기 여성은 기름기 적은 붉은 살코기를 적절히 먹습니다.

▶▶ 활동량을 늘리고 건강 체중을 유지하자

① 일상생활에서 많이 움직입니다.

② 매일 30분 이상 운동을 합니다.

③ 건강 체중을 유지합니다.

④ 활동량에 맞추어 에너지 섭취량을 조절합니다.

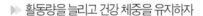

▶▶ 청결한 음식을 알맞게 먹자

① 식품을 구매하거나 외식을 할 때 청결한 것으로 선택합니다.

② 음식은 먹을 만큼만 만들고, 먹을 만큼만 주문합니다.

③ 음식을 만들 때는 식품을 위생적으로 다룹니다.

④ 매일 세끼 식사를 규칙적으로 합니다.

⑤ 밥과 다양한 반찬으로 균형 잡힌 식생활을 합니다.

▦ 제한사항

> ▶▶ 짠 음식을 피하고 싱겁게 먹자
> ① 음식을 만들 때는 소금, 간장 등을 보다 적게 사용합니다.
> ② 국물을 짜지 않게 만들고, 적게 먹습니다.
> ③ 음식을 먹을 때 소금, 간장을 더 넣지 않습니다.
> ④ 김치는 덜 짜게 만들어 먹습니다.
>
>
>
> ▶▶ 지방이 많은 고기나 튀긴 음식을 적게 먹자
> ① 고기는 기름을 떼어내고 먹습니다.
> ② 튀긴 음식을 적게 먹습니다.
> ③ 음식을 만들 때, 기름을 적게 사용합니다.
>
>
>
> ▶▶ 술을 마실 때는 그 양을 제한하자
> ① 남자는 하루 2잔, 여자는 1잔 이상 마시지 않습니다.
> ② 임신부는 절대로 술을 마시지 않습니다.
>
>

3. 식품표시제도란 무엇인가?

1) 식품 및 영양 표시제도의 정의

(1) 식품표시제도(Food labeling)

정부가 식품 생산자와 판매자에게 가격·품질·성분·성능·효력·제조일자·유효기간·사용방법·영양가치 등에 관한 각종 식품정보를 제품의 포장이나 용기에 문자·숫자·도형을 사용하여 표기하도록 하는 제도이다.

(2) 영양표시제도(Nutrition facts)

식품표시 항목 중의 하나로 '영양'에 대한 적절한 정보를 소비자에게 전달해 줌으로써, 소비자들이 식품의 영양적 가치를 근거로 합리적인 식품선택을 할 수 있도록 돕기 위한 제도이다.

2) 식품 및 영양 표시제도의 기능

(1) 소비자 보호수단

식품표시제도는 쉽게 경쟁상품과 비교할 수 있도록 함으로써 소비자로 하여금 합리적인 식품선택을 하도록 하며, 구매상품에 대한 소비자의 알 권리를 보장해 준다(그림 2-3).

(2) 소비자에 대한 영양교육

생활수준의 향상과 함께 건강에 대한 관심이 증대되고 있는 현 시점에서 식품 및 영양표시제도는 식품에 포함된 영양소 및 건강에 직접·간접적으로 영향을 미

그림 2-3 식품표시제도의 이용
(어느 것을 선택할까?)

치는 요소들에 대한 추가적인 정보를 제공함으로써 소비자 영양교육의 도구가 된다.

(3) 건전한 식품의 생산을 유도하기 위한 수단

소비자가 건강을 위해 영양적 가치가 높은 식품을 선택할 경우, 제조업자는 소비자의 요구에 따라 건전한 식품을 생산하지 않을 수 없게 될 것이다.

(4) 식품산업의 국제화에 대처하기 위한 수단

개방화와 함께 식품의 수입과 수출물량이 증가하는 현 상황에서 국제적인 교역 증대를 위해서뿐만 아니라 자국의 수입식품 관리를 위해서도 식품 및 영양 표시 규정이 필요하다.

3) 미국의 영양표시제도

미국의 경우 1990년 '영양표시 및 교육법(Nutrition Labeling and Education Act)'의 제정과 함께 식품의약품안전청(FDA)에 의해 식품표시를 위한 새로운 규정

이 제정되었다. 1994년 중반부터 육류·생선·닭고기·우유·달걀과 채소 및 과일을 제외한, 미국에서 생산되는 모든 포장된 식품에 영양정보를 일정한 규칙대로 명시하도록 법으로 규정하고 있다. 아울러 미국인들이 지나치게 많이 섭취하고 있어 문제가 되는 지질·콜레스테롤·포화지방·나트륨, 그리고 적게 섭취해서 문제가 되는 식이섬유·탄수화물 등을 의무표시 항목으로 정하여 1인 1회 분량당 이들 영양소 함량을 표시함으로써, 각 제품 간의 영양소 함량에 대한 비교를 가능하게 하였다.

한편, 미국의 농무부(USDA)는 2012년부터 육류제품에도 영양정보 표시제도를 실시하겠다고 발표한 바 있다. 최근 비만에 대한 우려가 커지는 상황에서 각종 육류의 영양소(열량, 지방, 콜레스테롤, 나트륨, 단백질 등) 함량에 관한 상세한 정보가 제공되면 육류 구매 시 소비자들이 합리적인 선택을 할 수 있게 될 것으로 기대된다.

4) 우리나라의 영양표시제도

(1) 역사적 배경

1994년까지만 해도 우리나라의 식품표시 기준은 주로 식품위생 차원에서 운영되었으며, 함량 규제에 치우쳐 있었다. 1995년 1월 국내에서 처음으로 영양표시제도가 실시되면서 영양성분의 표시방법이 정해지고 표시대상 품목 및 기준이 마련되었으며, 1996년 1월부터 더욱 세분화되어 현재까지 시행되고 있다(그림 2-4).

그림 2-4 우리나라 제품의 영양표시(예)

(2) 기 준

우리나라 식품위생법 제10조 규정에 의한 식품 등의 표시기준을 중심으로 살펴보고자 한다.

❶ 표시 대상 품목 특수영양식품 또는 건강보조식품, 영양성분 표시를 하고자 하는 식품, 그리고 영양강조 표시를 하고자 하는 식품으로 정하고 있다.

표 2-6 영양표시제도 제 · 개정 경과사항

연도	경과사항	의무 영양표시 대상 식품	의무표시 대상 영양소
1994	• 처음으로 영양표시기준제도 도입	특수영양식품, 건강보조식품, 영양성분 표시를 하고자 하는 식품, 영양강조 표시를 하고자 하는 식품	열량, 탄수화물, 단백질, 지방, 나트륨
2000	• 영양표시 방법에 대한 대폭적인 제 · 개정 → 열량 등 33가지 영양성분에 대한 영양소기준치 제정 → 영양소 기준치에 대한 비율 표시하도록 함		
2003		[추가 식품] 과자류 中 식빵 및 빵, 레토르트식품 면류 中 숙면류 · 유탕면류 · 호화건 면류 및 개량숙면류	
2004	건강기능식품의 표시기준 제정	[추가 식품] 모든 건강기능식품	
2007	「식품 등의 표시기준」 개정	특수용도 식품, 과자류 중 케이크류, 도넛, 기타 빵, 건과류, 캔디류, 초콜릿류, 잼류, 음료류	[추가 영양소] 당류, 포화지방, 트랜스 지방, 콜레스테롤

자료 : 식품나라 http://www.foodnara.go.kr

❷ 영양성분(영양소 함량) 제품이 판매되는 시점에서의 100g당, 100mL당 또는 1인 분량당 함유된 값으로 영양소 함량을 표시하여야 하며, 제품이 1회 섭취하기에 적당한 양인 경우는 포장당 함유된 값으로 표시할 수 있다.

표 2-7 의무표시 영양소와 임의표시 영양소

의무표시 영양소		• 열량, 탄수화물, 당류, 단백질, 지방(포화지방, 트랜스지방), 콜레스테롤, 나트륨 • 영양소 함량 강조(영양강조 표시)를 하고자 하는 경우
임의표시 영양소	비타민 및 무기질	• 일반 가공식품: 비타민 A, D, E, C, B₁, B₂,니아신, B₆, 엽산 • 칼슘, 인, 철, 아연
	식이섬유	

※ 식품위생법에 근거한 일반 가공식품의 영양소 함량 강조표시 기준은 Codex규격을 수용한 것으로 한국인의 식사에서 섭취를 제한하는 영양소인 열량, 총 지방, 포화지방, 콜레스테롤, 당, 나트륨과 섭취를 권장하는 영양소인 단백질, 식이섬유, 비타민 및 무기질에 대하여 식품 100g당, 100mL당 또는 100kcal당 사용기준이 정해져 있다.

❸ 표기 영양소 열량, 탄수화물, 당류, 단백질, 지방(포화지방, 트랜스지방), 콜레스테롤, 나트륨은 영양성분 표시의 의무표시 항목이므로 이 아홉 가지 영양소는 모두 표시하여야 한다(나트륨 대신 염으로 표기할 수 없다). 그 외에 추가하여 영양소 함량을 강조하거나, 표시하고자 하는 영양소를 결정한다.

❹ 강조표시에 쓰이는 용어 표 2-8에 제시된 영양소 함량 강조표시 기준에 적합한 경우에만 '저'·'무'·'고 또는 풍부'·'함유' 등으로 표시할 수 있다.

또한 열량을 비롯하여 다량 영양소 함량이 다른 제품의 표준값과 비교하여 최소 25% 이상 차이가 있고, 미량 영양소의 경우 최소 1일 권장량의 10% 이상 차이가 있는 경우에는 '덜'·'더'·'감소'·'라이트'·'강화'·'첨가' 등으로 표시할 수 있다.

표 2-8 영양소 함량 강조표시의 기준표

영양성분	강조표시	표시 조건
열량	저	식품 100g당 40kcal 미만 또는 식품 100mL당 20kcal 미만일 때
	무	식품 100mL당 4kcal 미만일 때
지방	저	식품 100g당 3g 미만 또는 식품 100mL당 1.5g 미만일 때
	무	식품 100g당 또는 식품 100mL당 0.5g 미만일 때
포화지방	저	식품 100g당 1.5g 미만 또는 식품 100mL당 0.75g 미만이고, 열량의 10% 미만일 때
	무	식품 100g당 0.1g 미만 또는 식품 100mL당 0.1g 미만일 때
트랜스지방	저	식품 100g당 0.5g 미만일 때

(계속)

영양성분	강조표시	표시 조건
콜레스테롤	저	식품 100g당 20mg 미만 또는 식품 100mL당 10mg 미만이고, 포화지방이 식품 100g당 1.5g 미만 또는 식품 100mL당 0.75g 미만이며, 포화지방이 열량의 10% 미만일 때
	무	식품 100g당 5mg 미만 또는 식품 100mL당 5mg 미만이고, 포화지방이 식품 100g당 1.5g 또는 식품 100mL당 0.75g 미만이며 포화지방이 열량의 10% 미만일 때
당 류	무	식품 100g당 또는 식품 100mL당 0.5g 미만일 때
나트륨	저	식품 100g당 120mg 미만일 때
	무	식품 100g당 5mg 미만일 때
식이섬유	함유 또는 급원	식품 100g당 3g 이상, 식품 100kcal당 1.5g 이상일 때 또는 1회 섭취 참고량당 1일 영양성분 기준치의 10% 이상일 때
	고 또는 풍부	식품 100g당 6g 이상 또는 식품 100kcal당 3g 이상일 때 함유 또는 급원 기준의 2배
단백질	함유 또는 급원	식품 100g당 1일 영양소 기준치의 10% 이상, 식품 100mL당 1일 영양소 기준치의 5% 이상, 식품 100kcal당 1일 영양성분 기준치의 5% 이상일 때 또는 1회 섭취 참고량당 1일 영양성분 기준치의 10% 이상일 때
	고 또는 풍부	식품 100g당 1일 영양소 기준치의 20% 이상, 식품 100mL당 1일 영양소 기준치의 10% 이상일 때 또는 식품 100kcal당 1일 영양소 기준치의 10% 이상일 때 함유 또는 급원 기준의 2배
비타민 또는 무기질	함유 또는 급원	식품 100g당 1일 영양성분 15% 이상, 식품 100mL당 1일 영양성분 기준치의 7.5% 이상, 식품 100kcal당 1일 영양성분 기준치의 5% 이상일 때 또는 1회 섭취 참고량당 1일 영양성분 기준치의 15% 이상일 때
	고 또는 풍부	식품 100g당 1일 영양소 기준치의 30% 이상, 식품 100mL당 1일 영양소 기준치의 15% 이상일 때 또는 식품 100kcal당 1일 영양소 기준치의 10% 이상일 때 함유 또는 급원 기준의 2배

자료: 식품의약품안전처(2016). 식품 등의 표시기준 전부 개정 고시

4. 영양상태는 어떻게 판정하나?

자신의 식생활에 나름대로 관심을 갖고 균형식을 실천하기 위하여 노력하였다고 해서 영양상태가 반드시 양호하다고 확신할 수는 없다. 그렇다면 자신의 영양상태를 객관적으로 평가할 수 있는 방법은 없을까?

영양판정이란 식품 및 영양소의 섭취상태, 그리고 영양상태와 관련된 건강지표들

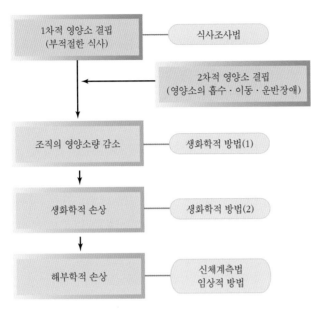

그림 2-5 영양불량 상태의 진행 정도에 따른 영양판정법

을 측정함으로써 개인 및 집단의 영양상태를 평가하고 진단하는 것이다. 그림 2-5에 나타난 바와 같이 영양상태를 정확히 판정하기 위해서는 영양불량이 진행되는 단계에 따라 각기 다른 평가방법이 사용되어야 한다.

영양상태를 판정하는 방법에는 신체계측법(anthropometric method), 생화학적 방법(biochemical method), 임상적 방법(clinical method) 및 식사조사법(dietary survey)의 네 가지가 있고, 이들 영어 알파벳의 첫 자를 따서 통상적으로 '영양판정법의 ABCD'라 칭한다.

1) 신체계측법

다양한 신체계측 방법을 이용하여 비교적 용이하게 조사 대상자의 영양상태를 평가할 수 있다. 신체계측법에는 성장 정도를 측정하는 방법과 신체 구성성분을 측정하는 두 가지 방법이 있다.

(1) 성장 정도의 측정

❶ 머리둘레 어린이, 특히 출생 후 2년까지의 유아를 대상으로 만성적인 에너지·단

백질의 결핍 여부를 판정하는 지표로 흔히 이용된다.

❷ 신 장 주로 성장기 어린이의 영양상태를 나타내는 지표로 사용된다. 어린이의 작은 키는 일반적으로 영양불량과 관련이 있을 수 있으나, 유전적인 요인도 함께 고려되어야 한다.

❸ 체 중 성장기 어린이의 경우 영양상태 또는 비만도를 반영하는 지표로 체중이 이용될 수 있으나, 성인의 경우에는 체중만으로 영양상태를 판정하기 어렵다.

❹ 체중과 신장 비만도는 체중과 함께 연령·신장을 함께 고려하여 평가되어야 하며, 비체중 [relative weight, 실제체중(kg)/신장(m)×100] 또는 체질량지수 [body mass index, BMI, 체중(kg)/신장(m)²]가 흔히 이용된다. 예를 들어, 표준체중 및 BMI를 이용하여 표 2-9와 표 2-10에 제시된 것과 같이 영양상태 또는 비만도를 평가할 수 있다(제10장 에너지 대사와 비만, 255~256쪽 참조).

표 2-9 표준체중을 이용한 비만도 평가

비만도	평 가
~90	수척
90~110	정상 체중
110~120	체중 초과
120~	비만

비만도(%) = (실제체중/표준체중) × 100

표 2-10 BMI를 이용한 비만도 평가

BMI	분 류
< 20	수척(건강장애 우려)
20~24.9	정 상
25~27	과체중
> 27	비만(심혈관 질환, 당뇨 등의 위험률 증가)

(2) 신체 구성성분의 측정

신체를 구성하는 체지방(body fat) 및 무지방(lean body mass)의 절대량과 이들의 상대적인 비율은 영양상태에 의해 크게 영향을 받는다.

❶ **피부두겹두께**(Skinfold thickness) 캘리퍼를 사용하여 피부를 가볍게 집어 올렸을 때 접힌 피하지방의 두께를 측정하는 것으로서, 체지방, 즉 저장에너지의 축적 정도를 간접적으로 측정할 수 있다(그림 2-6). 측정부위로는 주로 삼두근, 이두근, 견갑골 아래, 옆중심선 부위, 장골 윗부위 등을 측정한다.

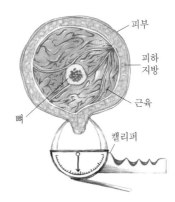

그림 2-6 피하지방 두께의 측정법

❷ **상완위**(Mid-arm circumference) 상완은 피하지방 조직으로 둘러싸인 근육과 뼈로 구성되어 있으므로, 상완위는 영양상태 평가의 좋은 척도가 된다. 어깨와 팔뒤꿈치 중간지점의 팔둘레를 줄자로 측정한다.

❸ **허리둘레**(Waist circumference) 체지방량, 특히 복부 지방량을 반영하는 지표로서, 남성의 경우 40인치(101.6cm) 이상, 여자의 경우 35인치(88.9cm) 이상이면 대사증후군의 한 위험요인이 된다.

(3) 신체계측법의 장단점

❶ **장 점** 다른 방법에 비하여 측정이 간단하고 안전하여 조사 대상자에게 부담을 적게 준다. 또한 숙련이 덜 된 조사원이라도 측정이 가능하며, 비용이 비교적 저렴하다.

❷ **단 점** 신체계측법은 단기간의 영양상태 변화를 찾아내기 어려울 뿐만 아니라, 특정 영양소의 결핍을 규명하지는 못한다. 또한 질병이나 유전적 요소 등에 의해 신체계측의 정밀도가 영향을 받을 수 있다.

2) 생화학적 방법

혈액·소변·대변 및 조직 내의 영양소 또는 그 대사물의 농도를 측정하거나, 또는 체내 영양상태에 의해 영향을 받는 효소의 활성을 분석하여 정상치와 비교 평가한다. 영양소 섭취 부족에 따른 생화학적 변화는 영양소의 체내 저장량이 고갈되는 초기 단계에서부터 진행되므로 다른 영양판정 방법에 비하여 훨씬 정확하고 객관적인 방법이나, 분석을 위한 설비와 기술이 요구되는 단점이 있다.

3) 임상적 방법

영양불량과 관련되어 나타나는 임상징후, 예를 들어 안색, 머리의 윤기, 입가가 부르트는 등의 신체증상을 시각적으로 진단하는 방법으로서, 영양불량이 상당히 진행된 상태에서만 판정이 가능하다. 이와 같은 임상증상은 한 가지 특정 영양소의 결핍만으로 나타나는 경우는 드물고, 여러 영양소의 결핍이 복합적으로 작용하여 나타나는 경우가 일반적이다.

그림 2-7은 비타민 B_2 결핍으로 인한 구순구각염의 임상징후를 보여주는 것으로, 입 가 장자리가 헐고 부르트며 입 주위의 피부가 벗겨지기도 한다.

그림 2-7　비타민 B_2 결핍으로 인한 구순구각염

4) 식사조사법

영양불량의 첫 단계인 부적절한 식사내용을 평가할 수 있는 방법이다. 섭취한 식품의 종류와 양을 조사함으로써 식품의 섭취양상 또는 영양소 섭취상태를 직접적으로 판정할 수 있다.

(1) 24시간회상법

조사 대상자가 하루 동안 섭취한 식품의 종류와 양을 회상하여 기억하게 함으로써 이를 통하여 섭취량을 추정하고, 식품분석표를 이용하여 1일 영양소 섭취량을 계산한다.

(2) 식사기록법

대상자가 조사기간 동안 섭취한 식품의 종류와 양을 스스로 기록하도록 하고, 이를 토대로 1일 영양소 섭취량을 산출한다.

(3) 식품섭취빈도 조사법

해당 영양소의 주요 공급원이 되는 식품의 목록을 작성하여 섭취빈도(예: 하루 3회 이상, 하루 1~2회, 주 4~6회, 주 1~3회, 2주 1회, 가끔 등)를 표시하도록 함으로써 특정한 영양소의 섭취 패턴을 조사한다.

(4) 식사력 조사법

장기간 또는 과거의 식이섭취 행태를 파악하기 위한 방법으로 개인의 지난 1개월 또는 1년간의 식사상태를 조사하는 것이다.

(5) 실측법

실제로 섭취한 음식의 식품재료별 분량을 저울로 직접 측정하여 기록함으로써 실질적인 1일 영양소 섭취량을 계산한다.

> ☑ 섭취한 식품의 종류와 중량으로부터 영양소 섭취량을 계산하려면, 각 식품의 영양소 함량에 대한 자료가 필요하다. 식품성분표(농촌진흥청, 농업과학원, 제8차 개정, 2011)에는 식품 가식부 100g당 수분, 열량, 단백질, 지질, 탄수화물, 식이섬유, 회분, 비타민 A, 비타민 B_1, 비타민 B_2, 니아신, 비타민 C, 칼슘, 인, 철, 나트륨, 칼륨, 식염 상당량의 함량이 제시되어 있다.

✽ 인터넷에서 영양정보를 검색할 때의 Tips!!

1. 다양한 사이트(multiple sites)를 활용하되, 정부(보건복지부, 질병관리본부, 식품의약품안전처 등) 산하기관이나, 영양 및 건강과 관련된 전문성이 있는 학회(한국영양학회와 대한지역사회영양학회 등)에서 만든 사이트를 이용하라.

2. 영양 및 건강 분야의 전문가에 의해 관리되거나 검토된 사이트를 활용하라. '블로그'는 재미있고 흥미로운 읽을거리를 제공하지만, 전문가에 의해 검증되지 않은 사실이므로 무조건 믿지는 마라.

3. 정보의 출처가 신뢰할 수 있는 전문기관(관련 학회, 대학교 및 병원) 등이 아니라면, 그 사이트의 정보는 믿지 마라. 또한, 출처가 명시되었다면 저자를 검색하여 전문성을 확인해 보아야 한다.

4. 의학적 혹은 과학적으로 입증된 정보에 대한 비판 등의 내용을 포함하는 사이트는 믿지 마라.

5. 온라인상으로 진단과 치료가 이루어지는 사이트는 피하라.

6. 정부기관이나 전문기관(관련 학회, 대학교 및 병원)에 링크된 상업적 사이트를 조심하라. 간혹 이들 기관에서 승인받지 않고 링크하는 경우가 있기 때문이다.

7. 사이트에 개인정보를 제공하지 마라. 개인정보에 대한 보안이 보장되지 않을 수도 있다.

소화·흡수, 그리고 운반

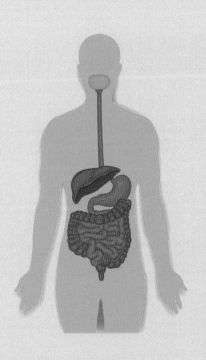

1. 소화계란 무엇인가?
2. 소화과정은 어떻게 진행될까?
3. 영양소는 어떻게 흡수되나?
4. 신체에서 순환계는 어떻게 '도로'의 역할을 할까?

Chapter **3**

소화 · 흡수, 그리고 운반

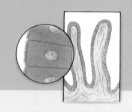

우리가 섭취한 음식물은 과연 어떠한 과정을 거쳐 우리 몸의 일부가 될까?

우선 음식물이 소화되어 각각의 영양소로 분리된 후 혈액으로 흡수되어

몸을 구성하는 기본단위인 세포로 전달되어야 한다.

이와 같은 하나하나의 과정을 살펴보면,

우리 몸 안에 현대문명의 첨단기술로도 만들 수 없는

미세한 공장지대가 존재하고 있다는 생각이 들 것이다.

우리의 신체를 바르게 관리하기 위해서는 신체가 어떻게 구성되어 있고,

음식물로부터 어떠한 성분들이 섭취되어야 하는지 알아야 할 것이다.

1. 소화계란 무엇인가?

　신체가 음식물을 필요로 하는 상태에 이르면 두뇌와 호르몬 작용에 의해 배고픔을 느끼게 된다. 일단 음식물이 섭취되면 두뇌와 호르몬은 소화계의 여러 기관들을 지휘·조절함으로써 음식물들을 소화·흡수하는 과정에 관여한다.

　그림 3-1에 제시되어 있는 바와 같이 소화관은 입에서부터 시작하여 목·식도·위·소장·대장 및 직장을 거쳐 항문까지 총 7~8m에 이르는 튜브 형태의 탄력성 있는 근육층으로 구성되어 있다. 또는 시각을 달리하여 인체 자체가 소화계를 둘러싼

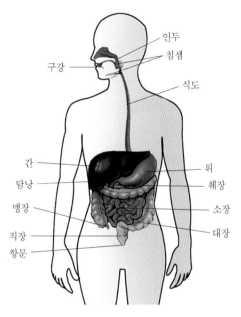

그림 3-1 소화계의 해부도

일종의 튜브라고 생각해 볼 수도 있을 것이다. 음식물을 삼킨 후 소화되는 동안에는 음식물이 소화관 튜브의 내강에 위치하고 있을 뿐이며, 엄밀하게 아직 우리 몸의 일부가 된 것은 아니다. 영양소 또는 기타 물질이 소화관벽을 구성하는 세포 내로 이동한 이후에야, 비로소 영양소가 조직 내로 들어오게 되는 것이다.

음식물 중 식이섬유를 포함한 일부 성분들은 섭취된 후 신체의 일부분이 되지 못하고 다시 몸 밖으로 빠져나간다. 소화계가 하는 역할은 궁극적으로 음식물에 함유된 영양성분을 일단 최소 단위의 개별적인 영양소로 분리시킨 후 소장 상피세포를 통해 혈액으로 흡수되도록 하는 것이며, 이러한 과정에서 식이섬유 및 기타 소화·흡수가 불가능한 이물질들은 대변을 통해 배설된다. 이와 같은 소화계의 역할을 크게 나누어 보면 저작 및 연동 운동에 의한 '기계적 작용'과 소화효소에 의한 '화학적 작용'으로 구분된다.

2. 소화과정은 어떻게 진행될까?

1) 입안에서의 소화

기계적 소화작용은 입에서부터 시작된다. 즉 음식물 덩어리가 입으로 들어오면 치아를 이용하여 작은 조각으로 부수어 주고, 동시에 침이 분비되어(세 군데의 침샘으로부터 하루 약 1.5L의 타액이 만들어짐) 음식물을 적심으로써, 감자칩과 같이 바삭바삭하고 날카로운 상태의 음식물을 삼키기 쉬운 형태로 만들어 준다. 또한 옥수수알·통보리 등과 같이 불용성 껍질에 쌓여 있는 식품들은 씹는 과정을 통하여 껍질이 제거됨으로써 껍질 안의 영양성분이 소화되지 않고 그대로 대변으로 배설되는 것을 막아준다.

충분히 씹어서 침에 의해 적셔진 상태의 음식물은 구강의 뒤쪽으로 보내진 후 삼키는 과정을 통해 식도로 들어오게 되는데, 이때 후두개가 후두를 덮기 때문에 폐로 연결되는 기관이 봉쇄되고 음식물이 안전하게 식도로 이동될 수 있다(그림 3-2). 식도로 들어온 음식물은 연동운동에 의해 빠르게 위로 이동된다.

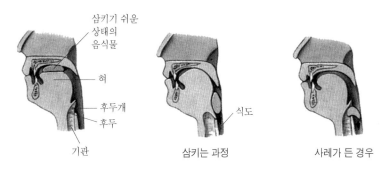

그림 3-2 입안의 해부도와 삼키는 과정

2) 위에서의 소화

그림 3-3에 제시된 바와 같이 위는 여러 층의 단단한 근육으로 구성되어 있으며, 하루에 약 2~2.5L의 위액(위산, 약간의 소화효소 및 호르몬 등이 함유되어 있음)을 분비한다. 음식물이 식도의 하단에 위치한 괄약근을 통과하면 위로 들어오게 되는

Q 음식을 먹다가 때로 헉헉거리며 숨을 쉴 수 없는 상태, 즉 사레가 드는 경우가 발생하는 이유는 무엇일까?

A 입안에 음식이 가득 들어 있는 상태로 말을 하거나 심하게 웃는 경우, 가끔 후두개가 후두를 덮지 않은 상태에서 음식물 덩어리가 기관으로 들어가 공기의 통로를 막기 때문이다(그림 3-2).

데, 이 괄약근은 위가 수축운동을 할 때 위 내용물이 식도로 역류하는 것을 막아주는 역할을 한다.

일단 위로 들어온 음식물은 기계적 및 화학적 소화작용을 거쳐 걸쭉한 반액체상태의 유미즙(chyme)이 된 후 소장으로 보내진다. 음식물이 위에 체류하는 시간은 음식의 양 및 종류에 따라 약 1~4시간 정도 소요되는데, 탄수화물 함량이 높은 음식이 위를 가장 빨리 비우고 그 다음이 단백질, 그리고 지방 식품의 순으로 위 체류시간이 길다. 아울러 액체상태의 음료수는 고형식품에 비해 더 빨리 위를 통과하여 소장으로 이동된다.

위와 십이지장이 만나는 곳에는 식도와 위가 만나는 곳에서와 마찬가지로 유문괄약근이 존재하여 십이지장으로 이동된 유미즙이 다시 위의 하단부로 역류하는 것을 막아준다(그림 3-3). 유문괄약근은 감정상태에 따라 매우 민감하게 반응하므로 식사 후 화를 내는 경우, 괄약근이 수축하고 경련을 일으켜 심한 통증을 느끼게 된다.

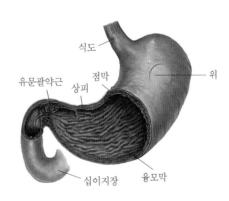

그림 3-3 위의 해부도

3) 소장에서의 소화

위에서도 약간의 소화효소가 분비되기는 하나, 효소에 의한 화학적 소화는 대부분 소장에서 본격적으로 진행된다. 소장은 위와 연결된 상단부에서부터 시작하여

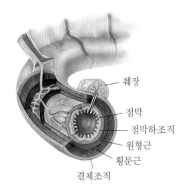

췌장
점막
점막하조직
원형근
횡문근
결체조직

그림 3-4 소장벽 근육층의 해부도

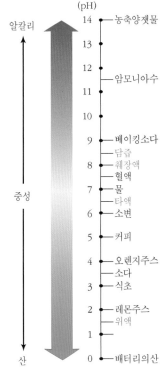

(pH)

알칼리

14 — 농축양잿물
13
12 — 암모니아수
11
10
9 — 베이킹소다
    — 담즙
8 — 췌장액
    — 혈액
7 — 물
    — 타액
6 — 소변
5 — 커피
4 — 오렌지주스
    — 소다
3 — 식초
2 — 레몬주스
    — 위액
1
0 — 배터리의산

중성

산

그림 3-5 소화액과 기타 액체의
pH값 비교

크게 십이지장(duodenum)·공장(jejunum) 및 회장(ileum)의 세 부분으로 구분된다. 대부분의 소화과정은 십이지장과 공장에서 완성되고, 회장에서는 주로 영양소의 흡수가 일어난다. 소장벽 역시 두꺼운 여러 층의 근육으로 이루어져 있는데, 음식물과 직접적으로 접하는 점막층을 시점으로 하여 점막하조직·원형근·횡문근과 맨 바깥의 결체조직층으로 구성되어 있다(그림 3-4).

위 내용물이 소장으로 들어오면 연동작용이 시작되면서 다양한 종류의 소화효소들이 분비됨에 따라 매우 복잡한 소화과정이 진행된다. 십이지장 주변에 위치한 췌장(그림 3-4)으로부터 탄수화물·지질, 그리고 단백질의 소화를 담당하는 다양한 종류의 소화효소들이 분비된다. 동시에 지방 함량이 높은 음식물이 십이지장으로 들어와 연동운동이 시작되면, 간에서 만들어져 담낭에 고여 있던 담즙이 십이지장으로 분비되어 지질의 유화 및 소화를 돕는다(제6장 지질 영양, 118~119쪽 참조). 소장으로 분비되는 췌장액과 담즙은 알칼리성(pH 8~9)이므로, 산성이 강한 위 내용물(pH 1~2)을 중화시켜 주는 역할을 한다(그림 3-5).

소화가 완료되면 섭취된 음식물 중의 영양성분들은 결국 단당류·지방산·글리세롤·아미노산 및 이온 등의 형태로 분리된다.

4) 소화과정에 영향을 미치는 요인들

(1) 심리적 요인

개인의 정서적인 상태 이외에도 음식의 외관·냄새 및 맛이 소화에 영향을 미친다. 음식을 보거나 냄새 맡는 것, 심지어는 음식을 생각하는 것만으로도 군침이 돌고 위액분비가 촉진되는 것을 경험해 보았을 것이다. 반면 두려움, 불안과 공포 등의 감정은 두뇌를 자극하여 소화관의 연동운동 및 소화액의 분비를 억제한다.

(2) 박테리아의 작용

갓 태어난 아기의 위장관은 어떠한 미생물도 살지 않는 무균상태이나, 엄마 젖을 빨거나 조제유를 먹기 시작하면서부터 다양한 미생물이 장 속에서 살기 시작하고, 성장함에 따라 특정한 장내 균총을 형성하게 된다.

❶ 위 강산성 환경이므로 일반적으로 박테리아가 살 수 없다고 생각하였으나, 최근 위암환자의 위점막 조직에서 헬리코박터(Helicobactor pylori)라는 박테리아가 검출되었음이 보고되었다. 헬리코박터는 만성위염 및 위궤양의 원인균으로 생각되고 있으며, 따라서 감염 시 위장기능에 장애를 초래할 수 있다.

❷ 대 장 박테리아의 작용은 대장에서 가장 활발히 일어나고 있으며, 그 결과 다양한 종류의 가스 및 유기산(젖산·초산·프로피온산·뷰티릭산 등)과 함께 독성물질들이 발생된다. 만약 소장에서 소화·흡수가 제대로 일어나지 않은 상태로 많은 양의 탄수화물 또는 단백질이 대장에 도달하게 되면, 이들 박테리아에 의해 부패되어 과량의 가스와 독성물질이 생성된다.

(3) 식품의 조리·가공에 따른 영향

일반적으로 식품을 익혀 먹으면 생것으로 섭취하는 경우보다 소화가 더 잘 된다. 예를 들어, 고기를 가열하면 결체조직이 약화되어 씹기가 더 쉬워지며, 식이섬유 역시 더 부드러워진다.

식품의 조리 및 가공 시 형성되는 성분들이 소화액 분비에 영향을 미치기도 한다. 예를 들어, 고열에서 음식을 튀길 때 생성되는 부산물은 소화액 분비를 지연시키는 반면, 고기즙은 소화를 촉진한다.

3. 영양소는 어떻게 흡수되나?

1) 소장 상피세포의 구조

(1) 소장 상피벽과 융모막의 구조

영양소의 흡수가 일어나는 소장은 놀라울 정도로 막대한 흡수면적을 보유하고 있다. 즉, 소장의 길이 자체만도 3~4m에 이를 뿐만 아니라, 손가락 모양으로 주름이 잡혀 있는 소장점막은 융모(villi)로 덮여 있고, 융모는 다시 미소융모(microvilli 또는 brush border)로 덮여 있음을 감안할 때(그림 3-6), 소장의 총 흡수면적은 약 250m² 정도(아파트 70~80평에 해당되는 면적)나 된다.

이러한 손가락 모양의 주름 내부에는 혈관과 림프관이 자리잡고 있어 융모막을 통해 흡수된 영양소가 순환계로 곧바로 흡수될 수 있도록 구성되어 있다.

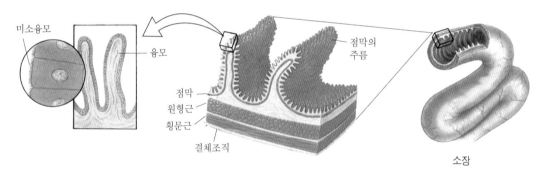

그림 3-6　소장 상피벽과 융모막의 구조

(2) 소장의 흡수능력

신체가 필요로 하는 충분한 양의 영양소를 공급해 주기 위해 소장은 매일 100g 이상의 지방산, 50~100g의 아미노산 및 펩타이드, 50~100g의 이온들, 그리고 7~8L 의 물을 흡수하고 있으며, 소장의 최대 흡수능력은 이를 훨씬 능가한다.

소장의 흡수능력은 신체의 영양소 보유상태에 따라 매우 놀라운 적응력을 보인다.

예를 들어, 체내의 칼슘 보유량이 낮아지면 소장 상피세포에서 칼슘 흡수율을 증가시킴으로써 식품 중의 칼슘을 최대한도로 이용하고자 하며, 반대로 체내에 칼슘이 충분히 저장되어 있는 상태에서는 장에서의 칼슘 흡수율을 낮추어 이에 대응한다.

2) 확산과 능동적 이동

소장 융모막을 통한 영양소의 흡수는 크게 확산(diffusion)과 능동적 이동(active transport)의 두 가지 기전에 의해 이루어진다.

(1) 확 산

영양소의 농도가 높은 소장 내부강에서부터 농도가 낮은 상피세포 쪽으로 융모막을 통해 영양소가 이동하는 과정으로, 이때 영양소를 이동시키는 힘은 융모막을 사이에 두고 양쪽에 존재하는 영양소 농도의 차이이다.

(2) 능동적 이동

영양소의 농도가 더 낮은 소장 내부강에서 농도가 높은 상피세포 쪽으로 농도차에 역행하여 영양소를 이동시키기 위해서는 그 영양소에 대하여 특이성을 지니는 운반단백질이 세포막에 존재해야 한다. 이와 같은 능동적 이동은 대부분의 경우 에너지 및 Na^+ 이온 등을 필요로 하며, 세포외액보다 세포 내에 훨씬 더 높은 농도로 영양소가 보유되는 것을 가능케 해준다.

3) 대장의 역할

길이가 약 1.5m 정도인 대장은 주로 물과 염분, 그리고 대장 내 박테리아에 의해 합성된 일부 비타민의 흡수가 이루어지는 장소이다. 섭취된 수분의 거의 대부분이 대장을 통해 흡수되고, 극히 일부만이 대변으로 배설된다. 대변은 75%의 수분과 25%의 고형물로 구성되어 있는데, 고형물의 약 1/3가량이 죽은 박테리아이며, 나머지는 무기물과 지질 및 식이섬유 등이다.

4. 신체에서 순환계는 어떻게 '도로'의 역할을 할까?

1) 혈액과 림프

혈액과 림프는 세포에 끊임없이 신체를 구성하는 재료들(산소·수분·영양소 등)을 공급해 주고, 대사의 결과 생성된 노폐물을 걷어가는 역할을 한다. 체액이 몸 전체를 끊임없이 순환하기 위해서는 체액을 운반하는 도로가 막힘 없이 효율적으로 닦아져 있어야 하는데, 이러한 도로의 역할을 하는 것이 동맥·정맥 및 모세혈관으로 구성된 혈관계이다. 세포 주변의 모세혈관으로부터 체액이 빠져나와 림프를 형성하기도 하며, 후자는 림프계를 통해 신체 내를 이동하다가 결국에는 혈관과 림프가 만나는 곳에서 혈관으로 다시 유입된다. 따라서 모든 세포는 심혈관계를 통해 필요한 물질을 공급받고, 또 노폐물을 제거하고 있다.

 혈액과 림프는 신체의 모든 세포에 산소와 영양소를 운반하고 노폐물을 제거해 주며, 심장 및 혈관계는 체액이 신체의 모든 장기를 원활히 순환할 수 있도록 해준다.

2) 순환계

(1) 폐순환

심장박동에 의해 심장을 빠져나온 혈액은 폐로 가서 호흡을 통해 이산화탄소를 내려놓고, 대신 산소를 공급받은 후 심장으로 돌아온다. 심장의 강한 박동에 의해 산소를 가득 실은 혈액은 몸 전신의 순환계로 뻗어나가고, 조직에 산소를 공급해 준다(그림 3-7).

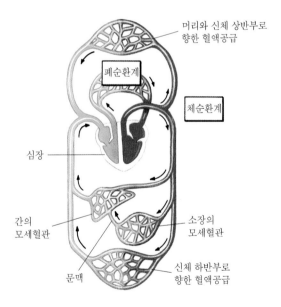

그림 3-7 인체의 혈관계

(2) 소장순환

소장의 상피세포를 통과하는 모세혈관은 식사 후 융모막을 통해 흡수된 영양성분을 가득 싣고 간으로 직행한다. 이때 지질은 소장 상피세포에서 지단백질을 형성하여 우선 림프계로 흡수된 후 다시 혈액으로 이동된다.

(3) 간순환

소장에서 흡수된 영양소는 일단 간으로 운반된 후 그곳에서 대사 또는 저장된다.

(4) 신장순환

신체의 각 기관을 돌면서 세포의 대사 결과 생성된 노폐물을 수집해 온 혈액은 신장에서 여과된 후 소변을 통해 노폐물을 배설시킨다.

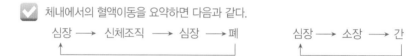

체내에서의 혈액이동을 요약하면 다음과 같다.

심장 ⟶ 신체조직 ⟶ 심장 ⟶ 폐   심장 ⟶ 소장 ⟶ 간

Q 혈액이 신체를 구성하고 있는 모든 말단세포에 골고루 도달될 수 있도록 하기 위해 실천해야 할 사항은 무엇일까?

A 첫째, 매일 충분한 양의 수분을 섭취하여 혈액량을 풍부히 한다.
둘째, 규칙적인 운동을 통해 심장을 튼튼히 한다.
셋째, 산소를 운반하는 적혈구가 골수에서 충분히 만들어질 수 있도록 조혈작용에 관여하는 무기질 및 비타민을 충분히 섭취한다.

3) 세 포

신체를 구성하는 기본단위인 세포는 음식물에 대하여는 아무것도 아는 바가 없다. 우리는 과일이나 우유 또는 밥을 먹고 싶어할지 모르나 우리의 몸을 구성하는 세포가 원하는 것은 오직 영양소일 뿐이다("People eat foods, cells eat

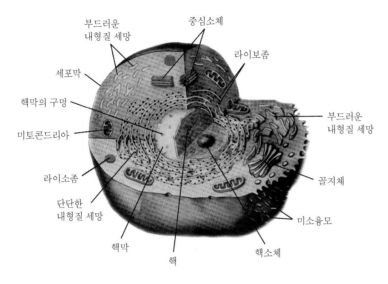

부드러운 내형질 세망
중심소체
라이보좀
세포막
핵막의 구멍
미토콘드리아
라이소좀
단단한 내형질 세망
핵막
핵
핵소체
부드러운 내형질 세망
골지체
미소융모

그림 3-8 동물세포의 기본구조

nutrients."). 즉, 세포가 건강을 유지하고, 고유의 기능을 발휘하기 위해 요구하는 가장 기본적인 것은 에너지·산소·물·영양소 등이다.

동물세포의 기본구조는 그림 3-8에 제시된 바와 같지만, 간·허파·신장·상피조직 등 신체의 어느 부위를 구성하는 세포인가에 따라 약간씩 다른 모양·기능 및 특성 등을 지닌다. 세포의 핵 안에는 유전자(DNA)가 존재하고, 이것을 토대로 하여 그 조직의 세포가 필요로 하는 다양한 효소 등을 포함한 단백질이 만들어진다. 생명체가 지니는 유전자는 세포의 종류에 관계없이 한 개체 내에서 모두 동일하나, 유전자의 어느 부위가 단백질로 발현되는가 하는 것은 조직의 종류에 따라 다르다. 즉, 어떠한 단백질이 그 세포에서 만들어지는가 하는 것이 결국 그 세포의 특성을 결정짓는 요인 중의 하나가 된다.

세포분열 시에는 모세포의 유전자가 복제된 후 딸세포로 전달되므로 모세포와 동일한 유전형을 지니는 딸세포가 만들어질 수 있게 된다.

Chapter 4

물

1. 물도 영양소일까?

2. 체내에서 물은 어떤 역할을 할까?

3. 체내의 수분평형은 어떻게 유지되나?

4. 물, 얼마나 마셔야 하나?

5. 물과 관련된 공중보건 문제는 무엇일까?

6. 우리가 먹는 식수는 안전할까?

Chapter 4

물

신문이나 매스컴 등에서 수질오염 · 홍수 · 가뭄 등 물에 관련된 기사가
빈번히 언급되고 있으나, 이와 같은 '물'이 바로 영양소라는 사실을
인식하고 사는 사람이 몇이나 될까?
인간은 음식을 먹지 않은 상태에서 몇 주 이상을 버틸 수 있지만,
물을 마시지 않고는 단 며칠도 견디지 못한다.
그러므로 우리 인류에게 가장 먼저 발견된 영양소 결핍증은
바로 '수분결핍', 즉 탈수였다.
그렇다면 "나의 물 섭취량이 적당한가?"라는 질문은 과연 어리석은 것일까?

1. 물도 영양소일까?

물은 인체의 생명현상을 유지하기 위해 필수적인 탄수화물 · 지질 · 단백질 · 무기
질 · 비타민 등과 함께 6대 영양소 가운데 하나이다. 생명이 물에서부터 시작하였음
은 의심할 여지가 없으며, 고대문명의 발상지가 강을 끼고 있는 것도 인류에게 있어
서 물의 중요성을 증명하는 것이다.

물(H_2O)은 두 개의 수소원자와 한 개의 산소원자로 구성되어 있으므로 유기물질
이 아니며, 따라서 체내에서 에너지를 내지 않는다.

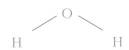

　신체를 구성하고 있는 영양성분 중 양적으로 가장 많으면서, 또한 가장 자주 공급해 주어야 하는 것이 바로 '물'이다. 인체는 다른 영양소의 공급이 중단된 상태에서는 2~3개월간 버틸 수 있으나, 물이 없이는 3~4일 정도밖에 살 수가 없다. 그러므로 물은 생명체에게 가장 중요하고 필수적인 영양소라 할 수 있다.

　그럼에도 불구하고, 우리는 '물'이 영양소임을 잊고 살고 있다. 그러기에 '물'을 '잊혀진 영양소(forgotten nutrient)'라 부르는 것일까?

Q 물도 많이 먹으면 살이 찐다고 하던데 정말일까?

A 물은 체내에서 에너지를 내지 않으니 살을 찌게 할 이유가 없다. 다만, 수분대사에 이상이 있는 상태에서 과도한 수분 섭취를 할 경우 부종이 나타나 체중이 증가할 수는 있다.

2. 체내에서 물은 어떤 역할을 할까?

1) 기계적 기능

(1) 신체의 구성분

　인체의 60~70%가 물로 구성되어 있으므로, 물은 단일 화합물로서 인체 내에서 함유량이 가장 많은 물질이다. 예를 들어, 체중이 70kg인 성인 남자의 경우 신체의 총 수분 함량은 약 42~49kg 정도이다. 여자는 남자보다 근육량이 적은 대신 상대적으로 지방 함량이 많기 때문에 총 수분 함량이 남자보다 적다.

(2) 운반

물은 신체 내에서 수송의 역할을 담당하는 혈액의 주요 성분으로, 영양소를 세포로 운반해 주고 체내 대사 결과 생성된 노폐물을 뇨 또는 이산화탄소의 형태로 신장 또는 폐를 통해 제거한다.

(3) 체온조절

신체의 2/3를 구성하고 있는 물은 다른 어떠한 용매보다도 비열과 증발열이 크기 때문에 체온조절을 하는 데 있어서 가장 이상적인 용매라 할 수 있다. 예를 들어, 더운 환경에서 신체는 땀을 흘림으로써 체온을 조절한다.

(4) 외부충격으로부터의 보호

눈의 수정체, 관절 등에 함유된 물은 외부의 충격으로부터 이들 조직을 보호하고, 특히 양수는 태아를 보호하는 역할을 한다.

(5) 윤활유

물은 위장관·호흡계 및 관절 등의 점막을 부드럽게 해주며, 특히 위장관에서 영양소의 흡수를 용이하게 해준다.

2) 화학적 기능

세포 내에서 일어나는 소화·흡수·화학 반응 등의 다양한 대사반응들이 효율적으로 진행되려면 반응의 대상이 되는 화합물질들이 물에 용해되어 있는 상태가 아니면 불가능하다. 즉, 물은 대사반응을 가능하게 하는 용매의 역할을 하는데, 용질을 녹이는 능력이 다른 어떠한 용매보다도 뛰어나다. 이쯤되면 우리 신체의 2/3가 알코올 또는 에테르가 아니고 물로 구성되어 있음이 얼마나 다행스러운지 짐작이 갈 것이다.

3. 체내의 수분평형은 어떻게 유지되나?

신체는 다양한 생리적 상태 또는 외부환경의 변화에 처하더라도 체내 수분의 항상성(수분 섭취량과 손실량의 균형)을 이루도록 조절하는 능력을 어느 정도 자체적으로 지니고 있다.

1) 수분 섭취량 = 수분 손실량

(1) 수분 섭취

체내로 수분이 유입되는 과정을 살펴보면 음료수와 식품으로부터 1일 총 수분 공급량의 거의 대부분을 제공받으며, 이 외에도 체내에서 일어나는 영양소의 대사과정을 통하여 약간의 대사수가 생성된다(그림 4-1).

(2) 수분 손실

체내의 수분은 소변, 땀, 폐를 통한 기화 및 대변을 통해 배설된다. 총 수분 손실량에 있어서 각각의 수분 손실 경로가 차지하는 비율은 육체적 활동 정도, 신체의 생리적 상태, 또는 외부온도 및 습도에 따라 다르다. 일반적으로 소변을 통해 총 수분 손실량의 약 50~60%가 배설되고 나머지 40% 정도가 땀·피부 및 폐를 통한 수분의 기화로 손실되며, 대변을 통한 손실은 극히 소량이다(그림 4-1).

수분 섭취량과 손실량이 균형을 이룰 때 체내의 수분평형이 이루어지게 된다.

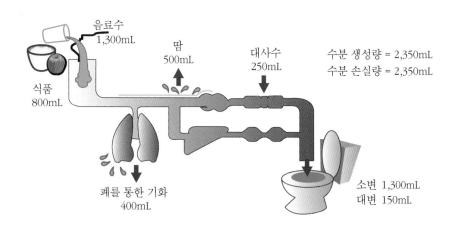

그림 4-1 체내 수분 섭취와 손실의 균형(예)

2) 체내에 물이 저장되는 공간

(1) 세포내액(intracellular fluid, ICF)

세포 내부에 함유되어 있는 수분으로, 체내 총 수분량의 약 65%를 차지하며, 단백질과 무기질 등의 영양소가 용해되어 있다.

(2) 세포외액(extracellular fluid, ECF)

세포 외부에 존재하는 수분으로서, 대부분이 혈액에 해당된다. 체내 총 수분량의 약 35%를 차지하며, 단백질·무기질·탄수화물 및 지질 등이 함께 용해되어 있다.

(3) 세포 내외의 수분균형

세포 내외의 수분이동은 세포막을 중심으로 형성된 세포 내외의 삼투압의 차이에 의해 일어나게 된다. 그림 4-2에 나타난 바와 같이, 배추를 소금물에 담그면 배추세포의 내부에 비해 외부의 삼투압이 더 크므로 세포 내의 수분이 소금물 쪽으로 이동하여 소금물을 희석시킴으로써 삼투압의 차이를 줄이게 된다. 결과적으로 배추의 수분이 빠져나와 배추가 절여지게 되는 것이다. 마찬가지로 신체도 짠 음식을 먹으면 세포외액의 나트륨(Na) 농도가 증가하게 되고, 이에 따라 세포내액의 수분을 세포외액으로 이동시키게 된다. 세포내액의 수분 함량이 일정 수준 이하로 낮아지면 두뇌에 신호를 보내 갈증을 느끼게 하고, 물을 마시게 함으로써 신체를 탈수로부터 보호한다. 반대로 수분을 너무 많이 섭취하여 세포외액의 전해질 농도가 낮아지면, 신장에 신호를 보내 더 많은 양의 소변을 내보내게 한다.

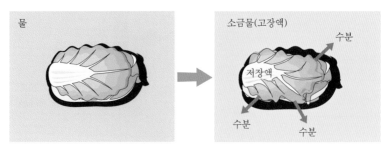

그림 4-2 세포 내외의 수분이동

알고 싶어요 ?!

Q 지렁이에 소금을 뿌리면 어떻게 될까?

A 삼투압의 차이로 지렁이 세포 내의 수분이 외부로 이동되고, 결국 지렁이는 탈수증으로 죽게 된다.

Q 그렇다면 식품에 소금을 뿌려서 저장하는 원리는 무엇일까?

A 소금이 박테리아 세포에 함유된 수분을 세포 밖으로 끌어냄에 따라 탈수현상에 의해 박테리아를 사멸시킴으로써 소금이 소독 및 보존제의 기능을 한다.

3) 부종현상

장기간 단백질 섭취가 부족하여 혈장의 단백질 농도가 저하되면, 혈액 중의 수분이 세포와 세포 사이의 틈으로 새어나가 부종을 유발하게 된다. 즉, 혈액(ECF)에 수분을 보유할 수 있도록 충분한 전해질 또는 단백질이 존재하지 않기 때문에 혈액 중의 수분이 혈액을 빠져나가게 되는 것이다.

알고 싶어요 ?!

Q 저개발국가에서 흔히 볼 수 있는 극심한 영양결핍 상태의 어린이를 보면 배가 볼록하게 튀어나와 있다(제7장 단백질 영양, 151쪽, 그림 7-8 참조). 그 이유는 무엇일까?

A 단백질 결핍으로 인한 부종현상으로 복수가 차기 때문이다.

Q 물을 많이 마시면 몸이 붓는다는데 정말일까?

A 근거 없는 믿음이다. 오히려 물을 너무 적게 마시면 신체가 수분대사의 항상성을 유지하기 위하여 수분을 보유하려는 경향이 커진다. 반면, 건강한 상태에서 필요 이상 섭취한 과량의 수분은 소변으로 배설됨으로써 세포의 수분균형이 이루어진다.

4) 탈수현상

더운 날 수분을 보충해 주지 않은 채 격심한 육체운동을 계속하거나 수분 섭취가 부족한 상태에서 감염에 의해 고열이 발생하는 경우, 또는 장기간 설사가 지속되면 탈수현상이 나타날 수 있다.

체내 총 수분량의 2%를 손실하게 되면 신체는 갈증을 느끼게 되는데, 이때 물을 섭취하면 곧바로 회복될 수 있다. 총 수분량의 4% 정도를 손실하게 되면 근육피로를 느끼게 되고, 운동 중인 경우에는 지구력이 급격히 저하된다. 탈수가 진행되어 체내 총 수분량의 12%를 손실하면 외부의 높은 기온에 신체가 적응하는 능력을 상실하여 무기력 상태에 빠지게 되는데, 이쯤되면 갈증을 느껴 물을 마심으로써 수분을 보충하는 기전만으로는 체내의 수분균형을 되찾기가 어려워진다.

신체는 소장의 80%, 허파나 신장의 한 쪽(50%), 그리고 간의 75%를 떼어 내고도 생명을 유지할 수 있으나, 체내 총 수분 함량의 20%를 상실하면 의식을 잃고 곧 사망하게 된다(그림 4-3).

☑ 일단 심각한 탈수증세가 나타난 상태에서 수분을 다시 공급해 줄 경우, 수분균형은 회복할 수 있다 하더라도 탈수가 진행되는 동안 생성된 노폐물이 신장에 영구적인 손상을 입힐 수 있으므로 주의가 필요하다.

그림 4-3 수분 손실량에 따른 탈수증세

4. 물, 얼마나 마셔야 하나?

물은 생리적 측면에서 신체의 갈증을 해소시켜 주는 영양소일 뿐 아니라 우리의 식생활에서도 중요한 역할을 한다. 예를 들어, 음식물을 적셔서 쉽게 삼킬 수 있게 해주고, 식품 중의 여러 가지 맛을 내는 물질을 용해시켜 음식의 맛을 향상시키는 역할을 한다. 또한 조리 시 첨가되는 물은 음식물을 부드럽게 해주고 식품성분이 잘 섞일 수 있게 해주며, 채소에 함유된 수분은 바삭거리는 질감을 제공한다.

1) 우리 몸에 공급되는 물의 급원

(1) 음 료

최근 이용이 급증하고 있는 다양한 형태의 음료들은 물(용매) 이외에 다른 성분들(용질)을 포함하고 있는데, 이들 물과 음료로부터 공급되는 수분량은 총 수분 섭취량의 약 1/2~2/3를 차지한다.

(2) 식품 중의 수분

식품으로부터 공급되는 수분은 총 수분 섭취량의 1/3~1/2을 차지한다. 식품의 수분 함량은 그림 4-4에서 보듯이 매우 다양하다. 수박의 경우 총 중량의 94%가

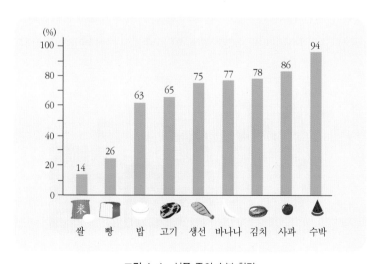

그림 4-4 식품 중의 수분 함량

수분으로 구성되어 있는 반면, 고기 및 생선은 65~75%, 그리고 쌀은 14%의 수분을 함유하고 있다.

(3) 대사과정에서 생성된 수분

섭취된 탄수화물·단백질 및 지질이 체내에서 완전 산화되어 에너지를 내는 과정에서 이산화탄소와 함께 물(대사수)이 생성되는데, 이때 생성된 대사수의 양은 총 수분 공급량의 약 10% 미만에 해당된다.

2) 우리가 마시는 다양한 음료수

갈증을 해소시키는 기능에 있어서 모든 음료가 동일한 효과를 내는 것은 아니다. 일부 음료는 제공한 것 이상으로 우리 몸에서 수분을 빼앗아 갈 수 있으므로, 수분 필요량을 충족시키기 위해서는 음료보다는 순수한 '물'을 섭취하는 것이 가장 바람직하다(그림 4-5).

(1) 주스 및 청량음료

갈증을 해소하기 위해 주스나 청량음료를 마시는 경우, 그 즉시는 갈증이 해소된 듯 하나 시간이 경과하면서 오히려 갈증이 더 심해지는 것을 느끼게 된다. 주스나 청량음료는 수분뿐만 아니라 설탕, 소금, 기타 화학물질 등의 용질을 포함하고 있는데, 이들 용질이 혈관 내로 들어오면 혈액의 용질농도를 증가시키게 된다. 이에 대한 반응으로서 신체는 우선적으로 세포 내에 있는 수분을 혈액으로 내보내고, 혈액으

그림 4-5 최근 소비량이 급증하고 있는 다양한 음료들

로 이동한 수분은 결국 소변의 형태로 배설되므로 세포 내의 수분을 영원히 손실하는 결과를 초래하게 된다. 이와 같은 과정을 통해 세포내액의 수분이 어느 정도 이상 손실되면, 뇌에 신호를 보내 갈증을 유도하고 물을 마시게 함으로써 증가된 용질농도에 대응한다.

(2) 카페인 및 알코올음료

카페인과 알코올은 체내에서 수분균형을 조절하는 호르몬에 영향을 주어, 소변을 통한 수분배설을 증가시킨다. 따라서 아침에 마신 커피가 체내에 수분을 공급하기보다는 오히려 수분을 빼앗아 가는 결과를 초래하므로, 아침에 일어나 커피를 마시기 전에 우선 물을 충분히 마시는 습관을 들이는 것이 바람직하다.

(3) 물

물이 체내에서 담당하는 주요 기능 가운데 대사과정에서 생성된 불순물을 소변 또는 땀의 형태로 배설케 함으로써 우리 몸을 깨끗이 청소하는 기능이 있다. 체내의 노폐물을 소변 및 땀의 형태로 배설시키기 위해서는 여러 용질이 함유된 음료보다는 순수하고 깨끗한 물을 마시는 것이 가장 효율적일 것이다.

 이해를 돕기 위하여 다음과 같이 생각해 보자. 더러워진 청바지를 세탁할 때 청바지에서 때와 비누를 깨끗이 제거하기 위하여 콜라나 주스로 빠는 사람이 어디 있겠는가? 당연히 깨끗한 물을 이용할 것이다. 우리 몸을 청소할 때도 마찬가지 아니겠는가?

3) 계절 및 주변환경에 따른 수분 섭취량

인체는 계절에 상관없이 탈수를 방지하기 위해 많은 양의 수분이 필요하다.

❶ 여 름　땀을 통한 수분 손실을 막기 위해 다량의 물을 마시는 것이 필요하다.

❷ 겨 울　난방으로 인해 실내공기가 건조해지므로, 피부와 폐를 통한 수분 손실량이 증가한다. 따라서 갈증을 느끼지 않더라도 수시로 물을 마셔야 한다.

❸ 비행기 여행 시　건조한 공기가 비행기 내에서 재순환될 뿐만 아니라, 고도(高度)에서는 기화(氣化)를 통한 수분 손실이 크기 때문에 우리가 느끼지 못하는 사이에 수분균형이 깨지기 쉽다. 따라서 비행기 여행을 하는 동안에는 한 시간마다 물을 한 컵씩 마시도록 권장하고 있다.

4) 바람직한 수분 섭취량

(1) 미국 RDA(영양소 권장량) 위원회의 제안

미국 RDA(recommended daily allowance)에서는 성인의 경우 1,000kcal의 에너지 섭취 시마다 최소 1L의 물을 섭취하도록 제안하고 있으며, 개인에 따른 생리적·환경적 요인의 차이를 고려할 때 1.5L/1,000kcal까지 섭취하는 것이 바람직하다고 제안하였다.

(2) 미국의학협회(American medical association, AMA)의 제안

성인의 경우, 주스나 기타 음료 이외에 하루에 6~7컵의 순수한 물을 마실 것을 권장하고 있으며, 만약 8~10컵을 마실 수 있다면 더욱 바람직한 것으로 보고 있다. 한편, 수분균형 및 정상적인 신체기능을 유지하기 위해 최소한 하루 4컵 이상의 물섭취가 반드시 필요하다(그림 4-6).

최소량(4컵)　　　　권장량(6~7컵)　　　　최적량(8~10컵)

그림 4-6　물의 적정 섭취량

(3) 한국인의 수분 섭취기준 및 수분 섭취현황

한국인 영양소 섭취기준(2020)에서 제시한 20대 남녀의 수분에 대한 충분섭취량은 각각 2,600mL와 2,100mL(액체로는 각각 1,200mL와 1,000mL)이고, 그 이후에는 연령이 증가함에 따라 수분의 충분섭취량이 감소한다.

보건복지부에서 발표한 2005년도 국민건강·영양조사 결과에 따르면, 우리 국민이 식수로 섭취하는 물의 양은 1인 1일 평균 966mL로 하루 평균 약 5컵의 물을 마시는 것으로 나타났다. 최근 청소년층을 비롯하여 대학생의 경우, 물 섭취량은 점차

Q 갈증이 날 때 물을 마시는 것만으로 인체의 수분평형을 충분히 유지할 수 있을까?

A 하루 6~8컵의 적정 수분 섭취량을 충족시키려면 갈증 시 물을 마시는 것만으로는 부족하다. 특히 어린이나 노인, 운동선수, 건조한 기후에서는 갈증에 대한 예민도가 저하될 수 있다. 따라서 갈증을 느끼지 않더라도 습관적으로, 그리고 의도적으로 물을 충분히 마시는 것이 바람직하다.

Q 나의 수분 섭취량이 적당한지 쉽게 알 수 있는 방법은 무엇일까?

A 아침의 첫 소변을 제외하고 낮 동안에 자신의 소변색을 주의깊게 살펴보자. 만일 낮 동안 자신의 소변색이 항상 진하고 단 한 번도 연한 색의 소변을 보지 못하였다면, 수분 섭취량이 부족하다는 증거이다. 수분 섭취가 부족할 때, 인체는 수분을 절약하기 위하여 농축된 진한 색의 소변을 배설한다.

로 감소하는 반면, 오히려 탄산음료를 비롯한 각종 음료의 섭취량이 증가하는 추세에 있어 물 섭취량 증가를 위한 노력이 필요하다.

5) 수분 필요량을 결정짓는 요인

(1) 나 이

유아·어린이·노인의 경우 일반 성인에 비해 단위체중당 더 많은 양의 수분을 섭취해야 한다. 특히 유아는 체중에서 수분이 차지하는 비율이 약 70%로 성인의 50~60%보다 더 높다(그림 4-7). 유아는 또한 신체의 크기(부피)에 비하여 체표면적이 성인보다 상대적으로 더 크므로 피부를 통한 수분 손실이 더 크며, 신장에서 소변을 농축하는 능력이 미숙하므로 성인에 비해서 다량의 희석된 소변을 배설한다. 그 외에도 유아는 갈증이 날 때 이를 표현하거나 스스로 물을 마시는 등, 갈증에 대한 대처능력이 부족하므로 유아의 수분 섭취가 부족하지 않도록 각별한 주의가 필요하다.

그림 4-7 체내의 수분 함량(예)

노인의 경우에도 유아와 마찬가지로 갈증을 제대로 느끼지 못하여 탈수가 되기 쉬우므로 노인의 수분 섭취량을 유심히 살펴보고 의도적으로 수분 섭취를 증가시키도록 하여야 한다.

(2) 체 온

물은 신체를 냉각시키는 작용을 하므로 외부의 기온, 육체적 운동, 발열 등으로 체온이 올라가면 수분 필요량 또한 증가하게 된다.

(3) 임신 및 수유 등의 생리적 변화

임신을 하게 되면 양수가 형성되고 모체의 혈액량이 증가하므로 수분 섭취량을 증가시켜야 한다. 아울러 수유부의 경우는 모유를 만들어야 하므로 역시 수분 필요량이 증가한다.

(4) 식품 및 약물의 섭취

카페인이나 알코올이 함유된 음료 또는 짠 음식을 섭취하거나 약제 복용 시, 혈액 중 이들 물질 또는 용질의 농도를 희석하기 위하여 또는 증가된 소변 배설량으로 인하여 수분 필요량이 증가하게 된다.

5. 물과 관련된 공중보건 문제는 무엇일까?

1) 염소

수돗물의 미생물을 사멸시키기 위한 목적으로 사용하는 염소는 실제로 사용되는 저농도에서는 인체에 무해하나 소독약 냄새가 불쾌감을 줄 수 있다.

알고 싶어요 ?!

Q 수돗물의 염소냄새를 제거할 수 있는 방법은 무엇인가?

A 수돗물을 끓여서 냄새를 제거하거나, 또는 큰 통에 수돗물을 받아 뚜껑을 덮지 않은 채 하룻밤 방치하면 염소가 기화되어 특유의 냄새가 제거된다.

2) 불소

미국의 일부 지역에서는 충치를 예방할 목적으로 식수에 불소(0.9~1.2ppm)를 첨가하고 있다. 하지만 불소의 과잉섭취 시 치아에 반점이 형성되는 등 오히려 좋지 않은 영향을 미칠지도 모른다는 우려 때문에 불소첨가를 반대하는 의견도 있다.

우리나라에서는 '상수도 불소주입에 관한 규정'(보건사회부 훈령 412호, 1980년)에 의해 1981년과 1982년에 각각 진해시와 청주시가 '상수도 불소화 시범지역'으로 선정되었으며, 지자체 12곳에서 실시되고 있다(2016년 12월 기준). 수돗물 불소농도 조정사업을 실시하는 지역과 실시하지 않는 지역의 아동을 대상으로 충치 발생률을 비교해 본 결과, 불소화를 실시한 지역에 거주하는 아동의 영구치 우식 예방률이 비교집단에 비하여 30~40%가량 높았다고 한다.

3) 알루미늄

불순물을 침전시키기 위한 목적으로 황화알루미늄(aluminium sulfate)이 수돗물에 첨가되기도 하는데, 최근 알루미늄 섭취량과 노인성치매(alzheimer disease)와의 연관성에 관한 논란이 계속되고 있다.

6. 우리가 먹는 식수는 안전할까?

1) 수돗물

보다 안전한 먹는 물을 공급하기 위해 정부는 2011년 〈먹는 물 수질기준〉 58항목을 포함하여 총 250항목(먹는 물 수질기준 58항목+수질감시항목 26항목+자체검사항목 166항목)의 검사를 실시하고 있다.

그럼에도 불구하고 수돗물 대국민 인식 여론조사(전국 거주 만 19세 이상 성인 남녀 1,000명 대상)에 따르면 "수도물을 직접 마시나?"는 질문에 대하여 48.3%는 '끓이거나 조리 후', 16.3%는 '직접 마신다'고 답변하였으나, 35.4%는 '마시지 않는다'고 답변하였다.

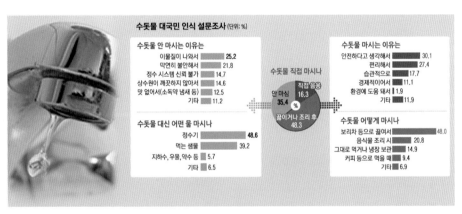

그림 4-8 수돗물 대국민 인식 설문조사
자료 : 서울신문, 공공의창 대국민 수돗물 인식 여론조사(2020)

2) 정수(Purified water)

마시는 물에 대한 걱정 때문에 많은 가정에서 정수기를 설치하여 사용하고 있으나, 정수기의 정수기능이 미약하고 사후관리가 소홀할 경우 오히려 문제가 될 수 있다. 현재 시중에 유통되는 정수기의 종류는 수입품을 합쳐 250여 종이나 된다. 병에 넣어 시판되는 정수는 불순물을 제거한 것으로서 수돗물보다 맛은 더 있으나, 장기간 보관 시 미생물의 오염 가능성이 크다.

3) 약수

　최근 약수터를 찾는 사람이 증가하고 있으나, 서울시 보건환경연구원이 전국의 약수터에 대한 수질검사를 실시한 결과, 상당수의 약수가 식수로서 부적합하다는 판정을 내렸다. 또한 약수에 포함된 무기성분의 종류 및 이들의 함량이 명확치 않고, 때로 나트륨 함량이 높은 것으로 발표되었다. 주기적으로 수질검사가 이루어지지 않은 상태에서 일차적인 검사결과에 의존하기에는 약수의 안전성에 대한 신뢰가 떨어진다.

생각해 봅시다

✳ 나의 수분 섭취량은 얼마나 되는지 알아보자!

어느 대학생의 하루 수분 섭취량은 다음과 같다. 수분 섭취의 적합성을 토의하고, 아울러 자신의 수분 섭취량이 적당한지 평가하여 보자.

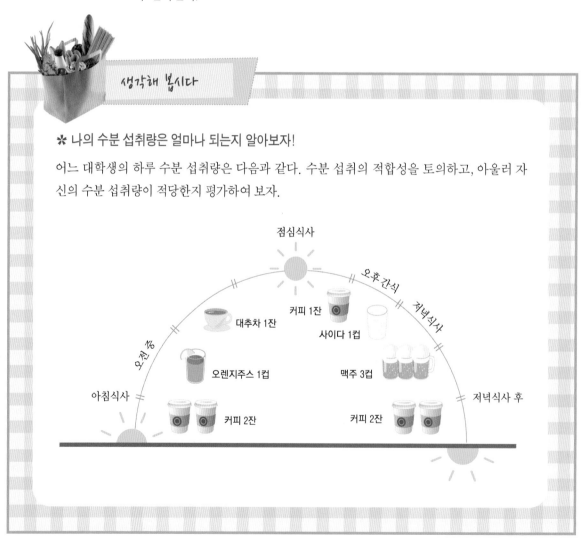

Chapter 5

탄수화물 영양

1. 탄수화물은 어떻게 만들어질까?
2. 탄수화물을 구성단위에 따라 분류해 보면?
3. 우리의 식생활에서 '탄수화물'이 가지는 중요한 의미는?
4. 탄수화물은 체내에서 어떻게 대사되나?
5. 탄수화물, 얼마나 먹어야 하나?
6. 혈당조절을 위해 신체에서는 지금 어떠한 일이 일어나고 있는가?
7. 탄수화물 섭취와 관련된 영양문제는 무엇인가?
8. 식이섬유, 과연 어떤 영양소인가?
9. 가공 시 식품의 영양적 가치는 어떻게 달라질까?

Chapter 5

탄수화물 영양

서구문화의 영향을 받아 아침식사를 빵으로 하고

피자를 먹는 시대가 되었다고 하여도,

여전히 우리나라 사람의 주식은 밥, 곧 쌀이다.

예부터 지중해 지역 사람은 밀을 먹었고, 영국 사람은 귀리와

보리를 먹었고, 미국 사람은 옥수수와 감자를 먹었고……,

그리고 이것들이 그네들의 주식(主食)이었다.

'주식'이란 무엇인가? 이것들은 어디로부터 오는가?

이에 대한 해답을 찾노라면, 인간과 자연의 떼어 놓을 수 없는

연결고리를 발견하게 된다. 그것은 자연의 선물, 곧 햇빛·공기·물을

이용하여 식물이 만들어 낸 '탄수화물'의 덩어리임을 알게 되므로…….

1. 탄수화물은 어떻게 만들어질까?

탄수화물은 영어로 carbohydrate라고 쓰는데, 이 단어를 문자 그대로 번역하면 탄소(carbon)와 물(H_2O)의 결합체라는 뜻이다. 탄수화물은 우리가 주식으로 하는 쌀·보리·밀·옥수수·감자·고구마 등의 식물성 식품을 구성하는 성분 중 대부분을 차지한다.

자연계에서 탄수화물이 만들어지는 현상을 '에너지 보존의 법칙'에 의한 것이라

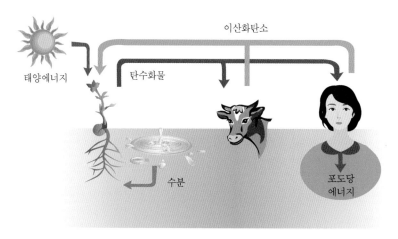

그림 5-1 자연계에서의 탄수화물 사이클

하면 과장된 표현일까? 우주 내에 존재하는 힘 또는 에너지의 절대치는 변하지 않는다. 즉, 태양에너지의 일부가 식물체에 저장되면 이 힘이 탄수화물의 형태로 바뀌고, 식물체의 탄수화물을 동물 또는 사람이 섭취하게 되면 움직이는 생명체가 필요로 하는 다양한 형태의 에너지로 전환된다(그림 5-1).

녹색식물의 엽록소는 '탄수화물'을 만들어 내는 공장이나 다름없다. 그 공장에 공급되는 원자재는 태양에너지, 공기 중의 이산화탄소(CO_2), 그리고 뿌리를 이용하여 땅속에서부터 끌어올린 물이니, 이 모두가 자연의 선물이 아니겠는가?

$$\text{태양(에너지)} \xrightarrow[\text{광합성}]{CO_2 + H_2O} \text{탄수화물} \atop \text{(식물체)} \searrow_{O_2} \text{탄수화물} \atop \text{(동물체 또는 사람)} \longrightarrow \text{에너지(ATP)}$$

2. 탄수화물을 구성단위에 따라 분류해 보면?

1) 단당류

단당류(monosaccharide)는 탄수화물의 기본단위이며, 단당류가 모여서 이당류 및 다당류를 만든다. 다음의 세 가지 단당류는 분자량과 구성재료($C_6H_{12}O_6$)는 모두 같으나 수소와 산소의 연결방법이 약간씩 다를 뿐이고, 그에 따라 모양과 맛이 약간씩 다르다.

❶ 포도당(Glucose) 포도에 많이 들어 있다고 하여 붙여진 이름으로, 사람의 혈액 중에는 포도당의 형태로 탄수화물이 존재한다. 체내에서 대부분의 단당류와 이당류가 포도당으로 전환되므로 포도당은 체내에서 가장 중요한 단당류이다.

❷ 과당(Fructose) 과일과 꿀에 주로 함유되어 있고, 단당류 중에서 단맛이 가장 강하다.

❸ 갈락토오스(Galactose) 우유에 함유된 유당의 구성성분이며, 단당류 중 단맛이 가장 약하다.

알고 싶어요 ?!

Q 식품에 첨가되는 기능성 올리고당(oligosaccharide)은 무엇인가?

A 3~10개의 단당류로 구성되어 있는 올리고당은 최근 체내에서 다양한 생리기능을 나타냄이 밝혀져 주목을 받고 있다. 예를 들어, 프락토올리고당은 장내에 존재하는 유익한 균총인 비피도박테리아(bifidobacteria)를 활성화시키는 작용이 있어서 각종 가공식품에 첨가되고 있다.

그림 5-2 단당류와 이당류의 구성

2) 이당류

앞의 세 가지 단당류를 두 개씩 묶되, 포도당이 한 개 이상 들어가도록 하면 우리가 식품에서 흔히 접하는 다음의 세 가지 이당류(disaccharide)가 만들어진다(그림 5-2).

❶ **맥아당(Maltose)** 포도당 + 포도당

❷ **자당 또는 설탕(Sucrose)** 포도당 + 과당

❸ **유당(Lactose)** 포도당 + 갈락토오스

3) 다당류

포도당이 10개 이상 연결되어 있는 것을 다당류(polysaccharide)라 한다. 자연계의 식품에서 주로 발견되는 다당류는 포도당 분자의 연결방식에 따라 다음과 같은 세 가지의 형태로 존재한다(그림 5-3).

❶ **전분(Starch)** 식물체는 여분의 포도당을 직선상 또는 가지 모양으로 연결하

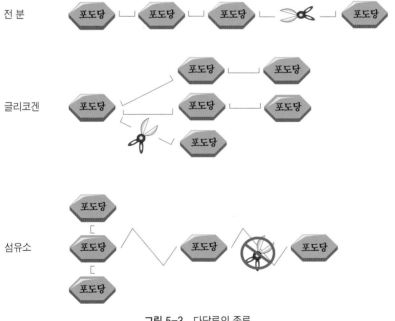

그림 5-3 다당류의 종류

여 포도당 중합체를 만든 후 뿌리 또는 열매에 저장한다. 식물성 식품 중의 전분은 포도당 분자의 연결방식에 따라 크게 아밀로오스(amylose)와 아밀로펙틴(amylopectin)으로 나뉘는데, 전자는 포도당이 직선상으로 연결된 중합체이고, 후자는 포도당 분자의 연결방식에서 곁가지 구조를 지닌다.

❷ 글리코겐(Glycogen) 동물 역시 글리코겐의 형태로 포도당 중합체를 만듦으로써 여분의 탄수화물을 간과 근육에 저장한다. 따라서 글리코겐을 '동물성 전분'이라 할 만하다.

❸ 식이섬유(Dietary Fiber) 식물에 존재하는 포도당 중합체의 일종으로서, 포도당의 연결방식이 전분과 다르다. 인체의 장에는 식이섬유를 구성하는 포도당의 연결고리를 끊어주는 소화효소가 존재하지 않으므로 소화·흡수되지 않은 식이섬유가 대변으로 배설된다. 식이섬유는 식물의 형태를 유지시켜 주는 역할을 한다는 점에서 마치 동물의 뼈와 같다고 할 수 있다.

알고 싶어요 ?!

Q 피로하여 기운이 없을 때 설탕물이나 꿀물을 먹으라고 권하는 특별한 이유가 있는가?

A 섭취한 전분 등의 다당류가 세포로 이동되어 에너지를 내려면 우선적으로 장에서 소화효소에 의해 포도당으로 분해되어야 하므로 섭취하여 에너지를 내기까지 시간이 오래 걸린다. 반면, 단당류 및 이당류와 같은 단순당은 그대로 또는 쉽게 단당류로 분해되어 흡수되므로, 섭취 후 신속하게 에너지를 공급하여 원기를 회복하도록 해준다.

Q 식이섬유가 주된 성분인 풀을 먹고 사는 소·양·염소 등의 반추동물은 무엇으로부터 에너지를 얻을까?

A 반추동물(소, 양, 염소 등)의 위에 서식하는 박테리아는 식이섬유를 구성하는 포도당 분자 간의 결합을 끊을 수 있다. 따라서 풀만 먹고도 포도당으로부터 에너지를 공급받는다.

3. 우리의 식생활에서 '탄수화물'이 가지는 중요한 의미는?

1) 주요 에너지원

탄수화물 1g이 체내에서 완전히 산화되면 4kcal의 에너지를 제공하며, 일반적으로 우리가 섭취하는 총 에너지의 약 50~70% 정도가 탄수화물로부터 충당된다. 지질 및 단백질도 체내에서 산화되어 에너지를 낼 수 있으나, 두뇌는 에너지 급원으로 오로지 포도당만을 사용하므로 신체는 탄수화물을 필수적으로 섭취하여야 한다. 단식상태 또는 당뇨병 환자에서처럼 세포 내로 포도당이 제공되지 못하는 상황에서 신체는 아미노산으로부터 포도당을 합성하여 이용할 수는 있으나, 지질로부터 포도당을 만들지는 못한다.

2) 케토시스의 방지

적절한 탄수화물의 섭취는 지질의 산화에 필수적이다. 따라서 탄수화물 섭취를 제한하고 주로 단백질과 지질만으로 구성된 식사를 계속하게 되면 '케토시스(ketosis)' 증상이 나타난다. 케토시스란 체내에서 지질이 분해될 때 비효율적인 대사경로를 통해 진행되는 비율이 증가하여 지질대사의 중간산물인 케톤체가 혈액에 증가하는 현상이다. 주된 증상으로는 호흡기를 통한 아세톤 냄새, 식욕저하, 다뇨, 갈증 및 뇌손상 등을 들 수 있으며, 특히 어린이나 임신부의 케토시스가 치료되지 않고 방치되는 경우 유아 및 태아의 두뇌발달에 치명적인 악영향을 미칠 수 있다.

3) 음식에 단맛 제공

탄수화물 중 단당류(포도당·과당·갈락토오스)와 이당류(맥아당·설탕·유당)는 정도에 차이는 있으나 모두 단맛을 내므로 천연당류에 속하고, 따라서 식품의 조리 및 풍미에 긍정적인 영향을 미친다.

Q 꿀·흑설탕 및 백설탕의 영양가는 어떻게 다를까?

A 우선 이들 한 숟가락(table spoon)에 함유된 영양성분을 비교해 보자.

영양성분	꿀	백설탕	흑설탕
수분(%)	17	2	<1
에너지(kcal)	64	46	36
단백질(g)	0	0	0
탄수화물(g)	17	12	9
비타민 C(mg)	0.1	0	0
칼슘(mg)	1	10	8
엽산(mcg)	0	0.13	0
칼륨(mg)	11	42	33
철분(mg)	0.09	0.23	0.18
아연(mg)	0.05	0.03	0.02

설탕은 거의 100%가 서당(sucrose)이나, 꿀에는 포도당, 과당, 물 그리고 약간의 자당이 들어 있으며 그 밖의 영양소 함량은 아주 미량이다.
그러나 꿀에 들어 있는 단순당이 설탕에 들어 있는 단순당보다 더 영양적이지 않으며, 우리 몸은 우리가 섭취한 포도당이나 과당이 꿀로부터 왔는지 설탕으로부터 왔는지 구별하지 못한다.

Q 왜 이유식에 꿀을 사용하지 말라고 하는가?

A 꿀에는 보툴리눔(*Clostrium botulinum*)의 포자가 들어 있는데, 1세 이하의 아기들은 성인이나 1세 이후의 아기에 비하여 이들 포자를 파괴시킬 정도의 충분한 위산을 분비하지 못하므로 아기의 위장관 내에서 이들 포자가 증식하여 보툴리눔 식중독을 유발할 수 있기 때문이다.

Q 우리가 사용하는 인공감미료에는 어떠한 종류가 있는가?

A 인공감미료는 크게 두 가지로 분류할 수 있는데, 우선 단당류에 공업적으로 수소를 첨가시킨 '당알코올류(sugar alcohols)'와 탄수화물과는 전혀 다른 원료로부터 인공적으로 합성된 '대체감미료류(sugar substitutes)'인 사이클라메이트·아스파탐·사카린 등이 있다. 무설탕 껌 또는 캔디에서 느껴지는 시원한 맛은 바로 당알코올류에 의한 것으로, 탄수화물에 비해 약 절반 정도의 에너지를 내지만 과다섭취 시 설사를 유발할 수도 있다. 대체감미료의 감미 정도는 종류에 따라 설탕의 30~300배로 다양하다. 사이클라메이트와 사카린은 에너지를 전혀 내지 않는 한편, 아스파탐은 1g당 4kcal의 에너지를 내나, 감미도가 설탕의 200배이므로 실제 사용되는 아스파탐으로부터 공급되는 에너지는 매우 적다. 따라서 이들 인공감미료는 비만 및 당뇨환자의 식사에 널리 이용되며, 충치예방에도 효과적이다. 예를 들어, 설탕이 함유된 일반 콜라와 아스파탐이 사용된 다이어트 콜라의 감미도는 동일하지만, 이들로부터 제공되는 에너지는 1캔(250mL)당 각각 113kcal와 0.9kcal로 커다란 차이를 보인다.

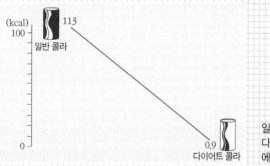

일반 콜라와 다이어트 콜라의 에너지 함량 비교

당류와 인공감미료의 감미도(단맛) 비교

천연 당류		당알코올류	
종 류	**상대적 감미도**	**종 류**	**상대적 감미도**
유당(lactose)	0.2	소르비톨(sorbitol)	0.6
맥아당(maltose)	0.4	만니톨(mannitol)	0.7
포도당(glucose)	0.7	자일리톨(xylitol)	0.9
설탕(sucrose)	1.0	**대체감미료류**	
전화당(invert sugar)	1.3	사이클라메이트(cyclamate)	30
과당(fructose)	1.2~1.8	아스파탐(aspartame)	200
		사카린(saccharin)	200~700

4) 식이섬유 제공

'식이섬유'는 체내에서 분해되지 않은 채 대변으로 배설되므로 과거에는 영양소로 인정받지 못했으나, 건강과 관련된 식이섬유의 숨은 역할이 알려지면서 영양소로서 중요한 위치를 차지하게 되었다(제5장 탄수화물 영양, 95~98쪽 참조).

4. 탄수화물은 체내에서 어떻게 대사되나?

ATP란?

Adenosine Triphosphate의 약자. 체내에서 탄수화물·지질 및 단백질이 대사될 때 생성된 에너지는 ATP의 형태로 체내에 저장되어 있다가 신체가 에너지를 필요로 할 때 방출되어 사용된다.

1) 에너지 생성

혈액을 통해 세포 내로 이동된 포도당 1분자가 완전히 대사되면 총 30~32개의 ATP를 생성하는데, 이 중 5~7개의 ATP는 세포질에서 해당작용을 거쳐 생성되며, 나머지 25개의 ATP는 해당과정을 거쳐 생성된 피루빅산(pyruvate)이 미토콘드리아

내로 이동한 후 TCA 사이클을 거치면서 생성된다(그림 5-4). 해당작용은 산소가 없는 상태에서 진행되나, TCA 사이클은 반드시 산소를 필요로 하는데, 이때 필요한 산소는 영양소와 함께 혈액을 통해 세포로 전달된 것이다.

$$[C_6H_{12}O_6 + 6O_2 \rightarrow 6CO_2 + 6H_2O + 에너지(30\text{-}32ATP)]$$

$$
\begin{array}{ll}
① \ 해당작용(혐기성) & \rightarrow \quad (5\text{-}7) \ ATP \ / \ 포도당 \ 1분자로부터 \\
+ \ ② \ TCA \ 사이클(호기성) & \rightarrow \quad 25 \ ATP \ / \ 포도당 \ 1분자로부터 \\
\hline
& 총 \ (30\text{-}32) \ ATP \ / \ 포도당 \ 1분자로부터
\end{array}
$$

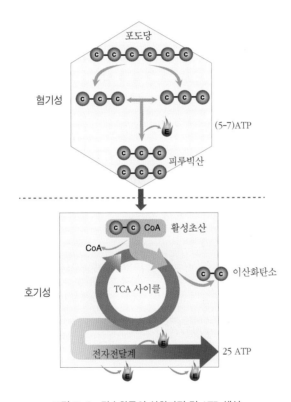

그림 5-4 탄수화물의 산화과정 및 ATP 생성

2) 젖산 생성

격심한 운동을 장기간 계속하는 경우, 공급되는 산소량보다 소모하는 산소량이 더 많아져 어느 순간부터 근육세포는 혐기상태에 처하게 된다. 산소가 부족한 혐기

상태에서는 해당과정을 거쳐 생성된 피루빅산(pyruvate)이 TCA 사이클로 들어가지 못하고 젖산(lactic acid, lactate)으로 전환된다. 근육에서 생성된 젖산의 일부는 간으로 가서 포도당으로 전환된 후 혈액을 통해 다시 근육에서 이동되어 글리코겐의 형태로 저장되나, 나머지 젖산은 근육에 쌓여 피로와 통증을 유발한다. 심하게 운동을 한 후 다리가 뻐근해지는 것은 바로 이러한 이유 때문이다.

3) 글리코겐 합성

식사 후에는 혈중 포도당 농도가 증가하게 되고, 증가된 포도당은 세포 내로 이동되어 우선적으로 에너지 생성을 위해 사용된다. 에너지가 충분한 상태에서 남은 여분의 포도당은 간 또는 근육에서 글리코겐(glycogen)의 형태로 전환되어 저장된다. 성인의 경우 간에 약 100g, 그리고 근육에 약 250g의 글리코겐이 저장되어 있으나, 이와 같은 양은 체내에 저장할 수 있는 지방량에 비하면 너무나 적은 양이다.

굶거나 혐기상태의 격심한 운동 시에는 간 또는 근육에 저장되어 있던 글리코겐이 재빨리 포도당으로 전환되어 에너지원으로 이용된다. 평소에 운동을 많이 할수록 근육 내 저장되는 글리코겐 함량이 증가하므로 지구력을 필요로 하는 운동 수행능력이 향상될 수 있다.

그림 5-5 탄수화물은 체내에서 어떻게 대사되나?

4) 지방 합성

식물성 식품에는 다량의 탄수화물이 전분 형태로 저장되어 있으나 동물 및 인체에는 극히 적은 양의 탄수화물만이 글리코겐의 형태로 저장되어 있다. 그 대신 동물체 내에서 사용하고 남은 탄수화물은 보다 효율적인 저장에너지 형태인 '지방'으로 전환된다. 따라서 고기·생선 등은 전혀 먹지 않고, 밥·빵·감자·고구마 등의 고탄수화물 식품만을 과다섭취할 경우에도 체지방이 증가하여 비만이 초래될 수 있다. 즉, 체내에서 사용되고 남은 탄수화물은 일단 글리코겐으로 저장될 수 있으나 그 양이 매우 제한되어 있으므로, 남은 탄수화물은 모두 지방으로 전환되어 체지방으로 체내에 쌓이게 된다.

5) 불필수아미노산 합성

단백질을 구성하는 기본단위인 20가지의 아미노산 중 일부는 인체 내에서 탄수화물의 대사산물과 질소로부터 합성될 수 있다. 따라서 이들을 불필수아미노산 (nonessential amino acid)이라 하며, 여기에는 글라이신·알라닌·세린·시스테인·타이로신·아스파테이트산·글루타메이트·프롤린·아르기닌·글루타민·아스파라긴·히스티딘 등의 아미노산이 포함된다(제7장 단백질 영양, 138~139쪽 참조).

5. 탄수화물, 얼마나 먹어야 하나?

1) 탄수화물의 급원식품 및 영양소 섭취기준

탄수화물의 급원식품은 식품구성자전거(제2장 균형식의 실천을 위하여, 25쪽, 그림 2-1 참조)에서 제시된 전분 및 곡류로서, 한국인을 비롯한 동양인의 주식이 되는 식품들이다.

2020년 한국인 영양소 섭취기준에서 처음으로 탄수화물의 섭취기준이 제시되었다. 연령에 관계없이 1세 이상 전 연령대에서 평균 필요량은 100g, 충분섭취량은 130g이다.

Q 2020 한국인 영양소 섭취기준에 탄수화물의 섭취기준이 제정된 배경은 무엇일까?

A 미국의 경우, 케토시스를 방지하고 체내에 필요한 포도당(1일 뇌에서 100g의 포도당을 사용)의 양을 근거로 1세 이후 탄수화물 섭취기준으로 평균필요량을 100g으로 설정한 바 있다. 이와 관련된 연구결과가 부족한 우리나라 상황에서, 미국의 평균필요량과 권장섭취량을 적용하여 한국인의 탄수화물 평균필요량과 권장섭취량을 설정하였다.

2) 적정 에너지 구성비

체내에서 산화되어 에너지를 낼 수 있는 영양소들(탄수화물·지질·단백질) 간의 상호작용과 균형을 위하여 19세 이상 성인의 총 에너지 섭취량에 대한 탄수화물 : 지질 : 단백질 섭취의 구성비율을 탄수화물 : 지질 : 단백질 = 55-65% : 15-30% : 7-20%로 권장하고 있다(2020 한국인 영양소 섭취기준).

(예) 남자 대학생(에너지필요추정량 2,600kcal)이 탄수화물로부터 60%의 에너지를 공급받는 경우, 섭취해야 할 탄수화물은 390g이다.

[계산] (2,600kcal×0.6)kcal/4kcal = 390g

3) 총 당류 섭취기준

총 당류(total sugar)라 함은 식품 내에 존재하거나 또는 식품의 가공, 조리 시에 첨가되는 포도당, 과당, 갈락토오스 등의 단당류와 맥아당, 유당, 자당 등의 이당류의 함량을 합한 값을 말한다. 2020년 한국인 영양소 섭취기준이 개정되면서 총 당류 섭취기준을 총 에너지 섭취의 10~20%로 정하였다. 이 의미는 총 당류를 에너지의 20% 이하로 제한하고, 특히 식품의 조리 및 가공 시 첨가되는 첨가당은 총 에너지섭취량의 10% 이내로 섭취하도록 한다. 첨가당의 주요 급원으로는 설탕, 액상과당, 물엿, 당밀, 꿀, 시럽, 농축과일주스 등이 있다.

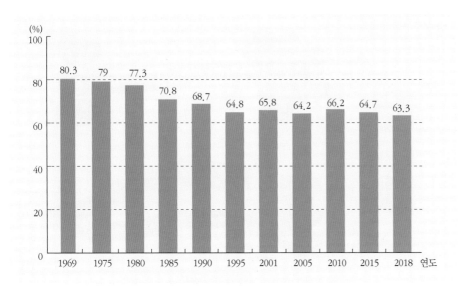

그림 5-6 탄수화물 급원 에너지 섭취비율 변화추이
자료: 보건복지부(2018). 국민건강영양조사 자료.

4) 한국인의 탄수화물 섭취 실태

2018년도 국민건강·영양조사를 살펴보면, 한국인은 전체 에너지 섭취량의 63.3%를 탄수화물로부터 섭취하고 있으며, 이것은 1969년의 80.3%에 비해 상당히 감소한 수치이다(그림 5-6). 한편, 가공식품 섭취량의 증가와 함께 단순당류의 섭취량은 해가 갈수록 점차 증가하고 있는데 국민건강영양조사(2018) 자료에 따르면, 우리나라 사람들의 총 당류 섭취량은 58.9g이다.

6. 혈당조절을 위해 신체에서는 지금 어떠한 일이 일어나고 있는가?

여러 가지 이유로 갑자기 혈당이 상승하거나 기준 이하로 떨어지면 심각한 쇼크 상태에 처하게 되므로, 이를 예방하기 위해 신체는 다양한 항상성 기전을 동원하여 혈액 중의 포도당 농도를 일정하게 유지하고자 노력한다(그림 5-7).

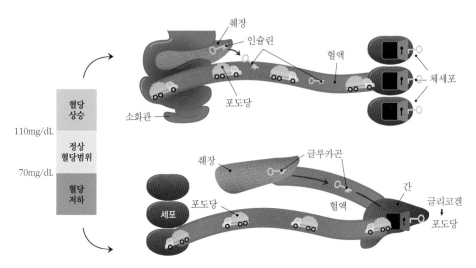

그림 5-7 체내에서의 혈당조절

1) 혈당의 변화

정상인의 공복 시 혈당(blood glucose)은 70~110mg/dL로 유지되며, 식사 후 혈당은 140mg/dL까지 증가되나 1~2시간 후면 다시 정상수준으로 돌아온다. 공복상태가 지속될 때 나타나는 어지럼증, 두통, 손이 떨리는 증상 및 근육무력증 등은 저혈당증의 증세로 식사를 하면 곧바로 원상태로 회복된다.

2) 단식 시 신체의 대응책

단식을 하게 되면 나타나는 저혈당 현상을 막기 위해 신체는 우선적으로 간에 저장된 글리코겐을 포도당으로 분해하여 혈액으로 방출시키고, 저장된 글리코겐이 모두 고갈되면 두 번째로 체단백질을 분해하여 생성된 아미노산으로부터 포도당을 합성한다. 단식이 오랜 기간 계속되면 신체는 마지막 방법으로 체지방을 분해하여 생성된 케톤체를 에너지원으로 사용함으로써 포도당을 절약하게 된다.

> ✅ 안타깝게도 신체는 지방조직에 함유된 중성지방을 분해하여 생성된 지방산으로부터 포도당을 만들지는 못한다.

7. 탄수화물 섭취와 관련된 영양문제는 무엇인가?

1) 당뇨병

경제성장으로 인한 영양소 과다섭취와 이에 따른 비만이 증가하면서 그림 5-8에서 보듯이 우리나라에서도 당뇨병(Diabetes mellitus, DM)에 의한 유병률이 약 10%에 달하고 있다(유병률은 30세 이상 대상자 중 공복혈당이 126mg/dL 이상이거나 의사진단을 받았거나 혈당강하제 복용 또는 인슐린 주사를 투여 받고 있는 사람의 비율을 말한다).

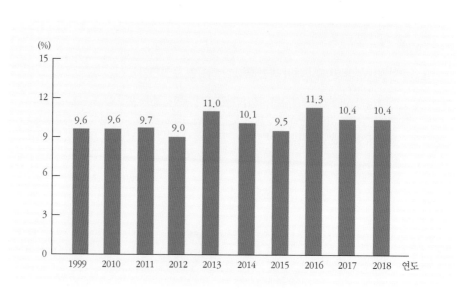

그림 5-8   연도별 당뇨병 유병률
자료: 보건복지부(2018). 국민건강영양조사.

(1) 원 인

혈액 중에 있는 포도당이 세포 내로 이동되어 사용되기 위해서는 '인슐린(insulin)'
이라는 호르몬이 반드시 필요하다. 인슐린이 부족하거나 효율적으로 사용되지 못하
는 경우, 혈액 중에 있는 포도당이 세포 내로 들어가지 못하여 고혈당증이 나타나고
소변으로 포도당이 배설된다. 즉, 아무리 식사를 해도 세포는 굶고 있는 '기아상태'
에 놓이게 되는 것이다. 혈당을 기준으로 한 당뇨병의 진단기준은 표 5-1과 같다.

표 5-1 당뇨병의 진단기준

(단위: 혈당, mg/dL)

	공복 시	식사 후 2시간
정상	< 100	< 140
당뇨	> 126	> 200

(2) 종 류

❶ 제1형 당뇨병(Type I, 인슐린 의존성, insulin dependent DM) 제1형 당뇨병은 췌장에
서 인슐린이 생산되지 못하여 발생하므로 반드시 인슐린을 공급해 주어야 한다. 주

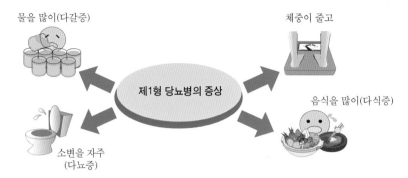

물을 많이(다갈증)

체중이 줄고

음식을 많이(다식증)

제1형 당뇨병의 증상

소변을 자주
(다뇨증)

그림 5-9 제1형 당뇨병의 주된 증상

된 증상은 물을 많이 마시고, 소변을 자주 보며, 식사를 많이 함에도 불구하고 세포는 굶고 있어 체중이 감소하는 것 등을 들 수 있다(그림 5-9).

이와 같은 당뇨병은 아동기에서 더 흔하게 발생하여 유아당뇨병이라 하였으나, 오늘날에는 다양한 연령층에서 발생한다.

❷ 제2형 당뇨병(Type Ⅱ, 인슐린 비의존성, non insulin dependent DM) 제2형 당뇨병은 인슐린에 대한 저항성이 증가하여 발생한다. 즉, 인슐린이 분비됨에도 불구하고 세포 내로의 포도당 이동이 효율적으로 이루어지지 못하는 것이다. 제2형 당뇨병 발생의 위험요인으로는 가족력(유전), 스트레스, 체중과다 및 비만 등을 들 수 있으며, 증세가 심하지 않으면 식이요법만으로도 관리가 가능하다.

 당뇨병이세요? 다음 사항을 지켜 식사하신다면 '혈당'은 문제없어요!

1. 규칙적인 식사를 한다.
2. 적정 체중을 유지한다.
3. 단순당류의 섭취를 제한하고, 복합당질의 섭취를 권한다.
4. 지방·포화지방·콜레스테롤의 섭취를 제한한다.
5. 소금이 많이 함유된 식품의 섭취를 줄인다.
6. 알코올의 섭취를 제한한다.
7. 식이섬유 함량이 높은 도정이 덜된 곡류 및 채소류 등의 섭취를 권장한다.
8. 주식량을 제한하기 위하여 가능한 한 양념(간)은 약하게 한다.

2) 유당 불내성

(1) 원인 및 증상

모유 또는 우유를 섭취하는 어린아이와 정상 성인의 장에는 유당을 분해하는 효소, 즉 락타아제(lactase)가 충분량 분비되므로 우유에 함유된 유당은 락타아제에 의해 갈락토오스와 포도당으로 분해되어 소장점막을 통해 혈액으로 쉽게 흡수된다.

'유당 불내성(lactose intolerance)'이란 소장세포에서 락타아제가 충분량 만들어지지 않아, 유당이 소화되지 못한 채 대장으로 운반된 후 장내 박테리아에 의해 발효되어 가스를 형성함으로써 복통·설사를 일으키게 되는 현상이다. 전 세계적으로 백인보다는 흑인·아시아인·아프리카인에게 유당 불내성 증상이 훨씬 많이 나타나며, 백인 중에서는 우유 섭취량이 높은 민족일수록 유당 불내성이 적게 나타난다.

(2) 대응책

유당 불내성이 있는 사람은 칼슘의 급원식품인 우유를 멀리하게 되고, 따라서 칼슘결핍이 초래되기 쉽다. 유당 불내성이 다소 있더라도 다음의 사항을 준수한다면 증상이 완화될 수 있고, 칼슘을 어느 정도 섭취할 수 있다.

- 매일 우유를 조금씩 섭취하면서 점차 그 양을 늘려가면 락타아제가 소장세포에서 조금씩 만들어지기 시작한다.
- 우유를 전분과 같이 먹는다. 예를 들어, 우유 + 미숫가루, 우유 + 과자, 우유가 함유된 과자 및 빵 종류 등을 섭취한다.
- 유당이 발효된 제품, 즉 요구르트·치즈 등을 이용한다(그림 5-10).

그림 5-10　유당 불내성을 지닌 사람들이 이용할 수 있는 대용품들

3) 충 치

입안에 있는 음식 찌꺼기, 특히 설탕류와 박테리아가 모여서 치아표면에 플라그를 형성하면, 박테리아는 설탕을 발효시켜 주로 젖산을 생성하게 되므로 입안의 pH가 4까지 떨어진다. 일반적으로 pH 5.5 이하에서부터 치아의 에나멜층은 침식되어 용해되기 시작하고 충치(dental caries)가 발생된다(그림 5-11). 충치예방을 위하여 간식의 선택에도 주의를 기울여야 하는데, 신선한 채소와 과일 등이 권장되며, 'empty calorie food(제5장 탄수화물 영양, 95쪽 참조)'의 섭취는 가급적 제한한다.

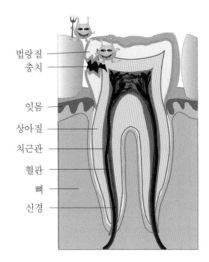

법랑질
충치
잇몸
상아질
치근관
혈관
뼈
신경

그림 5-11 치아의 구조 및 충치의 발생

4) 숨어 있는 설탕을 찾아라!

단순당류의 섭취를 줄이기 위해서는 식품 선택 시, 숨어 있는 설탕을 찾아 내는 것이 중요하다. 즉, 각종 가공식품 중에는 생각지도 못한 다량의 설탕이 숨어 있

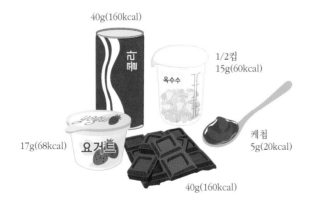

40g(160kcal)

1/2컵
15g(60kcal)

17g(68kcal)

케첩
5g(20kcal)

40g(160kcal)

그림 5-12 각종 가공식품 중에 숨어 있는 설탕의 함량

*( ) 안의 수치는 설탕으로부터 발생되는 열량임.

기 때문이다. 예를 들어, 그림 5-12에서 보듯이 일반 콜라 1캔에 40g, 요거트 1개에 17g, 초콜릿 1개에 40g, 케첩 1테이블스푼에 5g, 그리고 옥수수 통조림 1/2컵에 15g의 설탕이 들어 있다.

식품 가공 시 설탕이나 액상과당(high fructose corn syrup, HFCS)이 첨가되는 경우가 매우 흔하다. 예를 들어, 제과, 제빵 시 설탕은 갈색을 띠게 해주고 질감을 부드럽게 해줄 뿐만 아니라, 곰팡이와 박테리아의 성장을 억제하는 방부제로서의 역할도 하므로 흔히 사용되는데, 이러한 천연당류 등은 에너지를 내기도 한다.

식품가공 시 첨가되는 설탕류는 다양한 이름으로 표기된다(표 5-2). 표 5-2에 제시된 어떤 성분이 가공식품의 라벨(성분)에 제일 먼저 또는 두 번째로 표기되었다면 그 제품에는 다량의 설탕이 첨가되어 있음을 의미한다(가공식품의 라벨에 표기되는 성분은 함량이 많은 순서대로 표기하기 때문이다).

표 5-2 단맛과 열량을 내는 설탕 대용품들

brown sugar	glucose	maltodextrin	mannitol
confectioner's or powdered sugar	honey	maple syrup	xylitol
corn sweeteners	invert sugar	molasses	table sugar(sucrose)
dextrose	lactose	polydextrose	
fructose(levulose), high-fructose corn syrup, or syrup	maltose	sorbitol	

알고 싶어요 ?!

Q 설탕 대신 소르비톨 · 자일리톨 · 만니톨 등의 당알코올을 넣은 무설탕 껌을 씹으면 충치가 생기지 않을까?

A 설탕과 달리 자일리톨 등의 당 알코올류는 입안에 서식하는 박테리아의 작용을 받지 않으므로 충치 발생을 감소시키는 것은 사실이다. 따라서, 이들 당 알코올류는 무설탕 추잉검, 필름형 구강청량제(breath mints) 및 다이어트용 캔디 등에 설탕 대신 사용된다. 당 알코올류는 장에서 완전히 흡수되지 않으므로 1g당 약 2kcal 정도의 에너지를 낸다.

Q 'Empty calorie food' 란?

A 설탕은 에너지만을 낼 뿐 그 외의 영양소는 전혀 함유하고 있지 않으므로 설탕 함량이 높은 식품을 종종 'empty calorie food'라 부르며, 캔디, 단 과자, 초콜릿, 청량음료 등이 대표적인 예이다.
설탕이나 단 음식을 많이 섭취하면 비만이나 충치발생의 원인이 될 뿐만 아니라 영양소가 골고루 들어 있는 식품들을 소홀히 섭취하게 되고, 따라서 빈약한 영양상태에 이르게 된다.

에너지(열량)	115kcal/캔 (250mL)
지 방	0g
설 탕	30g
단백질	0g

Empty calorie food의 영양적 가치는(예)?

8. 식이섬유, 과연 어떤 영양소인가?

1) 식이섬유의 정의 및 종류

식이섬유는 인간의 장내 소화효소에 의해 분해되지 않는 다당류를 말한다(그림 5-3).

식이섬유는 물에 용해되느냐 그렇지 않느냐에 따라 용해성 식이섬유(soluble fiber)와 불용해성 식이섬유(insoluble fiber)로 나뉘는데, 이들은 몸 안에서 각각 다른 생리활성을 나타낸다(표 5-3). 용해성 식이섬유는 섭취 시 장에서 쉽게 용해, 팽윤되어 끈적끈적한 점성을 나타내므로 만복감을 부여하고 포도당의 흡수를 지연시키는 효과가 있다. 한편, 불용해성 식이섬유는 물과 친화력이 적어 겔(gel) 형성능

표 5-3 용해성 및 불용해성 식이섬유의 생리효과 비교

	종 류	급원식품	생리효과
용해성 식이섬유	• 펙틴 • 검 • 해조다당류	• 과실류(감귤 · 사과) • 두류 · 귀리 · 보리 • 해조류	• 만복감 부여 • 포도당의 흡수 지연 • 혈청 콜레스테롤 농도 저하
불용해성 식이섬유	• 셀룰로오스 • 헤미셀룰로오스	• 밀 · 보리 · 현미 • 곡류 · 채소	• 소화관 내의 체류시간 단축 • 대변량 증대

력이 낮으며, 장내 미생물에 의해서 분해되지 않고 그대로 배설되므로 배변량과 배변속도를 증가시킨다.

사과의 경우 껍질에는 불용해성 식이섬유인 셀룰로오스가 많고, 과육에는 용해성 식이섬유인 펙틴이 많이 함유되어 있다(그림 5-13).

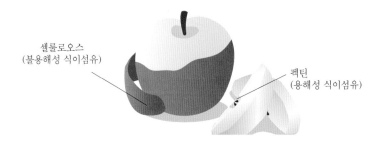

셀룰로오스
(불용해성 식이섬유)

펙틴
(용해성 식이섬유)

그림 5-13 사과 중에 함유된 식이섬유

2) 식이섬유의 생리기능

(1) 소화기관에 미치는 영향

셀룰로오스와 같은 불용해성 식이섬유는 대변의 용적을 증가시키고 소화관의 움직임을 촉진시켜 장 내용물의 소화관 통과시간을 단축시킨다. 따라서 변비를 예방하고 대장암 예방효과를 나타낸다. 그림 5-14를 보면 불용해성 식이섬유를 함유하고 있는 셀룰로오스 또는 거친 밀겨를 섭취하는 경우 용해성 식이섬유에 비해 대변량이 더 큰 폭으로 증가함을 알 수 있다. 또한 장 내부의 압력을 저하시켜 충수염·탈장 및 치질발생을 예방한다.

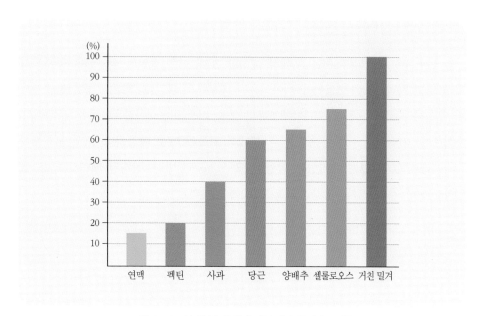

그림 5-14 식이섬유 급원에 따른 대변 용적의 증가율

(2) 대사성 질환의 예방

❶ **이상지질혈증, 허혈성 심장질환의 예방** 용해성 식이섬유는 대변으로 담즙산이 배설되는 것을 증가시킴으로써, 담즙산 생성의 주된 재료인 콜레스테롤의 체내 이용을 증가시키고 혈중 콜레스테롤 농도를 낮춘다.

❷ **담석증의 예방** 용해성 식이섬유는 장내에서 담즙산과 결합함으로써 소장벽을 통해 재흡수되는 담즙산의 양을 감소시키고, 담즙산의 분비를 증가시키므로 담석 형성을 예방한다.

❸ **비만 및 당뇨병의 예방** 용해성 식이섬유는 음식물이 위에 체류하는 시간을 연장시킴으로써 포만감을 부여하여 비만 방지효과를 나타낸다. 또한 식사 후 포도당의 흡수가 천천히 이루어지게 하여 혈당상승을 억제함으로써 인슐린을 절약하는 작용을 한다. 따라서 당뇨환자의 경우 식이섬유 섭취는 급격한 혈당상승을 막아주는 효과를 나타내 혈당관리에 도움을 준다.

3) 식이섬유의 영양소 섭취기준

한국인 영양소 섭취기준(2020)에서 제시한 20대 이후 성인의 식이섬유 충분섭취량은 남녀 각각 25g과 20g이다. 식이섬유는 대부분의 과일류, 채소류, 곡류에 존재하며, 우리나라 사람들이 상용하는 해조류나 콩류, 버섯류는 식이섬유의 좋은 급원이다.

식품 중의 식이섬유 함량은 그림 5-15에서 보듯이 매우 다양하다. 고구마와 오이 각각 1개에 들어 있는 식이섬유 함량은 모두 2.2g인 반면, 정제된 백미로 지은 쌀밥 1공기 중의 식이섬유 함량은 0.4g으로 매우 낮다.

✅ 식품을 통한 적당량의 식이섬유 섭취는 유익하나, 보충제 형태로 식이섬유를 과도하게 섭취하는 경우 무기질의 체내 흡수를 방해하여 영양소 결핍을 초래할 수도 있다.

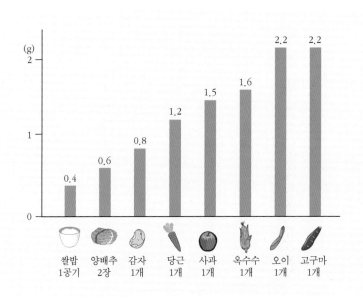

그림 5-15 식품 중의 식이섬유 함량

9. 가공 시 식품의 영양적 가치는 어떻게 달라질까?

1) 영양학적 품질 저하

식품가공 기술의 발달로 가공제품의 식품학적 품질인 맛·색·저장성 및 가공특성 등은 향상되었으나, 자칫 영양학적 품질이 저하되기 쉽다.

(1) 영양소 함량의 감소

식품가공 과정 중 식품의 일부가 제거됨으로써 영양소 함량이 감소한다. 예를 들어, 곡류의 도정 시 외곽부분에 함유되어 있는 식이섬유와 비타민, 그리고 배아부분의 비타민과 무기질이 제거된다(그림 5-16). 또한 그림 5-17에서 보듯이 사과 한 개에 함유되어 있는 식이섬유 함량은 2.75g이지만, 사과로 만든 주스 한 컵 중의 식이섬유 함량은 0.7g으로 크게 감소한다.

그림 5-16
도정되기 전의 벼

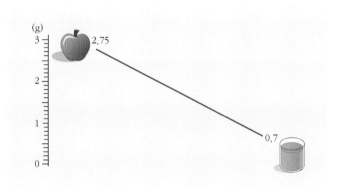

그림 5-17 사과 및 사과 주스의 식이섬유 함량 비교

(2) 영양소 밀도의 감소

식품가공 과정 중에 첨가되는 성분에 의해 가공식품의 상대적인 영양소 밀도가 감소한다. 예를 들어, 지방이 첨가된 감자튀김과 설탕 시럽이 첨가된 과일 통조림의 경우, 에너지 함량의 증가로 인해 단위 중량 또는 단위에너지당 비타민 및 무기질 등의 유효 영양소 밀도는 오히려 감소한다.

2) 식품가공 시의 보완책

식품가공에 따른 영양적 품질저하 현상을 보완하기 위해서 다음과 같은 방법을 사용할 수 있다.

첫째, 곡류 가공 과정 중 손실된 영양소(철, 비타민 B_1, 비타민 B_2, 니아신, 식이섬유 등)를 다시 첨가해 준다(enrichment).

둘째, 식품에 부족한 영양소를 첨가한다(fortification). 예를 들어, 오렌지 주스에 비타민 C를, 우유에 비타민 D를, 아침식사용 시리얼에 여러 가지 비타민과 무기질을 첨가한다.

생각해 봅시다

✽ 나의 식이섬유 섭취에 대해 알아보자 !

1. 나의 식이섬유 섭취량은 적당한지 알아보자.

아래의 표를 이용하여 나의 식이섬유 섭취량은 적당한지 점수를 내어 평가해 보자.

	(0점) 1주일에 1회 미만	(1점) 1주일에 1회 정도	(2점) 1주일에 2~3회	(3점) 1주일에 4~6회	(4점) 매일	점수
오렌지 주스	☐	☐	☐	☐	☐	
과일(주스는 제외함)	☐	☐	☐	☐	☐	
푸른잎채소 샐러드	☐	☐	☐	☐	☐	
감자	☐	☐	☐	☐	☐	
콩 종류(강낭콩 등)	☐	☐	☐	☐	☐	
기타 채소류	☐	☐	☐	☐	☐	
고섬유질 시리얼	☐	☐	☐	☐	☐	
통밀빵, 현미밥, 잡곡밥	☐	☐	☐	☐	☐	
흰 빵, 비스킷, 머핀	☐	☐	☐	☐	☐	
					총 점수* =	

자료 : 미국 암연구소.

※ 총 점수
• 30점 이상: 만족할 만한 수준임.
• 20~29점: 과일, 채소, 도정이 덜 된 곡류를 더 많이 먹도록 권장함.
• 20점 미만: 일부 주요 영양소가 부족하기 쉬움. 과일·채소·전곡 등을 매일 더 많이 먹도록 권장함.

2. 적절한 식이섬유 섭취를 위한 식품선택을 해보자.

본문 중에 제시된 그림 5-15(식품 중의 식이섬유 함량)을 참고로 하여 1일 식이섬유 충분 섭취량(남자 25g, 여자 20g)을 달성할 수 있도록 식품선택을 해보자.

Chapter 6

지질 영양

1. 지질은 어떠한 영양소인가?

2. 지질은 어떻게 분류되는가?

3. 체내에서 지질의 역할은 무엇인가?

4. 지질은 어떻게 소화 · 흡수 및 대사될까?

5. 지질, 얼마나 먹어야 하나?

6. 지질과 관련된 영양 · 건강문제는 무엇인가?

7. 지질 섭취와 심혈관계 질환은 어떠한 관계가 있는가?

Chapter 6

지질 영양

제4장에서 살펴본 것처럼 우리 몸의 대부분은 물로 구성 되어 있다.
그렇다면 수용성 환경인 우리 몸속에 어떻게 지질이 섞여서
공존할 수 있을까? 그것은 우리 몸 안에 매개체 역할을 담당하는 물질이
존재하기 때문일 것이다. 즉, 한 분자 내에 소수성 부분과
친수성 부분을 동시에 지니는 인지질 성분이 존재함으로써
지질과 물은 '조화와 안정'의 관계로 변한다.

1. 지질은 어떠한 영양소인가?

심혈관계 질환 발생과 관련하여 식품 중의 지질 함량에 대한 일반인의 관심이 증가하고 있는데, 이는 물론 지질 섭취량을 줄이기 위함일 것이다. 그러나 지질 섭취량을 줄이기에 앞서 무엇보다도 식생활에서 접하는 지질의 종류 및 체내에서의 역할에 대하여 정확히 이해할 필요가 있다.

1) 지질의 구성성분

지질은 물에 용해되지 않고 유기용매에 용해되는 영양소이다. 지질을 구성하는

기본원소는 탄수화물과 마찬가지로 탄소(C), 수소(H) 및 산소(O)이나, 지질의 원소 구성이 달라짐으로써 '탄수화물'과는 전혀 다른 성질을 지니는 '지질'이라는 화합물이 만들어진다.

2) 에너지 저장고

식물이나 동물 모두 여분의 에너지를 '지질'의 형태로 체내에 저장한다. 같은 '열량소'라 하더라도 탄수화물 또는 단백질 각 1g에는 4kcal가 저장되어 있는 한편, 지질 1g에는 9kcal를 저장할 수 있으므로, 잉여에너지를 지질의 형태로 저장하는 것은 생명체의 현명한 선택이다.

열량소

아울러 지질은 글리코겐(저장 탄수화물) 또는 단백질과는 달리 체내에 저장될 때 필요로 하는 수분 함량이 극히 적다. 만약 사용하고 남은 여분의 에너지를 모두 탄수화물 또는 단백질의 형태로 체내에 저장해야 한다면, 이때 같이 저장되는 수분으로 인하여 우리 몸은 현재의 체중보다 훨씬 더 무거워질 것이다.

알고 싶어요 ?!

Q 생물체 내에 저장되어 있는 지질은 어디에서 온 것일까?

A 식물은 광합성에 의해 생성된 포도당을 전분의 형태로 저장하고, 그러고도 남은 포도당을 지방으로 전환하여 저장한다. 한편, 동물은 음식물로부터 섭취한 탄수화물·지질 및 단백질로부터 에너지를 공급받으며, 사용하고 남은 에너지의 대부분을 지질의 형태로 저장한다.

3) 기름과 지방의 차이

실온에서 액체상태로 존재하는 지질을 '기름(oil)'이라 하며, 주로 식물체에 함유된 지질을 추출하여 모아 놓은 것이 이에 해당된다. 한편, 동물의 체내에 존재하는 지질의 대부분은 실온에서 고체상태의 '지방' 또는 '굳기름(fat)'으로 존재한다.

4) 가시적 지질과 비가시적 지질

식품 중에 존재하는 지질은 기름덩어리 또는 식용유와 같이 눈에 보이는 '가시적 지질(visible fat)' 뿐 아니라 동·식물의 세포막이나 혈액의 지단백질, 우유 및 달걀 중에 함유되어 있는 지질처럼 눈으로 확인할 수 없는 '비가시적 지질(invisible fat)'을 포함한다(그림 6-1).

그림 6-1 식품 중의 가시적 지질과 비가시적 지질

2. 지질은 어떻게 분류되는가?

지질은 크게 중성지방·인지질 및 콜레스테롤로 구분할 수 있으며 중성지방은 글리세롤과 지방산으로 구성되어 있다.

1) 지방산

(1) 지방산의 종류

지방산(fatty acid)은 탄소원자가 길게 연결된 사슬로서, 한쪽 끝에는 카르복실기(-COOH)를, 다른 한쪽 끝에는 메틸기(-CH₃)를 가지고 있다. 자연계에 존재하는 지방산은 지방산을 구성하는 탄소원자의 수, 즉 지방산의 길이에 따라, 그리고 탄소원자 간의 결합방식에 따라 매우 다양한 종류가 존재한다. 지방산을 구성하는 탄소의 수는 4~22개까지 매우 다양한데, 탄소의 수가 적은 짧은 지방산일수록 부분적으로 물에 녹을 수 있는 성향이 크다(예 : 우유 중에 존재하는 지방산).

1. 포화도(saturation)에 따른 분류

지방산을 구성하는 탄소를 서로 연결시키는 방법에는 두 가지가 있는데, 하나는 단일결합이고, 또 하나는 이중결합이다. 지방산의 종류에 따라 탄소원자 간의 결합 방식이 다르다(그림 6-2).

❶ 포화지방산(Saturated fatty acid) 지방산을 구성하는 모든 탄소가 단일결합으로 연결되어 있는 지방산을 말한다.

❷ 불포화지방산(Unsaturated fatty acid) 지방산을 구성하는 탄소 간에 이중결합으로 연결되어 있는 부위가 하나 이상 존재하는 지방산을 말한다. 이때 이중결합이 한 개 존재하는 지방산을 단일불포화지방산(monounsaturated fatty acid, MUFA)이라 하며, 이중결합이 두 개 이상 포함된 지방산을 다가불포화지방산(polyunsaturated fatty acid, PUFA)이라 한다. 이중결합은 단일결합에 비하여 불안정하므로 공기 중에서 쉽게 산화되는 특성을 지닌다. 이상의 내용을 요약하면 표 6-1과 같다.

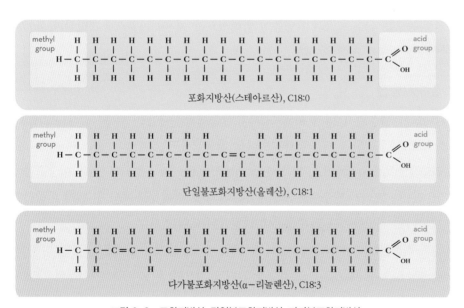

그림 6-2 포화지방산, 단일불포화지방산, 다가불포화지방산

표 6-1 포화지방산과 불포화지방산의 특성 비교

	이중결합의 수	실온		급원식품
포화지방산	0	고체	동물성 식품	동물성 지방, 우유·치즈의 지방, 버터 (예외: 코코넛유·팜유)
불포화지방산	1개 이상	액체	식물성 식품	참깨유, 마요네즈, 대두유, 옥수수유 (예외: 어유)

2. 오메가(ω) 탄소의 위치에 따른 분류

또한 불포화지방산은 지방산의 한쪽 끝에 자리잡은 메틸기(-CH₃)의 탄소(오메가 탄소)를 기준으로 하여, 첫 번째 이중결합이 나타나는 탄소의 위치에 따라 ω-3계 지방산(세 번째 탄소에 첫 번째 이중결합을 지니는 지방산), ω-6계 지방산(여섯 번째 탄소에 첫 번째 이중결합을 지니는 지방산), 그리고 ω-9계 지방산(아홉 번째 탄소에 첫 번째 이중결합을 지니는 지방산)으로 분류한다.

최근 등푸른 생선의 성인병 예방 효과가 언론에 자주 보도되고 있는데, 이는 ω-3계 지방산이 이들 생선에 상당량 함유되어 있기 때문이다. 예를 들어, 에스키모 인에게 심장순환계 질병의 발병률이 적은 이유 중의 하나로 그들이 즐겨 섭취하는 생선에 ω-3계 지방산의 함량이 많음을 들고 있다. 아울러 ω-3계 지방산은 혈중 콜레스테롤 농도를 낮추는 효과가 있음이 밝혀졌으며, 최근에는 ω-3계 지방산의 항암효과에 대한 연구가 진행 중이다.

(2) 필수지방산

체내에서 합성되지 않는 다음 2개의 다불포화지방산을 필수지방산(essential fatty acid)이라고 하며 식품을 통하여 섭취해야만 한다.

❶ 리놀레산(linoleic acid, LA, 18:2, ω-6) 18개의 탄소로 구성되어 있고, 이중결합이 두 개 있으며 오메가 탄소에서부터 시작하여 여섯 번째 탄소에서 첫 번째 이중결합이 나타나는 지방산이다. 옥수수유에 다량 함유되어 있다.

❷ 알파-리놀렌산(α-linolenic acid, LNA, 18:3, ω-3) 18개의 탄소로 구성된 점은 리놀레산과 같으나, 세 개의 이중결합을 지니고 있으며 오메가 탄소에서부터 시작하여 세 번째 위치한 탄소에서 첫 번째 이중결합이 나타난다는 점이 다르다. 리놀렌산은 생선유에 다량 함유되어 있다.

위의 2가지 필수지방산으로부터 다음의 지방산들이 합성된다(그림 6-3).

❶ 아라키돈산(arachidonic acid, AA, 20:4, ω-6) 20개의 탄소와 4개의 이중결합을 가지고 있으며 ω-6계 지방산인 리놀레산으로부터 합성된다.

❷ EPA(eicosapentaenoic acid, 20:5, ω-3) 20개의 탄소로 구성되어 있으며 5개의 이중결합을 지니는 EPA는 α-리놀렌산으로부터 합성된다.

❸ DHA(docosahexaenoic acid, 22:6, ω-3) 22개의 탄소와 6개의 이중결합을 지니는 DHA는 등푸른 생선에 많이 함유되어 있으며, 태아와 유아의 두뇌발달에 필요하다.

체내에서 이들 지방산(EPA, DHA 그리고 아라키돈산)으로부터, 호르몬과 같은 기능을 하는 몇 가지 물질들(프로스타글란딘 포함)이 합성된다.

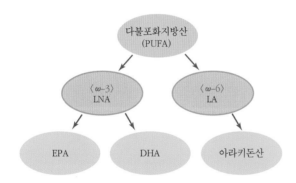

그림 6-3　필수지방산으로부터 DHA, EPA, 아라키돈산의 합성

2) 중성지방

식품 중에 존재하는 지질과 우리 몸 안에 저장되어 있는 지질의 거의 대부분(약 95%)이 중성지방(triacylglyceride)이다. 중성지방의 기본구조를 살펴보면 글리세롤 한 분자에 세 개의 지방산이 붙어 있는데(그림 6-4), 이때 어떠한 종류의 지방산이 글리세롤의 몇 번째 수산기(-OH)에 결합하느냐에 따라 매우 다양한 종류의 중성지방이 형성될 수 있다.

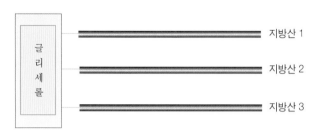

그림 6-4 중성지방의 기본구조

▤ 중성지방의 특성을 결정짓는 요인

다양한 종류의 중성지방이 지니는 물리적 특성, 즉 굳기름 형태인가 또는 액체상태의 기름인가 등은 글리세롤에 결합된 지방산의 종류에 의해 결정된다.

식물성 기름은 액체상태인 데 반해, 동물성 지방은 실온에서 고체상태로 존재하는 이유를 생각해 보자. 이해를 돕기 위하여 지방산을 철사에 비유해 보면, 단일결합만으로 이루어진 포화지방산은 일직선상의 철사에 해당되나, 불포화지방산은 이중결합이 있는 곳에서 한 번씩 꺾이게 되므로 이중결합 숫자가 많을수록 여러 번 꺾인 상태의 철사가 될 것이다(그림 6-5). 이와 같은 두 가지 종류의 철사를 차곡차곡 쌓아보자. 포화지방산에 해당되는 일직선상의 철사를 차곡차곡 쌓으면 직육

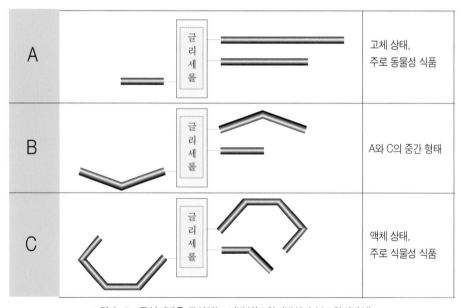

그림 6-5 중성지방을 구성하는 지방산(포화지방산과 불포화지방산)

Q 우리의 몸속에는 어떠한 종류의 지방산이 더 많을까?

A 신체에는 다가불포화지방산에 비해 포화지방산의 비율이 더 높으므로 일정한 체형이 유지될 수 있다. 만약 유동적인 불포화지방산이 우리 몸을 구성하는 중성지방의 주류를 이룬다면 우리의 얼굴과 체형은 시시각각 변할 것이다. 한편, 세포의 막을 구성하는 중성지방의 경우에는 유동성을 지녀야 하므로 불포화지방산의 비율이 포화지방산보다 더 높다.

Q 식물성 식품에 함유된 지방산은 모두 불포화지방산인가?

A 그렇지 않다. 아래 표에 제시된 바와 같이 식물성 기름이라 하여 100% 불포화지방산만으로 구성되어 있거나, 동물성 지방이라 하여 모두 포화지방산으로만 구성되어 있지는 않다. 단지 지방산 구성비에 있어서 액체상태의 식물성 기름은 다가불포화지방산의 비율이 절반 이상으로 높고, 동물성 지방은 포화지방산의 비율이 상대적으로 더 높을 뿐이다. 그런데 예외적으로 식물성 기름 중에서, 팜유와 코코넛유는 포화지방산의 함량이 불포화지방산에 비해 오히려 더 높고, 따라서 실온에서 고체상태로 존재한다.

각종 지질 제품의 지방산 함량(%) (다가불포화지방산 함량이 높은 순서임)

기름(1큰숟갈)	포화지방산(%)	단일불포화지방산(%)	다가불포화지방산(%)
해바라기유	10.8	20.4	68.8
홍화유	6.5	15.1	78.4
콩기름	15.1	24.4	60.1
옥수수유	13.6	29.0	57.4
면실유	27.1	18.6	54.3
땅콩기름(낙화생유)	17.8	48.6	33.6
카놀라유	7.4	61.6	31.0
마가린*	19.7	49.5	30.8
닭고기지방	31.2	46.8	21.9
라드(돼지고기지방)	41.0	47.2	11.7
올리브유	14.2	75.0	10.8
팜유	51.6	38.7	9.7
쇠기름	52.1	43.7	4.2
버터	66.0	30.0	4.0
코코넛유	91.9	6.2	2.0

* 부분 경화유: 옥수수기름과 콩기름 이용

면체 모양을 이루게 되어 고체 형태가 되고, 불포화지방산에 해당되는 꺾인 상태의 철사는 아무리 열심히 쌓아도 일정한 형태를 만들기 어렵다. 따라서 불포화지방산의 비율이 상대적으로 높은 중성지방을 함유한 식물성 기름은 일정한 형태를 갖춘 고체 상태의 모양을 만들 수 없으므로 액체로 존재하게 된다.

3) 인지질

인지질(phospholipid)은 글리세롤 1분자+지방산 2분자+인산기 1개로 구성되어 있다. 즉, 중성지방(그림 6-4)에서 지방산이 한 개 제거되고 그 자리에 인산기가 붙은 형태라 할 수 있다.

우리가 섭취하는 지질 중 인지질이 차지하는 비율은 양적으로 매우 적다. 식품에 함유된 인지질의 대부분은 '레시틴'의 형태이며, 레시틴은 난황과 콩 등에 많이 들어 있다. 인지질의 주된 기능은 유화제(emulsification)로서의 역할이다. 즉, 인지질은 한 분자 내에 물과 결합하는 친수성 부분과 기름과 결합하는 소수성 부분을 동시에 가지고 있으므로, 서로 섞이지 않는 물과 기름을 섞이게 하는 중간 매개체 역할을 한다.

그 외에도 인지질은 비가시적 지질인 세포막 지질의 주된 구성성분이다. 우리 몸을 구성하는 세포의 막은 인지질이 주요 구성성분인 두 겹의 지질층으로 구성되어 있으며(그림 6-6), 세포막 인지질에 함유된 지방산은 실온에서 액체상태로 존재하는 불포화지방산이 주류를 이룬다. 따라서 세포막은 딱딱하지 않고 유동성을 지닐 뿐 아니라 수용성과 지용성 영양소를 모두 통과시킬 수 있다.

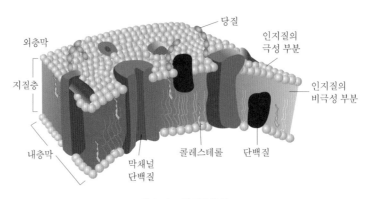

그림 6-6 세포막의 구조

Q 마요네즈를 만들 때 왜 달걀노른자를 넣을까?

A 달걀노른자 중에 존재하는 인지질(레시틴)은 지용성인 샐러드유와도 결합할 수 있고, 수용성인 식초와도 결합할 수 있기 때문이다. 즉, 달걀노른자에 들어 있는 인지질이 샐러드유와 식초를 잘 섞이게 하는 매개체 역할을 하는데, 이 것이 바로 인지질이 유화제로 사용될 수 있는 이유이다(아래 그림 참조).

샐러드유 식초 / 식초 / 젓는다 / 레시틴 / 레시틴의 지방산에 의해 둘러싸인 기름방울

인지질의 유화제로서의 역할

Q 다양한 케이크류를 만들 때 빠지지 않고 들어가는 재료가 바로 달걀이다. 특별한 이유가 있을까?

A 대부분의 케이크를 만들 때 버터(또는 마가린)와 우유 등이 재료로 들어간다. 이때 기름 성분과 물 성분을 잘 섞이도록 하기 위하여 달걀에 들어 있는 유화제(레시틴)가 필요하기 때문이다.

4) 콜레스테롤

(1) 콜레스테롤의 정의 및 역할

지방산을 구성하는 것과 같은 탄소사슬들이 길게 연결되어 네 개의 고리모양을 형성한 것이 스테롤이고, 그중에서 가장 잘 알려진 것이 콜레스테롤(cholesterol)이 다(그림 6-7). 콜레스테롤은 세포막과 뇌조직 구성을 위한 필수성분이며, 비록 콜레 스테롤이 대사되어 에너지를 내지는 않지만 스테로이드 계통 호르몬 및 담즙의 전

스테로이드 계통 호르몬

체내에서 콜레스테롤로부터 합성되는 호르몬으로서, 성 호르몬인 에스트로겐·프로 게스테론·테스토스테론과 스트레스를 받으면 분비되 는 글루코코티코이드 등이 이에 해당된다.

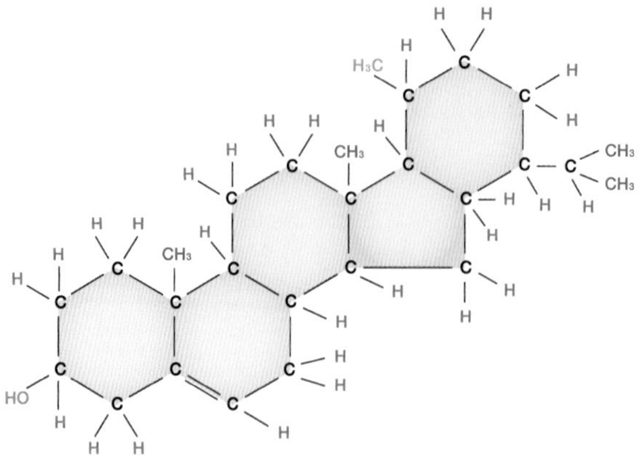

그림 6-7 콜레스테롤의 구조

구체가 된다.

(2) 콜레스테롤의 대사

음식으로 섭취하는 것보다 훨씬 더 많은 양의 콜레스테롤이 체내에서 합성되며, 일단 합성되거나 섭취된 콜레스테롤이 체외로 배설될 수 있는 유일한 경로는 간에서 콜레스테롤로부터 담즙산을 합성하여 장을 통해 배설되는 것이다. 한편, 혈중 콜레스테롤 농도, 특히 LDL-콜레스테롤 농도가 높으면 심혈관계 질환의 발생률이 증가한다.

(3) 식품 중의 콜레스테롤 함량

식물체는 콜레스테롤을 만들지 않기 때문에 식물성 식품에 들어 있는 지질에는 콜레스테롤이 전혀 함유되어 있지 않다. 그림 6-8에는 식품 중의 콜레스테롤 함량이 제시되어 있다.

(4) 포화지방산 섭취와 혈중 콜레스테롤 농도

혈액 중의 콜레스테롤은 두 가지 경로를 통하여 공급되는데, 첫째는 식품을 통해서이고(그림 6-8), 두 번째는 체내에서 합성되는 콜레스테롤이다. 식품 중의 콜레스테롤 함량 못지않게 포화지방산 함량 역시 혈중 콜레스테롤 농도를 증가시키는 요인으로 알려져 있다. 따라서 CSI(cholesterol-saturated fat index)를 이용하여 각

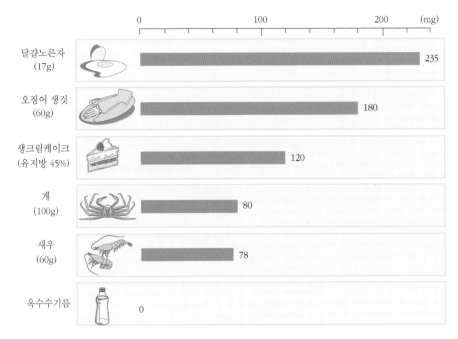

그림 6-8 식품 중의 콜레스테롤 함량

종 식품이 혈액의 콜레스테롤 농도에 미치는 영향을 손쉽게 비교할 수 있다.

CSI = [콜레스테롤(mg/100g 식품) × 0.05] + 포화지방산(g/100g 식품)

예를 들어, 콜레스테롤 함량은 높으나 포화지방산이 적게 들어 있는 새우의 CSI
는 6인 반면, 새우에 비하여 콜레스테롤 함량은 적으나 포화지방산 함량이 높은 쇠
고기·돼지고기 등 육류의 CSI는 9~18로 새우보다 높다. 또한 대표적인 콜레스테롤
함유 식품으로 알려진 달걀의 CSI는 29이다.

✓ 따라서 혈액 중의 콜레스테롤 농도를 낮추려면, 식품 중의 콜레스테롤 섭취량뿐만 아니라 포화
지방산 섭취량을 함께 제한해야 한다.

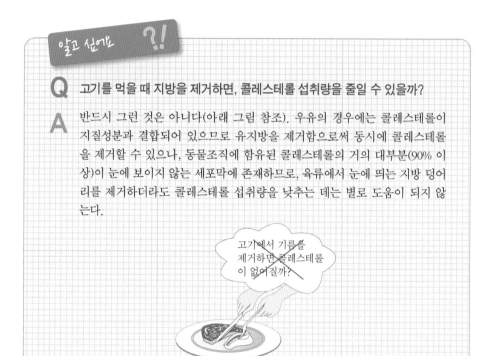

Q 고기를 먹을 때 지방을 제거하면, 콜레스테롤 섭취량을 줄일 수 있을까?

A 반드시 그런 것은 아니다(아래 그림 참조). 우유의 경우에는 콜레스테롤이 지질성분과 결합되어 있으므로 유지방을 제거함으로써 동시에 콜레스테롤을 제거할 수 있으나, 동물조직에 함유된 콜레스테롤의 거의 대부분(90% 이상)이 눈에 보이지 않는 세포막에 존재하므로, 육류에서 눈에 띄는 지방 덩어리를 제거하더라도 콜레스테롤 섭취량을 낮추는 데는 별로 도움이 되지 않는다.

고기에서 기름을 제거하면 콜레스테롤이 없어질까?

3. 체내에서 지질의 역할은 무엇인가?

체내에서 지질이 가지는 다양한 역할을 우리가 살고 있는 집에 비유하면 그림 6-9와 같이 설명될 수 있다.

(1) 에너지원

지질 1g이 체내에서 완전히 산화되면 9kcal의 에너지를 발생하므로, 지질은 다른 열량소인 탄수화물 및 단백질에 비해 2배 이상 농축된 에너지원이다.

(2) 절연체 · 신체보호

우리 몸의 피하지방은 외부의 온도변화로부터 신체를 보호하는 절연체의 기능을 함으로써 체온을 일정하게 유지하는 데 관여한다. 또한 지방은 외부의 충격으로부터 신체를 보호하는데, 특히 내장 주위를 둘러싼 지방은 중요한 장기를 물리적 충

신체보호

절연체 기능

지용성
비타민의
용매

필수
지방산의
공급

세포막 ·
뇌조직 구성

농축된 에너지원

그림 6-9 체내에서 지질의 다양한 역할

격으로부터 보호해 주는 역할을 한다.

(3) 지용성 비타민의 용매

지질은 지용성 비타민(비타민 A, D, E, K)의 용매가 된다. 따라서 지용성 비타민은 지질과 같이 섭취해야만 체내에서의 흡수 및 이용이 원활하다.

(4) 세포막 · 뇌조직의 구성

지질은 신체, 특히 세포막·뇌조직·신경조직 등의 구성성분이 된다.

(5) 필수지방산 공급

지질은 체내에서 만들어지지 않는 필수지방산의 급원이 된다.

Q 지방이 들어 있지 않은 음식은 왜 맛이 없을까?

A 지질은 음식에 맛·향미와 부드러운 질감을 제공한다. 조리 시 지방을 첨가하면 음식의 질감이 부드러워질 뿐만 아니라, 지용성 물질인 향미성분이 지방에 녹아 있기 때문에 음식의 맛이 더욱 좋아진다.
저열량·저지방 식품에 대한 요구가 증가함에 착안하여, 미국의 한 햄버거 회사에서 지방을 제거한 고기로 만든 햄버거(low - fat hamburger)를 개발하여 판매한 바 있으나, 건강에 아무리 좋다고 하여도 지방이 제거된 고기는 맛이 없고 텁텁하여 소비자의 호응을 얻지 못한 채 곧 사라지고 말았다. 예를 들어, 일반 우유, 저지방 우유 및 무지방 우유의 지방 함량은 각각 3.25%, 1.0% 및 0.5% 이하이다. 이들 우유들의 맛의 차이를 느껴 보았는가? 그것이 바로 우리가 지방이 들어 있는 음식을 좋아하는 이유이다.

4. 지질은 어떻게 소화·흡수 및 대사될까?

1) 소화 및 흡수

소장에서 지질이 소화·흡수되기 위해서는 담즙(bile acid)과 리파아제(lipase) 효소가 필요하다. 소장 내로 들어온 지질이 수용성인 리파아제 효소에 접근하기는 사실상 어려우나, 소장으로 분비된 담즙이 유화제의 역할을 하여 잘게 쪼개진 지질을

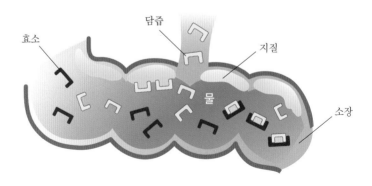

그림 6-10 지질의 소화를 돕는 담즙의 역할

둘러쌈으로써 지질이 수용성인 소화액과 잘 섞일 수 있도록 해준다(그림 6-10).

췌장에서 분비된 리파아제에 의해 중성지방이 지방산과 글리세롤로 분해되며 소장 점막세포로 흡수된 지방산과 글리세롤은 그곳에서 지단백질의 일종인 '킬로미크론(chylomicron)'을 합성하여 림프를 통해 혈액으로 운반된 후 간으로 이동된다.

2) 지단백질 형태로 운반

지질은 지용성 물질이므로 수용성 환경인 혈액을 통해 지질을 필요로 하는 조직까지 전달되는 것이 어려울 뿐 아니라, 혈액에 녹는다는 것 자체가 사실상 불가능하게 생각될 수도 있을 것이다. 하지만 다행스럽게도 혈액 중의 중성지방·인지질·콜레스테롤 등과 같은 지질성분은 단백질과 결합하여 둥근 공모양의 '지단백질(lipoprotein)'을 형성함으로써 수용성 환경에 쉽게 섞일 수 있게 된다. 즉, 지질성분 중 비교적 친수성이 강한 인지질, 유리콜레스테롤, 그리고 단백질은 둥근 지단백질의 바깥부분에 위치하고, 소수성이 강한 중성지방과 콜레스테롤에스터는 내부에 위치하여 공모양의 3차구조를 지니게 되므로, 지질이 수용성인 혈액에서 자유자재로 떠돌아다닐 수 있게 된다(그림 6-11).

구성재료(주로 중성지방과 단백질)의 상대적인 양에 따라 다양한 형태의 지단백질이 생성된다. 중심부에 위치한 중성지방의 상대적 함량이 높을수록 외곽에 위치

콜레스테롤에스터

콜레스테롤 분자의 수산기(-OH)에 지방산이 한 개 결합된 것이다. 우리 몸에서 발견되는 콜레스테롤은 지방산이 결합되지 않은 유리상태와 지방산이 결합된 콜레스테롤에스터의 두 가지 형태로 존재한다.

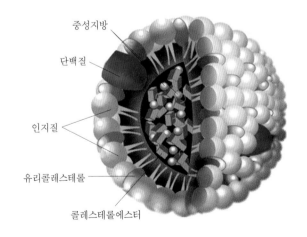

중성지방
단백질
인지질
유리콜레스테롤
콜레스테롤에스터

그림 6-11 지단백질의 구조

한 단백질 함량은 낮아져 밀도가 낮고 가벼워지며, 반대로 중성지방의 함량이 낮고 단백질 함량이 높을수록 밀도가 커진다.

(1) 킬로미크론(Chylomicron)

지방 섭취 후 증가되는 지단백질로 중성지방 함량이 80~90%에 해당한다.

(2) 초저밀도 지단백질(very low density lipoprotein, VLDL)

간에서 합성되어 혈액으로 분비되며, 후에 LDL을 형성하게 된다. 중성지방 함량이 킬로미크론 다음으로 높다.

(3) 저밀도 지단백질(low density lipoprotein, LDL)

지단백질 중 콜레스테롤 함유량이 가장 높고, 따라서 혈중 콜레스테롤의 약 70%가 LDL-콜레스테롤이다. LDL 중에 함유되어 있는 콜레스테롤은 혈관계를 순환하다가 말초혈관 내부벽에 버려지게 되어 동맥경화증을 일으키는 원인이 된다. 따라서 LDL-콜레스테롤을 '나쁜 콜레스테롤'이라고도 부른다.

(4) 고밀도 지단백질(high density lipoprotein, HDL)

HDL은 혈액 중에 순환하다가 말초혈관에 쌓여 있는 콜레스테롤을 걷어내어 간으로 이동시키는 청소부의 역할을 하므로, HDL-콜레스테롤을 흔히 '좋은 콜레스테롤'이라고 한다.

 그러므로 HDL에 대한 LDL의 비가 증가하면 심혈관계 질환의 발생위험이 높아진다(그림 6-12).

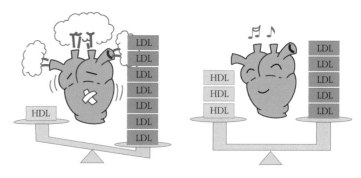

그림 6-12   심장병 발생 위험인자로서의 혈중 LDL : HDL의 비율

3) 대 사

체내에서 지질은 그때그때 신체가 요구하는 상황에 따라 다른 경로를 통해 대사된다. 즉, 세포의 에너지 상태가 충분한 경우 신체는 지방산으로부터 중성지방을 합성하여 지방조직에 저장하나, 신체가 에너지를 필요로 하는 상황에서는 반대로 중성지방을 분해하여 에너지원으로 이용한다. 중성지방으로부터 분해된 지방산은 세포 내에서 산화되어 활성초산(acetyl-CoA)을 형성하게 되는데, 이때 생성된 활성초산은 다음과 같은 다양한 경로로 대사된다.

(1) 에너지 생성

신체가 에너지를 필요로 하는 상황에서는 활성초산이 우선적으로 TCA 사이클로 들어가 산화되어 에너지를 내는 데 쓰인다.

(2) 케톤체 생성

단식 시 또는 저탄수화물·고지방 식사를 하는 경우에서처럼 체지방의 분해가 증가하여 활성초산의 생성량이 많아지면, TCA 사이클로 들어가 에너지원으로 이용되고 남은 활성초산의 일부는 케톤체를 형성하는 데 쓰인다.

(3) 콜레스테롤 생성

활성초산은 콜레스테롤 합성의 재료로도 이용된다. 따라서 고지방 식사를 하면 체내에서 합성되는 콜레스테롤의 양 또한 많아지게 된다.

5. 지질, 얼마나 먹어야 하나?

1) 지질 및 콜레스테롤의 권장섭취량

우리나라에서는 총 에너지 섭취량의 15~30%를 지질로부터 섭취하고, 성인의 경우 포화지방산으로부터 8% 미만, 트랜스 지방으로부터 1% 미만을 섭취하도록 권장하고 있다. 2020 한국인 영양소 섭취기준에서는 새롭게 리놀레산과 알파-리놀렌

표 6-2 성인기 지질 충분섭취량

성별/연령(세)	남자			여자		
	10-29	30-49	50-62	10-29	30-49	50-62
리놀레산(g)	13.0	11.5	9.0	10.0	8.5	7.0
알파-리놀렌산(g)	1.6	1.4	1.4	1.2	1.2	1.2
EPA + DHA(mg)	210	400	500	150	260	240

Q 여자 대학생의 바람직한 1일 지질 섭취량은 얼마인가?

A 우리나라 20대 여성의 에너지필요추정량은 2,000kcal이다.
지질로부터 에너지 적정 비율이 15~30%이므로, 20%로 가정하면
2,000kcal×1/5 (20%)×1/9 = 44.4g 지질/일
[에너지필요추정량÷45 = 바람직한 지질 섭취량]

산, 그리고 [EPA+DHA]의 충분섭취량을 제시하였다(표 6-2). 한편 콜레스테롤의 경우 19세 이상 성인 남녀에서 [EPA+DHA] 300mg/일 수준에서 권고하였다.

앞에서 살펴보았듯이, 식품 중의 지질은 가시적 지질 이외에 비가시적 지질로도 존재한다. 따라서 유지류에 해당되는 식품이 아닐지라도, 상당량의 지질을 함유하고 있는 식품들이 의외로 많다. 그림 6-13에서는 4~6g의 지질을 함유한 다양한 식품들의 분량을 제시하고 있으니, 이를 참조하여 숨겨진 지질을 찾아보자.

중성지방 또는 인지질을 구성하는 지방산의 포화 정도(이중결합의 수)에 따라 체내에서 지질이 담당하는 역할이 다양하므로, 식사로부터 섭취하는 이들 지방산의 절대량과 함께 상대적인 비율 또한 중요하다. 따라서 포화지방산(S), 단일불포화지방산(M), 다가불포화지방산(P)의 섭취비율이 1:1:1이 되도록 권장하고 있다(그림 6-14).

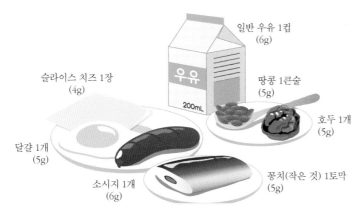

그림 6-13 4~6g의 지질을 함유한 여러 가지 식품들

* ( ) 안의 수치는 제시된 식품 중에 들어 있는 지질의 함량임.

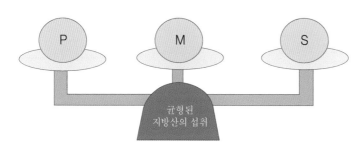

그림 6-14 식사 내 포화지방산(S), 단일불포화지방산(M), 다가불포화지방산(P)의 조화

2) 한국인의 지질 섭취 실태

2014년 국민건강영양조사보고서 결과에 따르면, 한국인의 지질 섭취량은 해마다 증가하는 추세를 보인다. 예를 들어, 총 에너지 섭취량 중 지질로부터 섭취한 비율이 1970년에는 8.9%(17.2g)인 데 비해, 2018년에는 21.5%(46.9g)로 약 2.4배 이상 증가하였다. 한국인의 평균 지질섭취 수준은 아직까지는 선진국(미국인의 경우 총 에너지 섭취의 34%, 그리고 일본인의 경우 총 에너지 섭취의 25%를 지질로부터 공급받음)에 비해 낮으나 위와 같은 추세로 지질섭취가 계속 증가할 경우 곧 선진국 수준에 가까워질 것으로 추측되어 주의가 요망된다.

6. 지질과 관련된 영양·건강문제는 무엇인가?

1) 마가린과 쇼트닝, 트랜스지방

식물성 유지에 다량 들어 있는 불포화지방산에 수소를 첨가하여 포화지방산으로 전환함으로써 식물성 유지를 고체 상태로 만드는 과정을 전문용어로 '경화(hydrogenation)' 또는 '가수소화'라고 한다(그림 6-15). 따라서 쇼트닝과 마가린에는 포화지방산 및 단일 또는 다가 불포화지방산이 동시에 함유되어 있다.

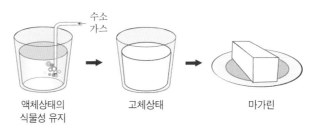

그림 6-15 식물성 유지의 가수소화 과정

조리 시 식물성 유지 대신 마가린 또는 쇼트닝을 사용하면, 경화유의 독특한 질감을 제공할 뿐 아니라 실온에서 일정형태를 유지시켜 주므로 제과·제빵 등과 같은 제품의 품질을 향상시킬 수 있다. 그러나 경화유를 지나치게 많이 사용하면 다음과 같은 건강상의 문제가 발생할 수 있다.

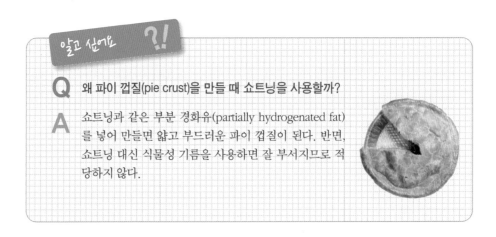

알고 싶어요 ?!

Q 왜 파이 껍질(pie crust)을 만들 때 쇼트닝을 사용할까?

A 쇼트닝과 같은 부분 경화유(partially hydrogenated fat)를 넣어 만들면 얇고 부드러운 파이 껍질이 된다. 반면, 쇼트닝 대신 식물성 기름을 사용하면 잘 부서지므로 적당하지 않다.

첫째, 경화유의 수소첨가 정도에 따라 포화지방산의 함량이 증가하게 되고, 따라서 식물성 유지임에도 불구하고 체내에서 동물성 지방을 섭취하는 것과 같은 효과를 나타내 혈중 콜레스테롤 농도를 높이게 된다.

둘째, 가수소화가 진행되는 동안 식물성 유지에 함유된 불포화지방산의 일부가 포화지방산으로 전환되며, 나머지 불포화지방산은 부분적으로 이중결합의 모양이 그림 6-16에서와 같이 시스(cis)형에서 트랜스(trans)형으로 바뀌게 된다. 즉, 천연식품에서는 이중결합이 있는 부위에서 같은 방향으로 꺾인 모양으로 존재하

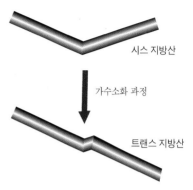

그림 6-16 시스 지방산과 트랜스 지방산

알고 싶어요 ?!

Q 버터와 마가린은 어떻게 다른가?

A 버터는 동물성 식품인 우유를 원료로 하여 만든 것으로 포화지방산 함량이 높아 실온에서 고체형태로 존재한다. 마가린은 식물성 기름에 인공적으로 수소를 첨가함으로써 불포화지방산의 구부러진 이중결합을 풀어준 것으로 버터처럼 실온에서 고체형태로 존재하게 된다.

Q 한국인의 트랜스 지방산 섭취량은 외국인에 비해 아직 낮으나, 패스트푸드나 튀김류를 좋아하는 청소년에서 트랜스 지방산의 섭취량이 증가하는 경향을 보이고 있다. 트랜스 지방산의 섭취를 줄일 수 있는 방법은 무엇인가?

A 첫째, 마가린의 섭취량을 줄이고 식물성 기름을 이용한다. 둘째, 마가린이 딱딱할수록 가공과정에서 수소가 더 많이 첨가된 것이므로, 포화지방산 함량뿐만 아니라 트랜스 지방산의 함량이 더 높을 수 있다. 그러므로 영양과 건강을 생각한다면 같은 마가린이라도 실온에서 더 부드러운 마가린을 선택하는 것이 좋다.

Q 부분적 경화유(쇼트닝, 마가린)로 만든 식품의 유효기간이 더 긴 이유는 무엇일까?

A 부분적 경화유에 들어 있는 트랜스지방은 일반 식용유에 들어 있는 시스 지방산에 비하여 산화가 덜 일어나므로 저장기간이 연장된다. 최근 트랜스지방의 건강상 위해에 대한 문제가 제기되면서 제품의 저장기간 연장을 위해(부분적 경화유 사용 대신) 항산화제를 첨가하고 있다.

가공식품의 트랜스지방 함량을 확인하는 방법

1. 영양성분표시를 확인하라!
2007년 영양표시제도가 개정되면서 의무표시 영양소에 트랜스지방이 추가되었으며, 식품업소에서는 이와 관련된 안내를 하고 있다.

2. 가공식품의 성분을 확인하라!
가공식품의 성분표시 내용 중 첫 번째 또는 두세 번째에 '식물성기름 경화유(hydrogenated vegetable oil)'라고 명시되어 있으면 제품 중에 트랜스지방이 들어 있을 가능성이 높으며 그 양도 많을 것이라 추측된다(가공식품의 성분은 함량이 높은 것부터 차례대로 쓰기 때문이다).

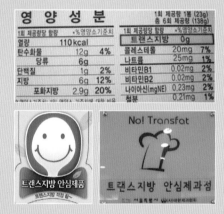

트랜스지방 함량이 표시된 영양성분과 업소의 관련 안내표시

는 시스 지방산이 가수소화 과정을 거치면서 이중결합의 꺾인 방향이 달라져 트랜스 지방산이 된다. 트랜스 지방산은 불포화지방산임에도 불구하고 그 모양이 일직선의 포화지방산과 유사하게 변하였으므로, 체내에서 대사될 때 포화지방산처럼 작용하여 결과적으로 혈중 콜레스테롤 농도를 높이게 된다.

2) 정제어유 캡슐

ω-3계 지방산의 역할이 밝혀지면서, 등푸른 생선의 간에서 추출한 어유(fish oil)

농축물인 정제어유 캡슐이 동맥경화증 및 심장병을 예방하는 건강보조식품으로
등장하게 되었다.

✅ 그러나 어유 캡슐을 다량 복용 시 다음과 같은 부작용이 발생할 수 있으므로 어유 캡슐의 과다섭취를 피하고 등푸른 생선과 같은 자연식품을 통하여 ω-3계 지방산을 섭취하는 것이 바람직하다.

▤ 다량 복용 시의 문제점

어유도 지질이므로 1g당 9kcal의 에너지를 낼 뿐만 아니라, 다량의 콜레스테롤을 제공한다. 또한 어유에는 불포화지방산이 많이 들어 있으므로 체내에서 쉽게 산화되고, 그 결과 생성된 과산화물은 생체막과 혈관벽의 손상을 초래하여 오히려 노화를 촉진할 수도 있다. 과다한 어유 캡슐의 섭취로 인해 체내의 ω-3계 지방산 농도가 높아지면, ω-6계 지방산과 경쟁하여 ω-6계 지방산의 대사, 예를 들면 리놀레산으로부터 아라키돈산이 합성되는 과정 등을 방해할 수 있다. 아울러 어유를 과다 섭취하면 지용성 비타민의 섭취량이 증가할 가능성이 높고, 필요 이상의 지용성 비타민은 체내에 저장되어 독성을 유발할 수 있다.

체내에 특정한 한두 가지 영양소의 함량이 많아지면 반드시 다른 영양소의 대사에 나쁜 영향을 미치기 쉬우나, 식품의 형태로 섭취한다면 다른 영양소의 대사에 해를 줄 정도로 한두 가지 영양소만을 과다하게 섭취하기는 사실상 어렵다. 예를 들어, 등푸른 생선을 한 번에 한 토막씩 1주일에 네 번 이상 섭취한다면, 어유 캡슐 과다 복용 시와 같은 부작용 없이 필요한 ω-3계 지방산을 공급받을 수 있다(그림 6-17).

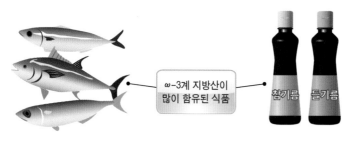

그림 6-17 ω-3계 지방산이 많이 함유된 식품

3) 지질 대용품의 이용

아무리 건강을 생각한다고 하여도, 우리의 식생활에서 지질이 주는 풍미나 질감의 유혹을 완전히 뿌리치기는 힘들다. 따라서 외국에서는, 에너지는 적게 내면서 지질의 맛을 제공해 주는 다양한 '지질 대용품'을 개발하여 가공식품에 이용하고 있다. 우리나라에서도 해마다 지질 섭취량의 증가와 함께 심혈관계 질환으로 인한 사망률이 증가하고 있는 실정으로 미루어 볼 때, 앞으로 지질 대용품의 개발 및 이용에 대한 요구가 증가할 것으로 전망된다.

(1) 심플리스

심플리스(Simplesse)는 물과 우유단백질을 2:1의 비율로 섞어서 만든 것으로 마요네즈와 유사한 맛과 질감을 가지나, 에너지는 지질의 약 1/7 정도에 불과하다 [예를 들어, 심플리스 3g(물 2g+단백질 1g)은 4kcal, 지질 3g은 27kcal를 낸다]. 열에 약하므로 고열 조리 시 사용할 수 없다는 단점이 있으나, 그 대신 아이스크림·샐러드유의 제조 시 적합하다.

(2) 올레스트라

올레스트라(Olestra)는 설탕과 기름을 섞어서 만든 제품으로 조리 시 첨가하면 지방과 같은 물리적 특성을 제공하나, 그림 6-18에서와 같은 구조로 인하여 체내에서 소화·흡수되지 않으므로 에너지를 전혀 발생하지 않는다. 고온에 강하므로 감자칩과 같이 고온을 요하는 튀김 등 각종 조리에 이용될 수 있는 장점이 있는 반

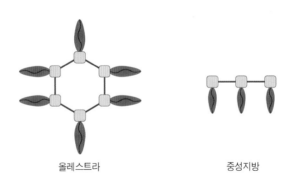

올레스트라   중성지방

그림 6-18 올레스트라와 중성지방의 구조

Q 저지방(fat-reduced foods) 또는 무지방(fat-free foods) 제품을 선택하면 에너지 과다섭취 걱정은 안 해도 되나?

A 저지방 또는 무지방 식품이 곧 무열량(calorie-free) 식품은 아니다. 식품 제조업자들은 흔히, 이들 제품의 맛을 좋게 하기 위하여(지질함량 감소에 따른 맛저하의 문제 해결을 위하여) 단순당(simple sugars)의 함량을 증가시키는 경우가 많다. 단, 지질 대용품의 사용은 총 지방 함량을 낮추는 데 기여하는 것은 확실하다.

면, 지용성 비타민류의 흡수를 저해하는 단점이 있으므로 올레스트라를 첨가한 제품에 지용성 비타민을 강화(fortification)하고 있다.

7. 지질 섭취와 심혈관계 질환은 어떠한 관계가 있는가?

1) 이상지질혈증

이상지질혈증(dyslipidemia)이란 혈액 중에 지질성분의 농도가 높거나 낮아져 있는 상태를 말하며, 그 자체로서 임상적 소견을 나타내는 질병상태는 아니나 고혈압(hypertension) 및 심혈관계 질환 발생의 중요한 위험 요인이 되어 문제가 된다.

Q 한국인과 서양인에서 나타나는 이상지질혈증의 차이는 무엇인가?

A 한국인과 서양인의 식사섭취 패턴이 다르므로 그에 따라 이상지질혈증의 패턴도 다르게 나타난다. 즉, 서양인은 총 지질과 콜레스테롤 섭취량이 많은 반면 한국인은 탄수화물 섭취량이 많은데, 과다하게 섭취된 탄수화물은 제5장에서 살펴보았듯이(85쪽) 체내에서 중성지방으로 전환된다. 따라서 서양인의 경우 콜레스테롤 농도가 증가한 '고콜레스테롤혈증'이 많은 반면, 한국인에게는 '고중성지방혈증'이 많다.

(1) 바람직한 혈중 지질농도

건강하게 살고자 하는 현대인이라면 자신의 혈중 콜레스테롤 및 중성지방 농도쯤은 알고 있어야 할 것이다. 건강검진 등을 통해 나타난 자신의 혈중 총 콜레스테롤 수치가 200mg/dL 이하이고, LDL-콜레스테롤 수치가 100mg/dL 이하이며, HDL-콜레스테롤 수치가 60mg/dL 이상이며, 중성지방 농도가 150mg/dL 이하이면 혈중 지질농도의 패턴이 매우 양호한 상태이다.

우리나라의 '이상지질혈증 치료지침 제정위원회'에서는 혈중 총 콜레스테롤 농도가 200mg/dL를 넘게 되면 식사요법 및 운동요법 등의 '생활치료'를, 그리고 240mg/dL를 넘으면 '약물치료'를 하도록 권장하고 있다.

표 6-3 혈중 지질 수준의 분류

구 분	농도(mg/dL)	분 류
총 콜레스테롤	< 200	정상
	200~239	높은 경계
	≥ 240	높음
LDL-콜레스테롤	< 100	정상
	100~129	적정 이상
	130~159	높은 경계
	160~189	높음
	≥190	매우 높음
HDL-콜레스테롤	< 40	낮음
	≥60	정상
중성지방	< 150	정상
	150~199	높은 경계
	≥200	높음

(2) 이상지질혈증의 식사지침

❶ 적정체중을 유지할 수 있는 수준의 에너지를 섭취한다.

❷ 총 지방섭취량은 총 에너지 섭취량의 30% 이내로, 과다하지 않도록 한다.

❸ 포화지방산 섭취량은 총 에너지의 7% 이내로 제한한다.

❹ 포화지방산을 불포화지방산으로 대체하되, 오메가-6계 다가불포화지방산 섭취량이 총 에너지의 10% 이내가 되도록 제한한다.

❺ 트랜스지방산 섭취를 피한다.

❻ 고콜레스테롤혈증인 경우 콜레스테롤 섭취량을 하루 300mg 이내로 제한한다.

❼ 총 탄수화물 섭취량은 총 에너지 섭취량의 65% 이내로 과다하지 않도록 하고, 당류 섭취를 10~20% 이내로 제한한다.

❽ 식이섬유 섭취량이 25g 이상 될 수 있도록 식이섬유가 풍부한 식품을 충분히 섭취한다.

❾ 알코올은 하루 1-2잔 이내로 제한한다.

❿ 통곡 및 잡곡, 콩류, 채소류, 생선류가 풍부한 식사를 한다.

자료: 한국지질 · 동맥경화학회, 이상지질혈증 치료지침서 제4판(2018)

2) 관상심장병(coronary heart disease, CHD)

2014년 통계청에서 발표한 사망원인 통계를 살펴보면, 우리나라에서도 심장질환 등으로 인한 사망이 인구 10만 명당 26,588명으로 사망순위 2위였으며, 뇌혈관질환은 24,486명으로 사망순위 3위를 차지하고 있다.

(1) 심근경색증의 발병과정

동맥경화증 및 심근경색증의 발병과정을 살펴보면, 그림 6-19에 나타난 바와 같이 혈액 중의 지방(콜레스테롤, 중성지방 등) 덩어리가 동맥벽에 축적되기 시작하면서 지방덩어리 표면의 혈액이 부분적으로 응고되어 혈전을 형성하게 된다(플라그 형성). 이에 따라 심장에 혈액을 공급하는 관상동맥이 경화되어 동맥경화증으로 발전하고 동맥내경이 점점 좁아지게 된다. 이러한 상황이 심화되어 심장근육에 산소가 제대로 공급되지 않을 경우 심근경색이 발생하고, 때로 급작스런 심장마비를 유발하기도 한다. 동맥경화증은 20~40세 사이에 서서히 시작되는데, 별 증상이 없다가 갑자기 심장마비로 나타나기도 한다. 마찬가지로 뇌혈관의 내경이 좁아지면서 압력이 증가하여 모세혈관이 파열되면, 뇌출혈 및 뇌졸중(중풍)으로 발전한다.

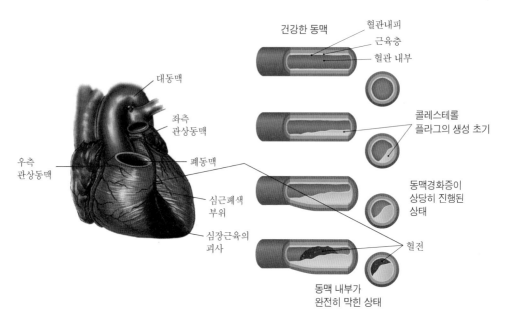

건강한 동맥

혈관내피
근육층
혈관 내부

대동맥

좌측
관상동맥

우측
관상동맥

폐동맥

심근폐색
부위

심장근육의
괴사

콜레스테롤
플라그의 생성 초기

동맥경화증이
상당히 진행된
상태

혈전

동맥 내부가
완전히 막힌 상태

그림 6-19 동맥경화증과 심근경색증의 발병과정

(2) 관상심장병 발생

혈중 LDL-콜레스테롤 농도의 증가 및 HDL-콜레스테롤 농도의 감소, 고혈압, 당뇨병, 흡연 등이 관상심장병 발생률과 매우 높은 양의 상관성을 보이는 일차적 위험인자이며 그 외에도 비만증, 혈중 중성지방 농도의 증가, 운동부족, 스트레스, 경구

다양한 심장순환계 질환들… 영어로 어떻게 쓰나요?

진료받기 위하여 병원에 가보면 환자의 병명 및 증상 등이 영어로 차트에 기록되는 것을 보게 된다. 심장순환계 질환들, 영어로 어떻게 쓰는지 알아두면 도움이 될 수도…….
- 심장순환계 질환: coronary artery disease(CHD), cardiovascular disease(CVD)
- 고혈압: hypertension
- 이상지질혈증: dyslipidemia
- 동맥경화증: arteriosclerosis
- 심근경색증: myocardial infarction
- 뇌졸중: stroke(cerebrovascular accident)
- 심장마비: heart attack
- 협심증: angina pectoris

피임약 복용, 나이증가, 가족력, 갱년기(여성의 경우) 등이 관상심장병 발생에 간접 적으로 영향을 미치는 이차적 위험인자이다.

생각해 봅시다

✽ 나의 심혈관질환 발생 위험도는 얼마나 되나?

1. 아래의 여섯 가지 요인을 하나도 가지고 있지 않은 사람을 '심혈관질환 발생 위험도' 1로 보았을 때, 나는 _____배이다.

문 항	예	아니오
1. 부모나 가족 중에 50세 이전에 심장순환계 질환으로 사망하거나 앓고 계신 분이 계십니까?	×1.7	×1
2. 하루에 한 갑 이상 담배를 피우십니까?	×3	×1
3. 비만입니까?	×2	×1
4. 운동을 하지 않습니까?	×2	×1
5. 고지방 식사를 즐겨 하십니까?	×2	×1
6. 예민하고 스트레스를 많이 받으며, 항상 업무로 바쁘십니까?	×2	×1
	총 _____ 배	

2. 무엇보다도 심장병에는 '스트레스'가 적이다. 다음에 제시한 심장질환 발병의 위험이 큰 유형을 살펴보고, 자신과 비교해 보자.

　1) 책임감이 강해서 언제나 무리를 해서라도 업무를 계속하는 형

　2) 위아래 모든 이에게 언제나 신경을 많이 써주는 형

　3) 자신의 체력을 과신하여 밤늦게까지 술을 마신 후 수면부족 상태에서 계속 일하는 형

　4) 에너지와 콜레스테롤 함량이 높은 식사를 즐기는 형

Chapter 7

단백질 영양

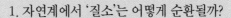

1. 자연계에서 '질소'는 어떻게 순환될까?

2. 아미노산이란?

3. 단백질은 체내에서 어떠한 역할을 할까?

4. 단백질은 어떻게 소화·흡수될까?

5. 아미노산은 체내에서 어떻게 이용될까?

6. 단백질, 얼마나 먹어야 하나?

7. 단백질 섭취가 부족하거나 또는 지나치다면?

8. 식품 단백질의 종류에 따른 질의 차이는?

단백질 영양

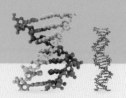

유전자에 입력된 정보를 이용하여 체내에서 중요한 조절작용을 담당하는
효소나 호르몬을 만드는 과정을 연구하는 것은 '환상의 세계'를
방문하는 것과 같다고 고백하는 과학자도 있다.
20여 가지의 아미노산이 수백 개 또는 그 이상 조합되어 구성된
거대한 단백질 분자는 고유의 기능을 담당하기 위해 3차원적인 공간에서
입체구조를 지니게 된다. 이 하나하나의 과정이 모두 세포핵 내의
유전자에 프로그램되어 있는 정보에 의해 움직여지고 통제되고 있음을
생각할 때, 생명체의 신비로움은 우리의 상상을 초월한다.
현대사회를 정보화 사회라 하고, 컴퓨터의 막강한 파워를 격찬하고 있지만
단백질 합성의 신비한 프로그램은 최첨단 컴퓨터로도 흉내낼 수 없을 것이다.

1. 자연계에서 '질소'는 어떻게 순환될까?

'단백질(protein)'이란 명칭이 그리스 어로 '으뜸가는' 또는 '제일가는'을 뜻하는
'proteios'에서 유래된 것을 보면 알 수 있듯이, 150여 년 전 단백질이 처음 발견되
었을 당시, 과학자들은 이미 생명체를 유지하는 데 있어서 단백질이 매우 핵심적인
기능을 담당하고 있음을 예감한 듯하다.

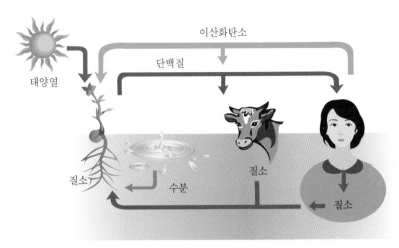

그림 7-1 자연계에서의 질소순환

단백질은 탄소(C), 수소(H), 산소(O) 및 질소(N)로 구성되어 있다. 앞에서 이미 배운 탄수화물과 지질은 C, H, O의 세 가지 원소로 구성되어 있으나, 단백질만이 C, H, O 이외에 질소를 함유하고 있어 탄수화물 및 지질과는 다른 독특한 기능을 지니고 있음을 예측케 해준다. 질소(N)는 산소 및 탄소처럼 지구의 생태계에서 계속 순환하고 있다. 식물체로부터 탄소의 순환이 시작되는 것과 마찬가지로 질소를 고정시키는 첫 단계 역시 식물체로부터 시작된다. 질소의 순환 및 이동경로는 '공기 → 토양 → 식물 → 동물 → 토양(또는 공기)'으로 요약된다(그림 7-1). 식물체는 토양으로부터 흡수한 질소와 광합성에 의해 생성된 탄소 화합물을 이용하여 아미노산을 합성하고, 이를 재료로 하여 단백질을 합성한다. 인간은 식물성 식품을 섭취함으로써, 또는 식물을 먹고 자란 동물성 식품을 섭취함으로써 질소가 함유된 단백질을 소화 및 흡수하게 된다. 동물 또는 사람의 체내로 들어온 단백질은 대사되는 과정에서 질소가 유리되며, 후자는 배설물의 형태로 토양으로 보내지고, 동물 또는 식물체를 구성하는 질소도 결국 토양으로 되돌아간다.

2. 아미노산이란?

1) 아미노산의 정의와 유전정보

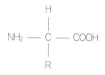

아미노산의 분자구조

$NH_2 — C — COOH$

(with H on top and R on bottom bonded to C)

아미노산이란, 탄소가 가진 네 개의 결합가능한 연결고리에 각기 수소, 아미노기($-NH_2$) 및 카르복실기($-COOH$)가 연결되어 있고, 나머지 연결고리에는 다양한 종류의 'R'기가 붙어 있는 화합물을 일컫는다. 단백질을 구성하는 아미노산에 포함된 'R'기의 종류는 현재까지 약 20여 가지가 밝혀져 있고, 이들 다양한 'R'기에 의해 아미노산의 종류 및 특성이 결정된다.

20여 가지의 아미노산이 펩티드(peptide) 결합에 의해 서로 연결되어 다양한 종류의 단백질을 합성하며, 보통 한 분자의 단백질은 수백 개의 아미노산이 연결되있으므로, 단백질은 탄수화물 및 지질에 비해 분자량이 매우 크다. 이때 어떠한 종류의 아미노산들이 어떠한 순서로 연결되는가 하는 것이 곧 특정 단백질의 종류를 결정짓는 열쇠가 되며, 단백질을 구성하는 아미노산 서열에 대한 유전정보는 세포의 핵 안에 존재하는 DNA에 담겨 있다.

펩티드 결합

단백질을 합성하기 위해 아미노산끼리 결합하는 방식을 일컫는 것으로, 첫 번째 아미노산에 포함된 아미노기의 H^+와 두 번째 아미노산에 포함된 카르복실기의 OH^-가 서로 결합함으로써 한 분자의 물(H_2O)이 합성되어 떨어져 나가고 두 개의 아미노산이 서로 연결된다.

2) 아미노산의 종류

(1) 필수아미노산

체내에서 합성되지 않거나, 합성되더라도 그 양이 생리기능을 달성하기에 불충분하여 반드시 식사로부터 공급되어야 하는 아미노산을 필수아미노산(essential amino acid, EAA)이라 한다. 어른의 경우 페닐알라닌·트립토판·발린·류신·이소류신·메티오닌·트레오닌·라이신·히스티딘 등의 필수아미노산을 식사로부터 반드시 섭취하여야 한다(표 7-1).

식사로부터 충분한 양의 필수아미노산이 공급되지 않으면 체내에서 단백질 합성이 원활하게 이루어지지 않는다.

(2) 불필수아미노산

체내에서 탄수화물의 중간 대사물과 질소(제5장 탄수화물 영양, 85쪽 참조) 또는 필수아미노산으로부터 합성될 수 있는 아미노산들을 불필수아미노산(nonessential amino acid, NEAA)이라 한다(표 7-1). 따라서 탄수화물 및 필수아미노산의 섭취가 충분한 상태에서는 식사로부터 매일 불필수아미노산을 반드시 섭취할 필요는 없다.

표 7-1 필수아미노산과 불필수아미노산의 종류

필수아미노산	불필수아미노산
페닐알라닌(phenylalanine)	글라이신(glycine)
트립토판(tryptophan)	알라닌(alanine)
발린(valine)	프롤린(proline)
류신(leucine)	타이로신(tyrosine)
이소류신(isoleucine)	세린(serine)
메티오닌(methionine)	시스테인(cysteine)
트레오닌(threonine)	아스파테이트(aspartate)
라이신(lysine)	글루타메이트(glutamate)
히스티딘(histidine)	아스파라긴(asparagine)
	글루타민(glutamine)
	아르기닌(arginine)*

* 때로 필수아미노산에 포함되기도 함.

알고 싶어요 ?!

Q 아미노산은 종류에 상관없이 모두 체내에서 단백질의 구성성분으로 이용될 수 있는가?

A 자연계에는 약 300여 종의 아미노산이 존재하며, 그중 인체에서 발견되는 종류는 약 40여 가지이고, 이것의 약 절반만이 체내에서 단백질의 구성성분으로 사용된다. 따라서 단백질 합성에 이용되지 않고 체내에서 유리형태로만 존재하는 아미노산이 다수 있으며, 현재 이들의 생리기능에 대한 연구가 활발하게 진행되고 있다.
대표적인 예로 타우린은 거의 모든 동물조직에 고농도로 존재하는 유리아미노산으로서, 담즙산의 포합, 망막기능, 두뇌기능, 심장근의 활성 및 항산화활성 등 다양한 생리활성을 나타냄이 밝혀지고 있다.

무기질
5%

지방 15%

단백질 16%

물 64%

그림 7-2 우리 몸의
구성성분(예)

3. 단백질은 체내에서 어떠한 역할을 할까?

1) 체구성 성분으로서의 단백질

새로운 생명체의 발생에는 단백질의 축적이 불가피하다. 단백질은 체중의 약 16% 가량을 차지하고 있으므로, 신체의 2/3가 물로 구성되어 있음을 감안할 때 나머지 1/3의 절반을 단백질이 차지하는 셈이다(그림 7-2).

성장기 아동 및 임신부의 경우, 새로운 조직을 만들어 가는 시기이므로 단백질 필요량이 일반인에 비해 더 큰 것은 당연한 이치이다. 일반 성인의 경우도 비록 체 조직의 증가는 일어나지 않지만 체내에서 단백질 교체가 계속적으로 진행되므로(성인의 경우 매 10일마다 절반 이상의 세포가 새롭게 교체된다), 식사로부터 매일 충분한 양의 단백질을 섭취하여야 한다.

2) 체액의 중성(산 · 알칼리 균형) 유지

단백질은 체내에서 산과 염기, 양쪽의 역할을 다 할 수 있는 능력을 지니므로 체액의 pH를 중성 내지 약알칼리성(pH 7.35~7.45)으로 일정하게 유지시키는 데 기여한다. 즉, 체액이 다소 알칼리성으로 치우치면 단백질이 산의 역할을 하고, 반대로 체액이 산성으로 치우치면 단백질은 알칼리의 역할을 함으로써 '완충작용'을 담당한다.

3) 효소 · 호르몬 · 항체의 합성

체내의 각종 생화학적 반응을 촉매하는 효소, 조절작용을 담당하는 호르몬, 그리고 외부의 병원균에 대항하는 항체 등을 구성하는 실체는 곧 단백질이다. 이들 물질의 공통된 특징은 작용하는 기질에 대하여 특이성을 나타낸다는 점이고, 이와 같은 특성은 이차원적인 구조를 지니는 탄수화물 및 지질로는 도저히 불가능하다. 즉 단백질의 다양하고 거대한 3차원적인 분자구조가 이와 같은 단백질 고유의 기능을 가능케 해준다.

이처럼 단백질이 체내에서 매우 중요한 영양소이기는 하지만, 다른 영양소들에 비하여 특별히 단백질만이 더 가치 있는 것은 아니다. 체내에서 영양소들은 다 함께 일한다. 마치 잘 훈련된 농구 팀과 같이, 한 선수가 아무리 능력이 탁월하다고 할지라도 다른 선수들의 능력을 개발하지 않는다면 그 팀은 경기에서 비참한 결과를 가져오게 될 것이다.

마찬가지로 식사 중 단백질과 같은 어떤 특정 영양소를 강조하고 다른 영양소들을 무시한다면, 영양소 간의 불균형이 유발되고 그로 인해 건강상의 문제가 야기되어 신체는 제 기능을 다하지 못하게 된다.

알고 싶어요 ?!

Q 알칼리성 식품을 많이 먹으면, 우리 몸의 체액이 알칼리성으로 바뀌어 질병 예방에 도움이 된다고 하는데 정말일까?

A 우리 몸의 체액 중에는 단백질뿐만 아니라 다양한 무기질(제9장 무기질 영양, 206~207쪽 참조)이 녹아 있으면서 완충작용을 하므로, 체액의 pH는 7.35~7.45(약알칼리)로 항상 일정하게 유지된다. 따라서 당뇨병·케토시스 또는 대사이상으로 인해 체내의 산·알칼리 균형이 깨진 경우를 제외하고는 섭취하는 식품에 의해 체액의 pH가 크게 달라지지 않는다(아래 그림 참조).

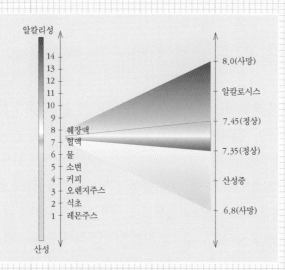

여러 가지 식품과 우리 몸의 pH

4) 에너지의 급원

　단백질은 체내에서 오직 단백질만이 할 수 있는 역할, 즉 체조직의 구성, 그리고 효소·호르몬·항체 등의 합성을 위해 우선적으로 사용되어야 한다. 그러나 만약 탄수화물 또는 지질이 인체가 필요한 만큼의 충분한 에너지를 공급해 주지 못한다면 단백질은 신체를 구성하는 역할을 포기하고, 에너지를 공급하는 데 쓰이게 될 것이다. 이와 같은 경우, 단백질 1g이 체내에서 완전 산화되면, 탄수화물과 마찬가지로 4kcal의 에너지를 발생한다. 그러나 단백질을 에너지원으로 사용하는 것은 다음과 같은 이유에서 바람직하지 못하다.

　첫째, 단백질은 체내에서 에너지를 내는 것보다는 탄수화물 및 지질로서는 불가능한 단백질 고유의 기능(신체구성, 효소·항체 합성 등)을 우선적으로 담당해야 한다.

　둘째, 체내에서 단백질이 대사될 때 일차적으로 간에서 단백질의 질소 부분이 떨어져 나간 후 '요소'의 형태로 신장을 통해 배출되어야 하므로 단백질이 주된 에너지원으로 이용되는 경우, 이 과정을 담당하는 간장과 신장에 과중한 부담을 주게 된다.

　셋째, 일반적으로 단백질 식품은 탄수화물 및 지질 식품에 비해 값이 비싸므로 단백질 식품을 주된 에너지원으로 사용하는 것은 비경제적이다.

4. 단백질은 어떻게 소화·흡수될까?

　먼저 입에서 잘게 씹는 과정을 통해 단백질의 기계적 소화가 시작된다. 입에서 잘게 부서진 음식물이 식도를 지나 위에 도달하면, 위에서 분비되는 위산(HCl, 염산)에 의해 비로소 단백질의 화학적 소화가 일어나기 시작한다. 우선 위산에 의해 단백질의 변성이 일어나고 단백질의 3차원적 구조가 일직선으로 풀어짐으로써 단백질이 소화효소의 작용을 받기 쉬운 형태로 전환된다. 아울러 활성을 띄지 않는 전구체 상태로 위에 분비된 단백질 분해효소(펩시노겐)는 위산에 의해 활성을 지니는 효소(펩신)로 전환되어 일부 단백질의 펩티드 결합을 끊어준다. 소장에 도착한 단백질은 펩티드 결합을 끊어주는 다양한 소화효소의 작용에 의해 더 작은 단위의 펩티드가 되고, 결과적으로 개별 아미노산으로 분해된 후, 소장 상피세포를 통과해 혈액으로 흡수된다.

펩티드

아미노산이 두 개 이상 수십 개까지 연결된 것을 펩티드라고 하며, 단백질에 비해 분자량이 적다. 최근 다양한 종류의 펩티드에 대한 생리기능이 밝혀지고 있다.

Q 단백질의 변성이란 무엇인가?

A 거대한 단백질의 입체구조가 깨어져서 펩티드 결합만 남게 되는 것을 단백질 의 변성이라고 하는데, 단백질을 가열하거나 산 및 알칼리로 처리하면 이와 같은 변성이 일어난다. 예를 들어, 붉은색의 쇠고기를 물에 넣고 가열하면, 또 는 생달걀을 가열하면 어떻게 되는가? 가열하기 전에 비해 색·모양·질감 등이 달라진다. 이러한 현상이 바로 단백질의 변성이다. 효소 또는 호르몬 등 의 단백질이 변성되면 이들의 고유한 촉매 또는 조절기능이 상실된다.

Q 당뇨환자의 경우, 부족한 인슐린을 주사로 맞지 않고 입을 통해 먹을 수는 없 을까?

A 인슐린이란 약 50여 개의 아미노산이 연결된 비교적 크기가 작은 단백질이 다. 따라서 만일 인슐린을 먹는다면 위장에서는 이를 인슐린으로 인식하지 못한 채, 하나의 단백질 덩어리로 보고 분해를 시작하게 된다. 결과적으로 인 슐린으로부터 분해된 아미노산만이 혈액으로 운반될 뿐이고, 정작 필요한 인 슐린은 자취도 없어지고 만다.

5. 아미노산은 체내에서 어떻게 이용될까?

1) 단백질 합성

체단백질뿐 아니라 효소·호르몬·항체·운반단백질 등 체내에서 특수기능을 담당 하는 약 10만 개의 다양한 단백질을 합성하는 것은 아미노산의 가장 으뜸가는 임 무이다.

단백질 합성에 이용되는 아미노산은 20여 가지이고, 이들 아미노산이 어떻게 배 열되느냐에 따라 헤아릴 수 없이 많은 종류의 단백질이 합성될 수 있다. 20여 개의 아미노산으로부터 얼마나 많은 다양한 단백질이 만들어질 수 있을까? 상상을 돕기 위해서 다음과 같이 생각해 보자. 영어의 알파벳은 단지 26개인데, 이와 같은 26개 의 알파벳을 가지고 만들 수 있는 단어는 모두 몇 개일가? 단백질은 대체로 수백 개의 아미노산(동일한 아미노산 포함)으로 이루어져 있으므로 20여 개의 아미노산을 이용하여 만들 수 있는 단백질 종류의 수는 어마어마하다는 것을 짐작할 수 있을 것이다(그림 7-3).

그림 7-3 20여 개의 아미노산으로부터 합성 가능한 다양한 단백질에 대한 비유

제한아미노산

신체가 필요로 하는 특정 단백질을 합성하기 위해서는 재료가 되는 각 아미노산이 모두 필요한 양만큼 준비되어 있어야 한다. 특정한 아미노산 서열을 가지는 단백질을 합성하는 데 있어서 한 가지 아미노산이라도 부족하면 더이상 그 단백질의 합성이 이루어지지 않고 중단되는 경우를 보게 되는데, 이때 서로 다른 아미노산의 필요량을 기준으로 상대적으로 부족하여 단백질 합성을 제한하는 바로 그 아미노산을 '제한아미노산(limiting amino acid)'이라 한다. 양질의 동물성 단백질은 모든 아미노산이 부족하지 않게 골고루 들어 있는 반면, 식물성 단백질은 대개 한 가지 이상의 제한아미노산을 가지고 있다. 예를 들어, 쌀 단백질에는 라이신이 부족하고, 콩 단백질에는 메티오닌이 부족하므로 라이신과 메티오닌이 각각 쌀 단백질과 콩 단백질의 제한아미노산이 된다.

제한아미노산에 대한 이해를 돕기 위하여 다음과 같이 생각해 보자.

만약 30송이의 장미, 25송이의 백합, 40송이의 카네이션, 그리고 20송이의 튤립이 담긴 꽃항아리를 주고 다음 그림과 같이 꽃다발을 만들라고 주문한다면(즉, 튤립 2송이, 백합 4송이, 장미 3송이, 카네이션 1송이가 반드시 포함되도록), 원하는 꽃다발을 몇 개나 만들 수 있을까? 6개밖에 만들지 못한다. 왜냐하면 백합이 절대적으로 부족하기 때문이다. 나머지 꽃이 아무리 많아도 주문받은 것과 동일한 꽃다발을 더이상 만들 수는 없다. 이때 원하는 꽃다발이 특정 단백질이라면 백합에 해당되는 것이 '제한아미노산'이다.

제한아미노산에 대한 비유

2) 단백질 및 아미노산의 대사

식사를 통하여 체조직 합성에 필요한 모든 단백질이 공급되어야 하는 것은 아니다. 왜냐하면 낡은 단백질이나 필요 없는 단백질이 각각의 아미노산으로 분해되어 새로운 단백질을 만드는 데 재활용되기 때문이다. 단백질 합성에 재사용되지 않고 남은 아미노산은 아미노산 풀(pool)을 이루어 다양한 경로를 통하여 대사된다(그림 7-4).

(1) 포도당 합성

체내에서 단백질 합성에 이용되고 남은 아미노산의 탄소골격은 포도당 합성의 재료로 이용될 수 있다. 즉, 기아상태에서 신체는 우선적으로 체지방을 분해하여 에너지원으로 사용하고, 차선책으로 체단백질을 분해하여 생성된 아미노산으로부터 두뇌와 심장의 주요 에너지원인 포도당을 합성한다(제5장 탄수화물 영양, 88쪽 참조).

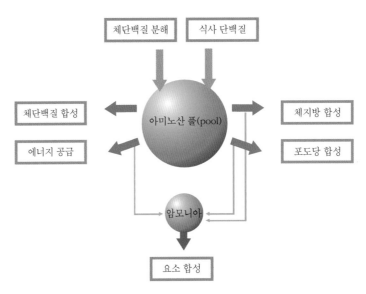

그림 7-4 아미노산의 다양한 대사경로

(2) 체지방 합성

루이신·라이신 등의 일부 아미노산은 체내에서 대사되어 활성초산(acetyl-CoA)을 형성하고, 이것은 체지방 합성의 재료로 이용된다.

(3) 에너지 공급

체단백질이 분해되어 생성된 아미노산은 산화되어 에너지(4kcal/g)를 발생한다.

3) 탈아미노기 반응과 요소의 합성

아미노산이 체내에서 다른 물질로 전환되거나 연소되기 위해서는 아미노산의 질소기(아미노기)가 우선적으로 제거되어야 하고, 유리된 아미노기는 암모니아의 형태로 혈액으로 배출된다. 혈중 암모니아 농도가 높아지면 신체는 위험에 빠지게 되며, 특히 뇌에 치명적인 손상을 입게 된다. 다행히도 신체는 암모니아를 해독시키는 장치를 가지고 있는데, 간에서 암모니아를 무해한 '요소(urea)'의 형태로 전환시킨 후 신장을 통하여 소변으로 배설하는 것이 그것이다(그림 7-5).

☑ 간질환(특히, 간성 뇌증상) 환자의 경우 고단백질 식사를 하면 암모니아 중독에 의한 혼수상태가

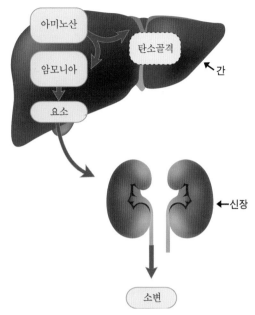

그림 7-5 탈아미노기 반응과 요소의 합성

초래될 수 있으므로 단백질 섭취를 제한해야 한다.

6. 단백질, 얼마나 먹어야 하나?

1) 질소평형

신체가 필요로 하는 단백질 고유의 기능을 완수하기 위해서는 충분한 양의 단백질이 매일 공급됨으로써 질소평형(nitrogen balance)이 유지되어야 한다. 질소의 섭취량과 손실량이 동일한 경우, 신체는 질소평형 상태에 놓이게 된다(그림 7-6). 이때 손실되는 질소의 대부분은 소변(70~75%)과 대변(20%가량)으로 배설되고, 나머지 소량이 피부 등을 통하여 손실된다.

성장기 어린이·임신부 및 회복기 환자의 경우에는 양(+)의 질소평형이 이루어져야 하므로 질소 손실량보다 섭취량이 더 많아야 한다. 반면 체중이 감소할 때, 굶었

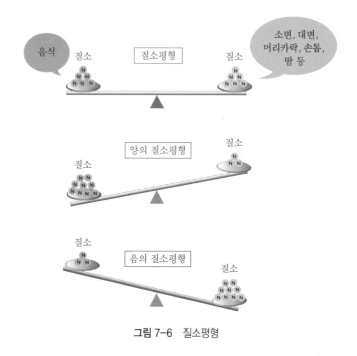

그림 7-6 질소평형

을 때, 단백질 결핍 식사 시 또는 심한 운동 시에는 질소 손실량이 질소 섭취량보다 더 커지므로 음(−)의 질소평형이 나타난다.

2) 단백질 권장섭취량

단백질은 체내에서 에너지를 공급하는 기능보다 신체조직을 구성하는 기능이 우선시되므로, 이를 위한 적정 섭취량을 권장하고 있다. 성별 및 연령에 따라 단백질의 권장섭취량이 각기 다르나, 일반적으로 이상체중 1kg당 0.91g이 권장되며, 1일 총 에너지 섭취량 중 7~20%를 단백질로부터 섭취할 것을 권장하고 있다. 예를 들어, 체중이 69kg과 56kg인 20대 남녀의 단백질 권장섭취량은 다음과 같은 과정을 통해 설정되었다.

남자 : 69kg × 0.91g/kg/일 ＝ 62.3g ⇒ 65g(권장섭취량)

여자 : 56kg × 0.91g/kg/일 ＝ 51.0g ⇒ 55g(권장섭취량)

권장량에 준하는 단백질을 섭취하기 위해서 하루에 어떤 식품을 얼마나 먹어야 하는지에 대한 이해를 돕기 위해 표 7-2에서는 각 식품군별로 식품의 적정 섭취 횟

표 7-2 식품군별 1일 단백질 섭취량의 예

식품군	1인 1회 단백질 분량(g)	섭취 횟수	총 단백질 섭취량(g)
곡류	7	2.5~4	17~28
고기 · 생선 · 달걀 · 콩류	10	2.5~6	25~60
채소류	1	5~7	5~7
과일류	1	1~3	1~3
우유	6	1~2	6~12
			54~110

수의 예를 제시하고 있다.

한편, 총 단백질 섭취량 중 1/3 이상을 동물성 단백질 급원으로부터 섭취할 것을 권장하고 있는데, 이에 대한 이유는 동물성 단백질과 식물성 단백질이 아미노산 조성에 있어서 차이를 보이기 때문이다(제7장, 단백질 영양, 153쪽 참조).

알고 싶어요 ?!

Q 성인 남녀의 단백질 권장섭취량이 각각 65g과 55g인 것에 비해, 12~14세 남녀 아동의 단백질 권장섭취량이 각각 60g과 55g으로 비교적 높은 이유는 무엇일까?

A 단백질 필요량은 '성장'을 위한 것과 '체조직의 유지'를 위한 것, 두 가지로 나누어진다. 12~14세 아동은 성장을 위한 단백질 필요량이 크기 때문에 단위 체중당 단백질 권장섭취량도 높다.

Q 학기말 시험기간 중에는 학생들의 소변을 통한 질소 배설량이 증가한다는 연구보고가 있다. 이러한 결과는 단백질 권장섭취량 설정 시 어떻게 적용될 수 있는가?

A 감정적 스트레스 이외에 시험으로 인한 스트레스에 의해서도 소변 내 질소 배설량이 증가되었다면, 신체의 단백질 분해가 증가하였음을 뜻하고 이는 음의 질소평형을 유도할 것으로 예측된다. 그러나 이에 대한 찬반 논의가 있으므로 2015년에 발표된 단백질 영양소 섭취기준에는 스트레스로 인한 추가 단백질 섭취는 반영되지 않았다.

3) 한국인의 단백질 섭취 실태

한국인의 1일 단백질 섭취량은 계속 증가하는 추세로 1969년 평균 66g이던 것이 2018년에는 71.1g으로 증가하였다. 또한 총 에너지 섭취량 중 단백질이 차지하는 비율은 1970년의 경우 12.6%였으나, 2018년에는 15.1%로 증가하였다. 총 단백질 섭취량에 대한 동물성 단백질 섭취량의 비율은 1971년의 11.7%에서 2018년에는 48.2%로 4배 이상의 증가를 보여, 지난 50여 년간 한국인의 단백질 섭취실태는 양적인 증가뿐만 아니라 질적인 향상이 있었음을 예측할 수 있다(그림 7-7).

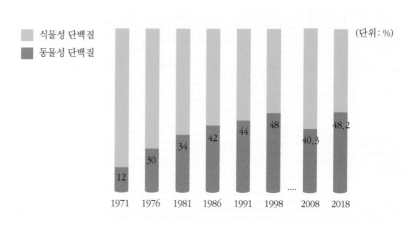

그림 7-7 한국인 동 · 식물성 단백질 섭취의 구성비
자료: 보건복지부(2018). 국민건강영양조사.

7. 단백질 섭취가 부족하거나 또는 지나치다면?

1) 단백질 섭취 부족

단백질 섭취량이 필요량보다 적으면 체단백질의 붕괴가 일어나고, 피부의 탄력성이 저하되며, 빈혈 또는 면역기능의 저하가 나타난다. 성장기 어린이에서 나타나는 극심한 단백질 또는 에너지부족증으로 콰시오커(kwashiorkor)와 마라스무스(marasmus)가 있는데, 이들을 비교하면 그림 7-8과 같다.

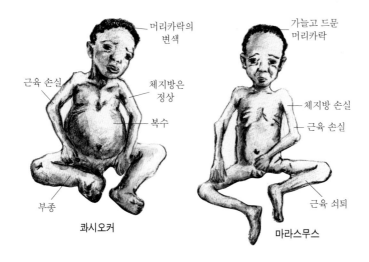

머리카락의 변색

가늘고 드문 머리카락

근육 손실

체지방은 정상

복수

체지방 손실

근육 손실

부종

근육 쇠퇴

콰시오커

마라스무스

그림 7-8   콰시오커와 마라스무스의 비교

(1) 콰시오커

콰시오커는 저개발국의 성장기 어린이(1~4세)에게 흔히 나타나는 극심한 단백질 결핍증으로 머리와 배만 크고, 팔다리는 말라서 잘 걷지도 못하는 성장정지 현상이다. 혈액 단백질 농도의 감소로 인해 배에 복수가 차는 영양실조성 부종현상(제4장 물, 61쪽 참조) 이외에도 지방간, 머리카락의 변색, 피부염 및 신경계 이상 등의 증상이 나타난다. 콰시오커에 걸린 어린이에게 지방이 제거된 탈지분유(농축된 단백질 급원)를 공급해 주면 2~3주 내에 거의 완전하게 회복된다.

(2) 마라스무스

마라스무스는 단백질과 에너지가 모두 부족한 극심한 기아상태에서 발생하며, 콰시오커와 마찬가지로 저개발국의 성장기 어린이에서 주로 관찰된다. 증상은 콰시오커와 약간의 차이를 보이는데, 주로 피하지방이 감소하여 전체적으로 심하게 마르는 것이 특징이며, 부종은 나타나지 않고, 피부·간기능은 비교적 정상이다.

2) 단백질의 과량섭취로 인한 문제점

첫째, 장기간 고단백질 식사를 하게 되면 단백질 분해산물인 요소를 처리하기 위해 신장에 무리한 부담을 주게 된다. 따라서 과거에 신장질환을 앓은 경험이 있거나, 현재 신장기능이 좋지 않은 사람은 고단백질 식사를 피해야 한다.

둘째, 단백질을 구성하는 탄소 역시 체내에서 지방으로 전환되어 지방조직에 축적될 수 있으므로 단백질을 과잉섭취하는 경우에도 살이 찔 수 있다.

셋째, 고단백질 식사를 하면 단백질의 일부가 대장에서 세균에 의해 분해되어 아민체를 형성하게 되며, 후자는 장운동을 억제하여 변비를 유발할 수 있다.

넷째, 장기간 고단백 식사를 하면 소변 내 칼슘 배설이 증가되어 골다공증이 초래될 수 있으며, 이는 특히 갱년기 이후의 여성에 있어서 심각한 문제가 될 수 있다.

3) 아미노산의 불균형

일반적으로 건강한 사람의 혈장 유리아미노산 농도는 일정한 패턴을 지니는데,

Q 운동선수의 경우 근육증강을 위하여, 수험생의 경우에는 두뇌기능 향상 등을 위하여, 한두 가지 특정 아미노산이 고농도로 농축된 아미노산 보충제를 섭취하는 것이 과연 바람직할까?

A 우리 체내에는 20여 개의 아미노산 간에 조화와 균형을 이루고 있다. 그런데 몇몇 아미노산의 농도가 증가하면, 이들이 다른 아미노산의 대사를 방해하여 심각한 대사이상을 초래한다. 그러므로 단백질은 식품을 통하여 섭취하는 것이 가장 바람직하고, 보충제를 이용하고자 하는 경우에는 단일 아미노산 제품보다는 20여 가지 아미노산이 모두 포함된 단백질 제품이 보다 안전할 것이다.

그것은 혈장 아미노그램 패턴이 대사를 조절하는 다양한 호르몬의 분비와 밀접한 관련이 있기 때문이다. 아미노산의 종류에 따라 정도의 차이는 있으나, 특정한 한두 가지의 아미노산을 과량으로 섭취하게 되면 아미노산의 불균형이 초래될 가능성이 있고, 이로 인해 호르몬 분비 이상 및 아미노산의 대사장애가 나타날 수 있다.

8. 식품 단백질의 종류에 따른 질의 차이는?

1) 식품 단백질의 질적인 평가

단백질을 구성하는 아미노산의 종류 및 양에 의해 식품 단백질의 질이 결정된다. 예를 들어, 그림 7-9에 제시된 바와 같이 같은 양의 단백질을 섭취하더라도 단백질의 종류에 따라 성장기 동물의 체중 증가에 각기 다른 영향을 미치게 된다. 즉, 밀 단백질 또는 옥수수 단백질을 섭취하는 쥐에 비해 우유 단백질을 섭취하는 쥐의 성장률은 현격하게 높다.

옥수수 단백질   밀 단백질   우유 단백질

그림 7-9 단백질 종류에 따른 성장률의 차이

(1) 완전단백질

생명체의 성장과 유지에 필요한 필수아미노산이 종류별로 빠짐없이 모두 들어 있을 뿐만 아니라 양적으로 충분히 함유되어 있는 단백질을 완전단백질이라 한다. 대부분의 동물성 단백질이 여기에 해당되는데, 예외적으로 젤라틴은 동물성 단백질

이지만 일부 필수아미노산이 결여되어 있어 불완전단백질에 속한다. 육류·우유·달걀·생선·가금류에 들어 있는 단백질은 생명체의 성장과 유지에 필요한 필수아미노산이 모두, 그리고 필요한 양만큼 충분히 함유되어 있다.

(2) 불완전단백질

식품에 함유되어 있는 단백질의 아미노산 조성에 있어서 한 가지 또는 그 이상의 필수아미노산이 결여되어 있거나, 생명체의 성장 및 유지를 위해 양적으로 충분히 함유되어 있지 못한 단백질을 불완전단백질이라 한다. 즉, 제한아미노산(limiting amino acid, 제7장 단백질 영양, 145쪽 참조)을 가지고 있는 대부분의 식물성 단백질이 여기에 해당된다. 따라서 콩류(대두, soy)를 제외한 대부분의 식물성 단백질은 한 가지 또는 그 이상의 필수아미노산이 결여되어 있어 그것만으로는 인체를 포함한 동물의 성장 및 정상적인 생리기능을 달성할 수 없다(표 7-3).

 단백질 섭취량을 평가할 때는 양적인 면과 함께 질적인 면, 즉 필수아미노산이 균형있게 섭취되었는지, 또는 총 단백질 섭취량 중 완전단백질(동물성 단백질)을 어느 정도의 비율로 섭취하였는지도 함께 고려해야 한다.

표 7-3 식물성 단백질의 제한아미노산

종 류	제한아미노산
쌀	라이신
콩(legume)	메티오닌
밀	라이신 · 메티오닌 · 트립토판
옥수수	트립토판 · 라이신

2) 단백질의 보완효과

그렇다면 우리의 식생활에서 불완전단백질의 질을 높일 수 있는 방법은 없을까? 현명한 식품선택을 통하여 단백질 영양의 질적인 문제를 얼마든지 극복할 수 있다. 질이 낮은 단백질에 부족된 아미노산을 보충하여 주거나, 제한아미노산의 종류가 서로 다른 두 가지 이상의 식물성 단백질 식품을 섞어 먹음으로써 체내의 단백질

Q 일반적으로 동물성 단백질이 식물성 단백질에 비해 단백질의 질이 좋다. 왜 그럴까?

A 식물체와 동물체 내에 있는 단백질 합성공장을 상상해 보자. 그 규모와 제조 기술의 차이를 상상할 수 있을 것이다. 식물체 내의 공장에서는 땅속에서 끌어들이는 질소가 질소의 유일한 공급원이 될 것이다. 그러나 동물체 내의 공장에서는 식물이 만든 1차 가공품인 식물성 단백질을 재료로 하여 고도의 기술로 제2차 가공을 거쳐, 보다 정교한 동물성 단백질을 만든다. 이쯤되면 왜 동물성 단백질이 식물성 단백질에 비해 질이 더 좋은지 이해가 될 것이다.

합성에 필요한 아미노산을 효율적으로 공급받을 수 있다. 이와 같은 방법으로 식품 단백질의 질을 향상시키는 것을 '단백질의 보완효과'라 한다.

≡ 식물성 단백질(A) + 식물성 단백질(B)

제한아미노산의 종류가 서로 다른 두 가지 종류의 식물성 단백질을 잘 선택하여 섞어 먹는다면, 서로 부족한 것을 보충해 줌으로써 질이 낮은 식물성 단백질의 한계를 극복하고 양질의 동물성 단백질을 섭취한 것과 같은 효과를 낼 수 있을 것이다 (그림 7-10).

육류·어류·난류·우유류 등 동물성 식품을 전혀 먹지 않는 채식주의자의 경우, 식물성 식품만을 섭취하면서 '단백질 영양상태'를 양호하게 유지하려면 식품선택 시 세심한 주의가 필요하다. 아래에 제시된 바와 같이 서로 다른 종류의 식물성 식품끼리 섞어 먹음으로써 부족한 제한아미노산을 보충해 줄 수 있다. 특히 식물성 식품 중에서도 부분적 불완전단백질이라고 불리는 콩류·견과류·종자류 등의 단백질은 다른 식물성 단백질에 비하여 아미노산 함량이나 조성이 우수한 편이다.

(예) ① 쌀밥(라이신 부족) + 콩(라이신 풍부)

② 쌀밥(라이신 부족) + 된장찌개(된장의 콩, 라이신 풍부)

③ 대두박(메티오닌 부족) + 참깨박(메티오닌 풍부)

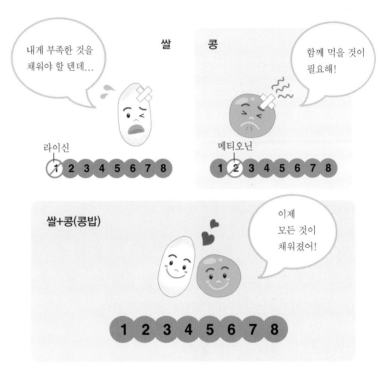

그림 7-10   단백질의 보완효과

✅ 우리는 때로 영양소의 세계를 통하여 인생의 교훈을 얻는다. '단백질의 보완효과"처럼 우리네 인
생에서도 서로에게 부족한 것을 채워줌으로써 완벽해지는 삶을 살 수 있다면……'.

3) 동물성 단백질 식품의 섭취

불완전단백질과 완전단백질을 섞어 먹는 경우, 불완전단백질의 제한아미노산을
완전단백질로부터 보충해 줄 수 있다. 예를 들어, 아침식사로 라이신이 부족한 시리
얼 제품에 우유를 첨가하여 먹는다면, 우유에 풍부히 들어 있는 라이신이 시리얼
의 부족한 부분을 채워주게 될 것이다.

✳ 식생활에서 단백질의 질을 향상시키는 방법을 알아보자!

체내 단백질의 이용효율을 높이기 위하여 다음의 식품을 어떻게 조리하여 무엇과 같이 먹으면 좋을까? 다음 표를 참고하여 생각해 보자.

   1. 식빵 ＋ ?

   2. 라면 ＋ ?

   3. 떡볶이 ＋ ?

   4. 아침식사용 시리얼 ＋ ?

   5. 두부 ＋ ?

각종 식품의 아미노산 조성

	시스틴	메티오닌	라이신	트레오닌	트립토판
치즈·달걀·우유·육류			＋	＋	
옥수수			－	－	－
콩	－	－	＋	＋	－
쌀			－		
밀		－	－		－
푸른 잎 채소		－			
땅콩		－	－	－	

＋ : 충분히 들어 있음.

－ : 부족하게 들어 있음.

비타민 영양

1. 비타민은 어떻게 발견되었는가?
2. 비타민의 종류 및 일반 성질은 무엇인가?
3. 비타민은 어떻게 소화 · 흡수되는가?
4. 지용성 비타민에는 어떤 것들이 있을까?
5. 수용성 비타민에는 어떤 것들이 있을까?

Chapter 8

비타민 영양

비타민은 오늘날 일반인에게 영양제의 대명사처럼 인식되고 있으나,
실제로 우리 몸이 필요로 하는 비타민의 양은 극히 적다.
예를 들어, 비타민 권장섭취량의 단위는 μg 또는 mg으로서,
단백질 권장량의 수천분의 일 내지 수백만분의 일에 해당된다.
이렇듯 신체는 미량의 비타민을 필요로 하지만,
이것들이 부족하게 될 때 체내에서 탄수화물·지질 및 단백질이
제대로 이용되지 못하고 무용지물이 되는 것으로 미루어 보면,
양(quantity)으로 그 중요성(essentiality)이 평가되는 것은 아닌 듯하다.

1. 비타민은 어떻게 발견되었는가?

어느 약국에나 수많은 회사에서 생산된 비타민제가 쌓여 있고, 한두 가지 비타민 영양제가 없는 가정이 거의 없다. 현대인에게 영양소의 대명사 또는 '만병통치약'쯤으로 알려져 있는 '비타민'은 실제로 매우 다양한 종류로 구성되어 있으며, 이들의 생리기능 또한 각기 다르다.

20세기 전반(1900~1960)은 비타민 연구의 황금시대라 할 만큼 다양한 종류의 비타민이 발견되었고, 이들의 생리기능 또한 활발히 연구된 시기이다. 현재까지 알

려진 13종의 비타민은 탄수화물·단백질 및 지질과는 뚜렷이 구분되는 몇 가지 특성을 지니고 있다. 예를 들어, 비타민은 다른 영양소에 비해 화학적 구조가 복잡하고, 자연식품에 극히 미량 함유되어 있어 발견되기가 어려웠으나, 미세분석기술이 확보된 후에 그 실체를 규명하는 것이 가능해졌다. 비타민은 종류에 따라 체내에서 매우 다양한 생리기능을 나타내고, 따라서 결핍 시 나타나는 임상증상도 매우 다양하다. 이러한 비타민의 특성은 근대 영양학자 및 생화학자들의 비타민에 대한 연구의욕을 야기시키기에 충분하였다.

1) '비타민설'이 대두된 배경

(1) 미생물에 의한 질병발생 이론

19세기 말 파스퇴르가 '미생물학'의 기초를 제시할 당시, 신체에 미생물이 침입하여 질병이 발생한다는 개념이 지배적이었다.

(2) 비타민설

1910년대 영국의 홉킨스(Hopkins) 박사는 그 당시까지 발견된 영양소를 배합하여 만든 정제식이(탄수화물+지질+단백질+무기질)로 쥐를 사육한 결과, 4주 이상 생존시키기가 어려웠으나, 여기에 우유를 보충해 준 결과 각종 질병을 앓던 쥐들의 건강이 다시 회복됨을 관찰하였다. 그 후 홉킨스 박사는 이들 질병을 치유한 우유 내 미지의 물질이 유기물질이며, 알코올 성분에 녹는 특성을 지닌 '비타민 A'임을 규명하여, 1929년 노벨상을 받았다.

외부로부터 나쁜 이물질이 몸 안으로 들어와 질병이 발생한다는 기존의 개념과는 정반대로 몸 안에 있어야 할 성분, 즉 영양성분의 결핍에 의해 질병이 발생한다는 '비타민설'은 당시로서는 매우 획기적인 개념이었다. 그 후 비타민 A 이외의 다른 종류의 비타민들이 규명되었고, 당시 불치병으로 알고 있던 각기병·괴혈병·펠라그라·구루병·야맹증·악성빈혈 등의 질병이 영양소 결핍에서 비롯되는 질병이며, 부족한 비타민을 보충해 줌으로써 쉽게 치유될 수 있음이 증명되면서 비타민설이 학계에 서서히 받아들여지기 시작하였다.

이러한 결과는 오늘날 현대인에게 만연되어 있는 '비타민에 대한 과신 및 과용' 현상으로까지 연결되었다. 그러나 비타민의 '질병 치료효과'는 어디까지나 비타민과 관련된 질환에 국한될 뿐이다.

2) 비타민의 명명

비타민은 발견된 순서에 따라 알파벳순으로 명명되었다. 단지 비타민 K의 경우는 예외적으로, 비타민 K와 혈액응고와의 관계를 처음으로 밝힌 덴마크 학자에 의해서 '응고'의 덴마크 단어인 koagulation의 첫 자를 따서 비타민 K로 명명하였다. 한편, 비타민 B는 한 가지 화합물이 아니라 여러 가지 유사한 물질로 구성되어 있음이 알려짐에 따라 '비타민 B 복합체(vitamin B complex)'로 부르게 되었다.

알고 싶어요 ?!

Q 지금까지 많은 비타민들이 발견되었다. 아직 발견되지 않은 비타민들이 남아 있을까?

A 새로운 비타민이 더 발견될 것 같지는 않다. 지금까지 발견된 비타민 및 기타 영양소가 모두 들어 있는 조제분유를 먹는 유아가, 또는 이들 성분이 포함된 합성된 경장영양액을 투여받는 환자들이 별 문제없이 생존하는 것을 보면 인체에 필요한 대부분의 비타민이 거의 다 발견되었다고 볼 수 있다.

---

2. 비타민의 종류 및 일반 성질은 무엇인가?

1) 비타민의 역할

비타민은 체내에 매우 소량 존재하지만 세포의 정상적인 대사활동을 위하여 반드시 필요한 영양소이다. 비타민은 탄소를 중심으로 구성된 유기물질임에도 불구하고, 체내에서 에너지를 발생하는 기질로 사용되지 않고, 대신 3대 열량소의 대사를

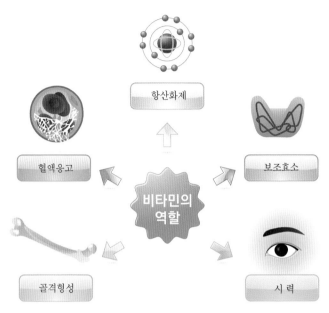

그림 8-1 비타민의 역할

도와주는 보조효소로 작용하며, 그 외에도 항산화제·시력·골격형성·혈액응고 등
의 다양한 생리기능을 도와주는 역할을 한다(그림 8-1).

비타민의 대부분은 체내에서 합성되지 않는다. 단, 예외적으로 비타민 D는 자외
선을 쪼이면 피부 밑에서 합성되고, 니아신은 아미노산의 일종인 트립토판으로부
터 합성되며, 비타민 K는 장내 박테리아에 의해 합성된다.

알고 싶어요 **?!**

Q 비타민은 유기물질인데 왜 에너지를 내지 않을까?

A 탄수화물·지질·단백질과는 달리 비타민에 함유된 탄소 고리는 체내에 존
재하는 효소에 의해 인식되지 못한다. 따라서 그 자체가 대사되어 에너지를
낼 수 없다. 이처럼 비타민이 에너지 생성과정에 직접적으로 이용되지는 않
으나 포도당, 지방산 및 일부 아미노산으로부터 에너지를 방출하는 화학반응
에는 보조효소로서 참여한다.

2) 비타민의 종류

현재까지 비타민 A, D, E, K의 네 가지 지용성 비타민, 그리고 비타민 C와 비타민 B 복합체(B_1, B_2, 니아신, B_6, 판토텐산, 비오틴, 엽산, B_{12})를 포함하여 아홉 가지 수용성 비타민, 총 13종류의 비타민이 발견되었다(그림 8-2).

지용성 비타민   수용성 비타민

그림 8-2 지용성 비타민과 수용성 비타민

3) 비타민의 일반 성질

비타민은 크게 지용성 비타민과 수용성 비타민으로 분류되며, 이들의 일반 특성을 비교하면 표 8-1과 같다. 여기서 특히 주목해야 할 것은 수용성 비타민의 경우, 과잉섭취 시 필요 이상의 비타민이 소변을 통해 배설되므로 독성이 나타나지 않는 반면, 과잉섭취된 지용성 비타민은 소변으로 배설되지 못하고 체내에 저장되므로 독성을 나타낼 위험성이 크다는 점이다.

4) 식생활에서 주의가 요구되는 비타민

비타민의 필요성 여부는 동물의 종류에 따라 다르다. 예를 들어 비타민 C의 경우, 쥐와 같은 동물은 체내에서 충분한 양의 비타민 C를 합성하므로 식이로부터 섭취할 필요가 없으나, 사람에게는 필수적이다.

사람에게 필수적인 비타민이라 하더라도 비타민의 종류에 따라서 여러 식품에

표 8-1 지용성 및 수용성 비타민의 일반 특성 비교

특 성	지용성 비타민	수용성 비타민
용 매	기름과 유기용매에 녹는다.	물에 용해된다.
구성성분	C, H, O로 구성되어 있다.	C, H, O, N 외에 경우에 따라 황(S) 및 코발트 (Co) 등을 함유한다.
과량섭취 시	필요량 이상 섭취하면 체내(간·지방조직)에 저장되며 체외로 방출되지 않는다.	필요량 이상 섭취한 경우, 체내에 저장되지 않고 쉽게 소변으로 배설된다.
독 성	과량섭취 시 독성이 나타난다.	독성이 비교적 적다.
결 핍 증	결핍증세가 서서히 나타나므로 필요량을 매일 공급해 주지 않아도 된다.	필요량을 매일 공급하지 않으면 결핍증세가 비교적 빨리 나타난다.

광범위하게 분포되어 있는 경우(예: 판토텐산)에는 정상적인 식사를 하는 동안에는 부족하게 되는 일이 거의 없으므로 특별히 주의가 요구되지 않는다.

비타민 K, 비오틴, 엽산 및 비타민 B_{12} 등의 비타민은 음식을 통해 섭취하지 않더라도 장내 박테리아에 의해 합성이 가능하므로, 장내 환경이 정상적인 상태에서는 이들 비타민의 결핍증 또는 부족증이 잘 나타나지 않는다. 그러나 장기간 항생제를 복용하는 경우에는 이들 비타민의 섭취에 주의를 기울여야 한다.

✔ 따라서 음식물을 통해 반드시 섭취하지 않으면 영양상으로 문제가 되는 비타민은 대략 비타민 A, B_1, B_2, 니아신, 그리고 비타민 C 등으로 국한된다.

3. 비타민은 어떻게 소화·흡수되는가?

소화과정 중 음식물로부터 비타민이 유리되어 나오면, 비타민 자체는 더 이상 소화되지 않고 그대로 소장벽을 통해 흡수된다.

1) 지용성 비타민

지용성 비타민(fat-soluble vitamin)은 소장에서 수용성 소화액과 잘 섞이지 않으므로 지질과 마찬가지로 담즙에 의해 유화된 후 소장 상피세포를 통해 흡수된다. 따라서 지용성 비타민의 흡수를 위해서는 우선적으로 담즙이 필요하다. 담낭에 고여 있던 담즙은 지방 함유식품을 섭취하면 소장으로 분비되므로, 비타민제 특히 지용성 비타민 보충제는 지방을 포함한 균형된 식사를 한 후 복용하는 것이 바람직하다. 혈류로 흡수된 지용성 비타민은 수용성 비타민과는 달리 혈액 내에서 그대로 운반될 수 없으므로, 운반체(단백질)와 결합하여 필요한 조직까지 운반된다.

2) 수용성 비타민

수용성 비타민(water-soluble vitamin)은 소장 상피세포를 통해 물과 함께 쉽게 흡수되어 혈액으로 들어간 후 체내 각 부분으로 이동되고, 사용되고 남은 여분은 소변으로 배설된다.

4. 지용성 비타민에는 어떤 것들이 있을까?

1) 비타민 A

제1차 세계대전 당시 네덜란드는 영국으로부터 무기를 사들이기 위해 우유에서 지방을 추출하여 만든 버터를 수출하였는데, 이때 버터를 제거하고 남은 우유, 즉 탈지유를 성장기 어린이에게 먹인 결과 야맹증 및 안질환이 발생하였다고 한다. 그 후 야맹증과 안질환의 발생원인이 우유 속(버터)에 들어 있던 지용성 물질인 비타민 A의 결핍 때문임을 알게 되었다.

(1) 활성형과 전구체

식품 중의 비타민 A는 활성형과 전구체의 두 가지 형태로 존재한다.

❶ **레티놀(Retinol, 활성형)** 동물성 식품에 존재하는 비타민 A로, 체내에서 곧바로 비타민 A의 활성을 나타낸다.

❷ **프로비타민 A(Provitamin A, 전구체)** 식물성 식품에 존재하는 다양한 카로티노이드(carotenoid)로서, 오렌지색·녹색·적색을 띠어 우리의 식탁을 화려하게 장식해 준다. 현재까지 약 600여 종의 카로티노이드가 알려져 있는데, 이 가운데 일부

프로비타민(provitamin)

체내에서 활성형으로 전환되기 전까지는 그 기능을 수행하지 못하는 비타민 전구체

만 체내에서 레티놀로 전환되어 비타민 A 전구체로서의 기능을 나타낸다. 그중 β-카로틴이 가장 대표적인 프로비타민 A이며, 그 밖에 식이 비타민 A 전구체인 리코펜(lycopene) 및 루테인(lutein) 등이 있다. 카로티노이드류는 공기 및 광선에 대하여 불안정하므로 조리 및 보관 시 주의가 요구된다.

알고 싶어요 ?!

Q 국제적으로 많은 국가에서 비타민 A의 단위를 RAE로 변경하고 있으므로 이러한 추세에 맞추어 2015 한국인 영양소 섭취기준 설정에서도 비타민 A의 단위를 종래의 RE에서 RAE로 변경하여 적용하였다. 그렇다면 서로 다른 급원의 비타민 A를 어떻게 비타민 1 RAE로 전환할 수 있을까?

A 1 레티놀 활성당량(retinol activity equivalent)(μg RAE)
= 1 μg (트랜스)레티놀(all-trans-retinol)
= 2 μg (트랜스)베타–카로틴 보충제(supplemental all-trans-β-carotene)
= 12 μg 식이(트랜스)베타–카로틴(dietary all-trans-β-carotene)
= 24 μg 기타 식이 비타민 A 전구체 카로티노이드(other dietary provitamin A carotenoids)

Q 눈이 나쁜 사람이 비타민 A 보충제 복용으로 시력이 좋아져서 안경을 벗을 수 있을까?

A 비타민 A 결핍으로 인하여 안경이나 콘택트렌즈로 교정할 수 있는 시력 저하가 나타나는 것은 아니다. 뿐만 아니라 다량의 비타민 A 보충은 독성을 나타낼 수 있으므로 주의를 요한다.

---

(2) 생리기능 및 결핍증

❶ **암적응 능력** 망막에 있는 간상세포는 어두운 곳에서 물체를 볼 수 있는 기능을 담당하는 시각세포이며, 이 간상세포에서 물체를 볼 수 있게 해주는 색소(로돕신)를 합성하는 데 비타민 A가 필요하다. 따라서 비타민 A가 결핍되면 어두운 곳에서 눈이 재조정되어 암적응될 때까지 오랜 시간이 걸리므로, 암적응에 걸리는 시간을 평가하여 비타민 A의 결핍상태, 즉 야맹증(night blindness)을 초기에 진단할 수 있다.

RAE(Retinol Activity Equivalent)

레티놀 활성당량. 프로비타민 A를 포함하여 체내에서 비타민 A의 기능을 담당하는 다양한 종류의 비타민 A류에 대한 활성을 '레티놀'을 기준으로 환산하여 통일한 단위이다.

적당한 비타민 A 섭취

비타민 A 결핍

정상 상피세포

각질화된 상피세포

그림 8-3 비타민 A 결핍으로 인한 상피세포의 변화

결막건조증   각막연화증   심한 각막연화증(실명 단계)

그림 8-4 비타민 A 결핍으로 인한 안질환

❷ **정상적인 성장** 비타민 A 결핍 시 골격이상 및 성장지연 현상이 나타난다.

❸ **상피세포의 유지** 비타민 A 결핍 시 상피세포의 형태가 파괴되고 각질화되며, 점액생성이 감소하여 박테리아에 의해 쉽게 감염된다(그림 8-3). 망막조직의 각질화가 진행되면 결막염, 건조성 안질, 각막연화증으로 발전하며, 심한 경우에는 실명에 이를 수도 있다(그림 8-4). 또한 비타민 A 결핍 시 피부의 각질화 및 호흡기 감염이 나타날 수 있고, 소화기관의 상피세포에 이상이 생기면 소화능력을 상실하여 설사가 유발되기도 한다.

❹ **항암작용** 암의 발생은 세포의 비정상적 분화에서 비롯되는데, 비타민 A는 세포의 분화를 조절하는 기능을 담당하므로 암발생을 억제하는 효과가 있다.

(3) 과잉증

비타민 A 농축제를 장기간 다량으로 어린이에게 투여할 경우, 식욕부진·체중감소·흥분·발열·탈모·피부질환·간경화 등의 과잉증상이 나타날 수 있다. 성인의 비타민 A 상한섭취량은 3,000㎍ RAE이다.

(4) 급원식품 및 권장섭취량

레티놀은 주로 버터·간유·난황·연어 등 동물성 식품에 풍부하게 들어 있는 반

상피세포

피부·소화기관·눈·내분비선·호흡기·생식기 및 비뇨기 등을 덮고 있는 세포를 말한다.

면, 카로티노이드류는 주로 시금치, 당근, 감, 귤, 푸른 잎 채소 등 녹황색이 진한 식물성 식품에 함유되어 있다(그림 8-5).

20대 성인 남녀의 비타민 A 권장섭취량은 각각 800μg RAE와 650μg RAE이다.

그림 8-5 프로비타민 A(카로티노이드류)가 함유된 식품들

알고 싶어요 ?!

Q 당근 주스를 많이 먹으면 피부색이 노랗게 변하는데(carotenemia), 이것도 레티놀의 독성증상 때문일까?

A 식품에 천연적으로 들어 있는 β-카로틴은 체내에서 필요한 만큼만 레티놀로 전환되고 나머지는 β-카로틴 그 자체로 존재한다. 그러므로 과다한 당근 주스 섭취 시, 레티놀로 전환되고 남은 β-카로틴이 피하지방 조직에 축적되어 피부색깔이 노랗게 되나 인체에는 해롭지 않다. 그리고 당근 주스의 섭취를 줄이면 다시 정상적인 피부색으로 돌아온다.

Q β-카로틴의 과잉섭취로 인한 피부의 착색증상과 간질환에 의한 황달은 어떻게 구별할 수 있을까?

A β-카로틴을 과잉섭취하게 되면 피부색은 노랗게 변해도 안구의 흰자위 색은 변하지 않는다. 그러나 황달일 경우에는 안구의 흰자위 색도 누렇게 변한다.

Q β-카로틴은 주황색을 띠므로 당근 등에 많이 들어 있음은 쉽게 이해된다. 그런데 녹색 시금치에도 β-카로틴이 들어 있다고 하는데……

A 시금치에도 β-카로틴이 들어 있다. 다만 시금치의 경우 β-카로틴의 색보다 더 진한 녹색을 띠는 엽록소를 함께 가지고 있기 때문에, 엽록소의 진한 녹색에 가려서 β-카로틴의 주황색이 드러나지 않을 뿐이다.

알고 싶어요 ?!

Q 토마토를 생으로 먹는 것보다 익혀서 먹으면 더 영양적인가?

A 비타민 A의 일종인 리코펜의 영양 면에서 Yes!
토마토를 가열하면 토마토 내의 식물세포가 분해되면서 리코펜과 같은 카로티노이드 성분이 유리되어 나와서 소장으로 흡수되므로, 리코펜의 흡수율이 생 토마토에 비해 높다. 뿐만 아니라 리코펜은 지용성 비타민으로 지방과 함께 먹어야 흡수가 잘 된다. 따라서, 토마토주스로 먹는 것보다 토마토소스 형태로 피자(지방 포함)와 같은 음식의 재료로 다른 식품들과 함께 먹을 때, 토마토 중의 리코펜이 더 잘 흡수된다.

> ☑ 양상추, 양배추, 브로콜리 등의 채소의 겉을 싸고 있는 진한 녹색의 껍질을 버리지 말고 샐러드나 샌드위치에 이용하라. 왜냐하면, 연한 색보다 이와 같은 진한 녹색잎에 프로비타민 A가 더 많이 들어 있기 때문이다.

2) 비타민 D

비타민 D는 비타민 A에 이어 지용성 비타민 중 두 번째로 발견된 비타민으로서 구루병(rickets)을 예방 또는 치료하는 인자로 알려져 있다.

(1) 활성형과 전구체

비타민 D 활성을 가진 물질들이 현재까지 약 10여 종 발견되었으며, 그중에서 비타민 D_2와 D_3가 가장 중요하다. 비타민 D_2 및 프로비타민 D_2는 버섯·효모 등의 식물계에 존재하며, 비타민 D_3 및 프로비타민 D_3는 동물계에 존재한다.

프로비타민 D_2[에르고스테롤, (예) 버섯] $\xrightarrow{\text{자외선 조사(말리는 과정 중)}}$ 비타민 D_2(활성형)

프로비타민 D_3[7-디하이드로콜레스테롤, (예) 피하조직] $\xrightarrow{\text{자외선 조사(일광욕)}}$ 비타민 D_3(활성형)

음식을 통해 비타민 D를 섭취하지 않더라도 정상적인 야외생활을 하면 신체에 필요한 비타민 D를 공급받을 수 있다(그림 8-6). 그러나 일조량이 적은 지역에 살거나 햇빛을 보지 못하는 특수직에 종사하는 사람들은 음식이나 비타민제를 통하여 비타민 D를 보충해 주어야 한다.

그림 8-6 자외선에 의해 합성되는 비타민 D_3

알고 싶어요 ?!

Q 피부가 흰 사람과 검은 사람, 누가 더 피부를 통한 비타민 D 합성이 쉬울까?

A 피부가 흰 사람이다.

Q 비타민 D_3 합성을 위하여, 피부가 검은 사람은 왜 더 오랫동안 햇볕에 노출되어야 할까?

A 피부가 검은 사람의 피부 밑에 다량 존재하는 흑색의 멜라닌 색소가 자외선이 피부 밑의 프로비타민 D_3에 전달되는 것을 방해하기 때문이다.

Q 피부를 통한 비타민 D_3 합성을 위하여 하루에 얼마나 오랫동안 자외선을 쪼여야 할까?

A 피부가 흰 사람은 주 2~3회, 한 번에 5~10분간, 피부가 검은 사람은 한 번에 15분 이상 더 자주 자외선 조사가 필요하다.

Q 피부에 선크림을 바르면 비타민 D 합성이 불가능한가?

A 자외선 차단지수(sun protection factor, SPF) 15인 선크림을 피부에 바르면 비타민 D 합성이 거의 차단된다. 따라서, 10~15분간 피부를 자외선에 노출한 후에 선크림을 바르는 것이 바람직하다.

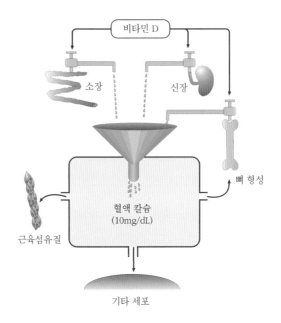

비타민 D

소장　　　　　　신장

뼈 형성

혈액 칼슘
(10mg/dL)

근육섬유질

기타 세포

그림 8-7 비타민 D의 혈중 칼슘 농도 조절기능

(2) 생리기능 및 결핍증

❶ **생리기능** 소장 상피세포를 통해 흡수된 비타민 D는 혈액 내에서 운반단백질에 결합되어 간과 신장으로 이동한 후, 그곳에서 활성을 띠는 '비타민 D'로 전환되어 혈중 칼슘 및 인의 농도를 조절하는 역할을 담당한다(제9장 무기질 영양, 209쪽 참고). 즉, 비타민 D는 소장에서의 칼슘 흡수와 신장에서의 칼슘 재흡수를 증가시킴

알고 싶어요 ?!

Q 비타민 D를 특별히 '스테로이드계 호르몬'이라고 부르는 이유는 무엇인가?

A 비타민 D의 분자구조를 살펴보면 스테로이드와 매우 유사하다. 뿐만 아니라 비타민 D가 소장 상피세포에서 칼슘의 흡수를 담당하는 단백질(Ca-binding protein)의 합성을 촉진하는 작용기전이 마치 스테로이드 계통 호르몬(에스트로겐·프로게스테론·테스토스테론·글루코코티코이드 등)이 세포의 핵 안으로 들어가 특정 단백질의 발현을 조절하는 기능과 매우 유사하므로 비타민 D를 '스테로이드계 호르몬'으로 취급하기도 한다.

으로써 칼슘이 골격형성에 이용되도록 한다(그림 8-7). 이와 같이 비타민 D가 혈액 중의 칼슘 농도를 일정하게 유지하는 기능은 마치 인슐린이 혈당 농도를 일정하게 유지하는 기능과 흡사하므로, 비타민 D를 호르몬으로 분류하기도 한다.

❷ 결핍증　비타민 D가 결핍되어 나타나는 임상증상으로는 구루병(rickets)과 골다공증(osteoporosis)이 있다.

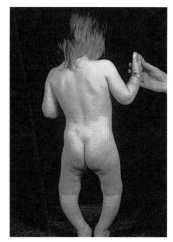

그림 8-8　비타민 D 결핍으로 인한 구루병

• 구루병:17세기 후반 산업혁명 직후 영국의 공장 지대에 사는 사람들에게 '구루병'의 발생이 증가 하였는데, 이것은 당시에 공장에서 뿜어내는 매

연이 햇빛을 차단하여 피부에서의 비타민 D_3 합성을 방해하였기 때문이었다. 따라서 구루병을 한때 '영국병'으로 부르기도 했다. 구루병은 주로 비타민 D 섭취가 부족한 영아 및 소아에서 발생하는데 칼슘이 뼈의 기질에 효율적으로 침착되지 못하여 뼈가 약해지고 골격의 변형이 초래되는 현상이다. 특히 약해진 다리뼈가 성장으로 인한 체중의 무게를 이겨 내지 못하여 휘는 현상이 나타나고(그림 8-8), 두개골의 석회화가 완전히 이루어지지 않아 비정상적인 형태를 보인다.

• 골다공증:성인의 경우, 비타민 D의 섭취가 부족하면 뼈에서 칼슘이 빠져나가 골밀도가 저하되고 이에 따라 골절이 자주 발생하는 골다공증이 초래된다. 특히 칼슘 및 비타민 D의 요구량이 증가하는 임신부 및 수유부에서 이들 영양소의 섭취가 부족하게 되면, 골손실이 급격히 진행되어 빠르면 40대 중반에도 골다공증 증세가 나타날 수 있다.

(3) 과잉증

비타민 D는 비타민 중 독성이 가장 강한 비타민으로, 1일 상한섭취량이 $100\mu g$이다. 따라서 간유(肝油) 또는 고단위 단일 비타민(D)제의 과다섭취 시 독성이 유발 될 가능성이 크다.

비타민 D 과잉증의 증상으로 탈모·체중감소·설사 및 경련 등이 나타나며, 증가

알고 싶어요 ?!

Q 자외선에 지나치게 오랫동안 노출되는 사람에서 비타민 D의 독성이 나타날까?

A 신체는 자외선에 노출되는 시간에 상관없이 자외선에 의해 과량의 프로비타민 D가 활성화되는 것을 방지하는 기전을 자체적으로 가지고 있다. 그러나 식품을 통한 비타민 D의 과잉섭취에 따른 독성은 막을 길이 없다.

된 혈중 칼슘이 혈관벽 및 신장에 축적되어 혈관경화 또는 신결석(kidney stone)을 유발할 수도 있다.

(4) 급원식품 및 충분섭취량

비타민 D는 효모, 버섯, 동물의 피부조직, 버터, 간유 및 달걀 등에 다량 함유되어 있다. 비타민 D 함량이 낮은 우유·시리얼 등의 식품에 비타민 D를 보강(fortification)해 준 비타민 D 강화식품들도 좋은 급원이 될 수 있으며, 특히 칼슘의 우수한 급원인 우유에 비타민 D를 보강해 주면 칼슘의 흡수율을 높일 수 있어 매우 효과적이다.

비타민 D 필요량은 일광의 강도 및 햇볕에 노출된 시간, 피부색에 따라 달라지는데, 현재 한국인을 위한 비타민 D의 1일 충분섭취량은 성인 남녀(20~64세) 모두 10μg으로 책정되어 있다.

3) 비타민 E

1992년, 쥐실험 결과 '항불임 작용'을 나타내는 비타민 E가 발견되었고, 그에 따라 '임신'의 뜻을 담고 있는 토코페롤(tocopherol)이라 명명하였다.

(1) 활성형

체내에서 비타민 E의 활성을 나타내는 물질로는 α-, β-, γ-, δ- 등을 비롯한 여덟 종류의 토코페롤이 알려져 있고, 그중에서 α- 토코페롤의 활성이 가장 크다.

(2) 생리기능

동물실험에서는 비타민 E가 생식기능에 관여하고 불임을 예방하는 효과가 있음이 보고되었으나, 사람에서는 아직까지 이러한 효과가 관찰되지 않고 있다.

항산화 기능 비타민 E의 가장 중요한 생리기능은 '항산화 기능'이다. 비타민 E는 그 자체가 강력한 환원력을 지닌다. 즉, 쉽게 산소와 결합함으로써 다른 물질의 산화에 필요한 산소를 제거하고, 결과적으로 산화를 방지하는 역할을 한다.

☑ 따라서 비타민 E를 '보디 가드(body guard)'에 비유한다(그림 8-9).

그림 8-9 비타민 E의 '보디 가드' 역할

식물성 유지가 다가불포화지방산(PUFA)을 다량 함유하고 있음에도 불구하고 쉽게 산패되지 않는 것은, 식물성 기름 중에 비타민 E가 같이 들어 있기 때문이다. 콜레스테롤이 동맥경화를 초래한다고 알려진 이래 콜레스테롤이 전혀 들어 있지 않

그림 8-10 비타민 E의 지질과산화 방지 역할

은 식물성 기름의 섭취가 증가하고 있는데, 이를 너무 많이 섭취하면 식물성 기름 중에 다량 함유된 다가불포화지방산이 체내에서 산화되어 세포막을 파괴시킴으로써 오히려 노화를 촉진시킬 수 있다. 이때 비타민 E는 세포막에서 슈퍼레디칼의 연쇄반응을 차단함으로써 활성산소에 의한 지질과산화를 방지하여 세포막을 안정화시키고 노화를 방지한다(그림 8-10).

> ✅ 따라서 한두 가지 식품을 과다하게 섭취하는 것보다는 다양한 식품을 골고루 섭취하는 균형된 식사의 중요성이 다시 한번 강조된다.

(3) 결핍증

비타민 E는 인체의 지방조직에 저장되어 있으므로 지방을 잘 흡수하지 못하는 환자를 제외하고는 비타민 E가 결핍되는 경우는 드물다. 비타민 E 결핍 시, 신경계 손상 및 면역계 기능저하뿐만 아니라 미숙아의 경우 적혈구 막 내의 다불포화지방산의 산화를 막아주는 비타민 E의 부족으로 적혈구막이 파괴되어 용혈성 빈혈(hemolytic anemia)이 발생한다. 또한 흡연자에서 비타민 E 결핍의 위험이 크다.

(4) 과잉증

과량의 비타민 E 섭취는 비타민 K의 혈액응고기능을 억제하여 출혈을 일으킨다.

(5) 급원식품 및 충분섭취량

비타민 E는 주로 곡류의 배아, 종실유, 콩류, 푸른 잎채소, 식물성 기름과 마가린 등에 다량 함유되어 있다(표 8-2). 반면 간유에는 비타민 E가 거의 존재하지 않고, 달걀 및 버터에는 아주 소량 함유되어 있다.

비타민 E의 1일 충분섭취량은 한국성인의 경우 남녀 모두 12mg α-TE이다. 다가불포화지방산(PUFA)의 섭취가 많을수록 PUFA의 산화방지를 위하여 비타민 E의 필요량 또한 함께 증가한다.

> ✅ 비타민 E와 다가불포화지방산의 이상적인 섭취비율은 0.6mg : 1g이다.

α-TE
(Tocopherol Equivalent)

α-토코페롤 당량. 체내에서 비타민 E의 기능을 나타내는 다양한 형태의 비타민 E 류에 대하여 그 활성을 α-토코페롤을 기준으로 환산하여 통일한 단위이다.

표 8-2 각종 식품의 비타민 E 함량

식 품	토코페롤(mg/100g)	식 품	토코페롤(mg/100g)
마요네즈	50	쇠 간	1.6
옥수수유	100	달 걀	1.4
면실유	91	버 터	1.0
대두유	101	토마토	0.9
코코넛유	8	흰 빵	0.2
통밀빵	2.2		

4) 비타민 K

지용성 비타민 중에서 가장 늦게(1935년) 발견된 비타민 K는 덴마크 학자에 의해 '혈액응고에 관련되는 인자'임이 밝혀졌다.

(1) 생리기능 및 결핍증

혈액응고에 관여하는 트롬빈(단백질의 일종)의 전구체인 '프로트롬빈'이 체내에서 합성되는 과정에 비타민 K가 조효소로 관여한다. 프로트롬빈은 평상시에는 혈관 내에서 불활성 상태로 존재하지만, 일단 혈관의 손상으로 출혈이 일어나면 혈소판 에서 공급되는 혈전형성 촉진물에 의해 활성화되어 혈액응고를 일으키게 된다. 따라서 비타민 K가 결핍되면 혈액응고에 소요되는 시간이 연장되는 현상이 나타난다.

(2) 급원식품 및 충분섭취량

건강한 사람의 경우, 1일 비타민 K 필요량의 절반 가량이 장내 박테리아에 의해 합성된다. 식품 중에서는 특히 시금치·양배추 등의 푸른 잎채소류에 비타민 K가 많이 함유되어 있다. 한국인을 위한 비타민 K의 1일 충분섭취량은 성인 남녀(19세 이후) 각각 75μg과 65μg으로 책정되어 있다.

Q 갓 태어난 신생아에게 출혈방지를 목적으로 비타민 K를 보충하는 이유는 무엇인가?

A 앞에서 살펴보았듯이, 비타민 K는 장내에 서식하는 박테리아에 의해 합성이 가능하다. 그러나 갓 태어난 신생아의 장은 어떤 음식물도 통과하지 않은 멸균상태이므로 박테리아에 의한 비타민 K의 합성이 불가능하기 때문이다.

Q 항생제를 장기복용했을 때 출혈의 부작용이 나타나는 것도 같은 이유인가?

A 물론이다.

항생제 장기복용으로 인한 출혈

5. 수용성 비타민에는 어떤 것들이 있을까?

1) 비타민 C

(1) 성 질

수용성 비타민으로 분류되는 비타민 B 복합체와 비타민 C(ascorbic acid)의 차이점 중의 하나는 비타민 C의 경우 B복합체와는 달리 분자구조에 질소를 함유하고 있지 않다는 사실이다. 대부분의 동물은 체내에서 비타민 C를 합성할 수 있으나, 예외적으로 사람·원숭이·모르모트는 체내에서 비타민 C를 합성하지 못한다.

비타민 C는 수용액 중에서 쉽게 산화되는데, 특히 가열 시 구리 이온이 함께 존재하거나 알칼리성 환경에서 비타민 C의 산화가 촉진되므로 식품의 조리 및 저장 시 주의가 요구된다.

Q 지금까지 배운 영양소 중 항산화제로서의 기능을 담당하는 것에는 어떠한 것들이 있는가?

A 수용성 환경에서는 비타민 C가, 그리고 지용성 환경에서는 비타민 E와 비타민 A의 일종인 β-카로틴이 항산화제로 작용한다. 그 밖에 무기질 중에서는 셀레늄(Se)이 대표적인 항산화 영양소이다.

(2) 생리기능

❶ 항산화 기능 수용성 환경에서 비타민 C는 환원제의 역할을 하고, 따라서 자신이 쉽게 산화되어 다른 물질의 산화를 방지하여 주는 항산화 영양소이다. 즉, 세포 내에서 생성되는 활성산소를 제거하여 세포를 보호해 주는 역할을 한다.

❷ 콜라겐 합성 비타민 C는 콜라겐 합성에 관여한다. 콜라겐은 신체의 단백질 중 양적으로 가장 많은 단백질로서 세포와 세포 사이를 결합 및 연결시키는 시멘트 역할을 함으로써 피부·연골·치아·모세혈관·근육 등을 단단하게 구성해 준다.

❸ 철 흡수 촉진 비타민 C는 철의 흡수를 촉진하고 엽산의 체내 이용을 원활하게 하므로, 비타민 C 결핍 시 빈혈이 유발될 수 있다. 특히 식물성 식품에 함유된 철 또는 철분제는 환원형으로 존재할 때 흡수가 잘 되는데, 비타민 C는 식물성 식품에 존재하는 철을 환원형(Fe^{++}, 제1철)으로 유지시킴으로써 철의 장내흡수를 도와주는 역할을 한다.

(3) 결핍증 및 권장섭취량

역사적으로 괴혈병이 보고된 기록에 의하면, 선박 안에 식품이라고는 건어물·건조식품만을 가지고 항해하던 중세기 말 항해 탐험가들에게서 괴혈병이 발생하였고, 이들이 캐나다 퀘백에 도착하여 민간치료법으로 소나무 잎을 삶은 물을 마시자 괴혈병이 치료되었다. 또한 캘리포니아 금광개척 시대(골드러시 시대)에 광산촌의 많은 사람들이 괴혈병에 걸렸는데, 이를 치료하기 위해 비타민 함량이 높은 감귤류를 재배하기 시작하면서 괴혈병이 사라졌다(그림 8-11).

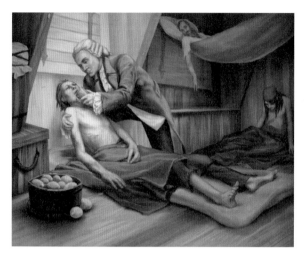

그림 8-11 18세기, 괴혈병 환자에게 오렌지즙을 먹여 치료하는 모습

비타민 C가 결핍되면 정상적인 콜라겐 합성에 장애가 나타나 신체에 분포되어 있는 결합조직에 변화가 초래된다. 증세가 진전되면 괴혈병이 발생하는데, 초기증세로 잇몸의 출혈 및 염증이 나타나고 심해지면 관절이 붓고 골격통증, 골격조직의 발육부진, 골절 등의 증상이 나타나며 외상 시 쉽게 출혈한다.

그 외에도 비타민 C는 면역체계에 중요한 역할을 하므로 비타민 C가 결핍되면 감염성 질환에 걸리기 쉽다.

비타민 C의 1일 권장섭취량은 성인 남녀 모두 100mg이며 상한 섭취량은 2,000mg이다.

(4) 급원식품

비타민 C는 신선한 과일 및 채소류, 특히 감귤류·딸기·감자에 많이 함유되어 있다(그림 8-12).

비타민 C는 쉽게 산화되므로 식품의 저장기간이 길수록 비타민 C 함량이 감소하고 조리 및 가공과정 중 손실되기 쉽다. 예를 들어, 그림 8-13에 제시된 바와 같이 조리시 전자레인지를 사용하는 경우에는 비타민 C가 거의 손실되지 않은 반면, 찜을 하거나 높은 온도에서 보관하면 단시간이라 하더라도 신선한 채소에 비해 약 40~50% 정도의 비타민 C가 파괴된다.

Q 흡연자는 비흡연자보다 비타민 C를 더 많이 섭취해야 한다고 하는데 왜 그럴까?

A 흡연으로 인해 손실된 비타민 C를 보충하기 위해 비흡연자보다 약 2배 이상의 비타민 C가 필요하고, 간접 흡연자도 정상인에 비해 비타민 C 섭취량을 50%가량 증가시켜야 한다. 하지만 비타민 C를 많이 섭취한다 해도 흡연으로 인한 해를 막을 수는 없다.

Q 평소 비타민 C 정제를 섭취하던 사람이 갑자기 중단하면, 며칠 내로 당장 비타민 C 결핍증이 나타날까?

A 아니다. 왜냐하면 비타민 C는 수용성 비타민이기는 하나, 정상적으로 식사를 하는 경우 체내에 3,000~4,000mg이 저장되어 있다. 매일 35mg씩 꺼내어 사용한다고 볼 때 결핍증이 나타나기까지 적어도 세 달 이상이 걸린다.

Q 임신기간 동안 과량의 비타민 C 보충제를 복용하던 임신부에게서 태어난 신생아가 출생 후 비타민 C 결핍증을 나타내는 이유는 무엇인가?

A 비타민 C의 금단증후 때문이다. 엄마 뱃속에서 과잉의 비타민 C에 노출되어 비타민 C 대사체계가 항진되어 있던 태아에게 출생과 함께 적정량의 비타민 C만이 공급되면, 비타민 C의 결핍증상이 나타날 수 있다.

Q 과량의 비타민 C를 복용하면 감기예방에 효과가 있을까?

A 노벨상 수여자인 폴링(Pauling) 박사는, 매일 비타민 C를 1~5g씩 복용하면 감기를 예방할 수 있다고 하였다. 그러나 학계에서는 아직 확실한 증거를 발견하지 못하고 있으므로 너무 남용하지 말 것을 당부한다. 성인의 1일 비타민 C 권장섭취량이 100mg이라는 점에 비추어 보면, 1~5g은 실제로 권장량의 약 10~150배에 해당되는 엄청나게 많은 양이다. 또한 비타민 C의 과잉복용 시 신결석증을 유발할 가능성이 있다.

그림 8-12 비타민 C의 급원식품

( ) 안의 수치는 제시된 식품 중에 들어 있는 비타민 C의 함량임.

조리 시 비타민 C의 손실을 최소화하기 위하여 다음과 같은 사항을 준수하자.

첫째, 구리나 철로 된 조리기구의 사용을 피한다.

둘째, 조리시간을 짧게 한다.

셋째, 물(조리수)을 소량 사용한다.

넷째, 통째로 삶은 후 껍질을 벗긴다.

다섯째, 구입 시 멍이 들지 않은 신선한 것을 선택한다. 왜냐하면 일단 조직이 파괴되면 비타민 C 파괴효소가 활성화되기 때문이다.

여섯째, 냉장고에 보관한다.

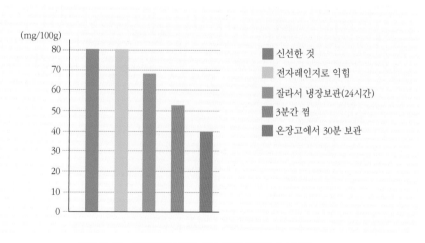

그림 8-13 조리방법에 따른 채소 중의 비타민 C 보존량

Q 비타민 보충제 선택 시 주의할 점은 무엇인가?

A 첫째는 단일 비타민제보다는 종합비타민 보충제 또는 종합비타민 · 무기질 보충제를 선택하고, 둘째로는 포함된 비타민 또는 무기질 함량이 1일 권장섭 취량을 초과하지 않는 것을 택한다. 셋째로는 유효기간이 지나지 않았는지 반드시 확인하여야 한다.

Q 비타민 보충제의 사용이 권장되는 경우는 언제인가?

A 장기간 식사섭취가 부실할 경우, 또는 만성질병이 있는 환자나 임신 · 수유부 의 경우, 의사와 상의하여 복용하면 도움이 된다.

Q 비타민 보충제보다는 '균형된 식사'를 통한 비타민의 섭취를 권장하는 이유 는 무엇인가?

A 첫째, 식품에는 비타민 또는 무기질 이외에도 다양한 영양성분과 생리활성을 나타내는 비영양 물질, 예를 들어 피토케미컬(phytochemicals) 등이 들어 있다. 둘째, 많은 영양소들은 서로 협력하여 기능을 수행한다. 따라서 식품 내에 함유 되어 있는 다양한 영양소들 간의 상호작용을 통하여 서로의 기능을 촉진한다. 셋째, 영양보충제, 특히 단일 비타민 보충제의 장기복용 시 독성이 나타날 수 있다. 그러나 식품의 형태로 섭취할 때에는 독성이 나타날 만큼 과량섭취하 는 경우가 매우 드물다.

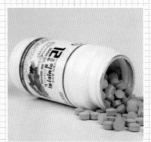

식품과 비타민 보충제, 어떻게 섭취할까?

Q 인공으로 합성된 비타민은 체내에서 잘 흡수되지 않는다고 하는데 사실인가?

A 우리 신체는 천연 비타민과 인공으로 합성된 비타민을 구분하지 못한다. 다만 위에서 용해되지 않고 그냥 통과되는 비타민 보충제가 있을 수 있으므로 선택 시 주의해야 한다. 비타민 보충제 한 알을 식초에 담그고 5분 간격으로 저어 주면서 30분간 관찰한 결과 용해되지 않고 남아 있다면, 이와 같은 비타민제는 위에서도 용해되지 않고 통과될 것이다.

Q 천연비타민이 합성비타민보다 체내활성이 더 높은가?

A 인공적으로 합성된 비타민도 식품 중에 천연적으로 들어 있는 비타민과 화학구조가 동일하며 체내에서 동일한 작용을 한다.
그러나 예외가 있다. 비타민 E의 경우, 천연 형태가 체내에서 더욱 효과적인 반면, 엽산의 경우는 합성된 엽산(밀가루, 즉석식품, 시리얼에 첨가)이 천연 엽산보다 2배 이상 체내활성이 크다.

비타민 B 복합체가 발견된 역사적 배경

일본의 해군 군의관이었던 타카키는 해병들 사이에서 유행되던 각기병(근육부종 및 다발성 신경염)의 치료에 관해 연구(1878~1883년)하던 중, 위생시설 및 식사의 질이 불량한 데 그 원인이 있음을 발견하였다. 각기병 증상을 보이는 선원의 식사에 쌀밥 외에 보리·채소·육류 및 우유를 보충해 준 결과 증세가 호전되었다.

인디아에서 근무하던 네덜란드 의사 아이크만(Eijkman)은 1897년에 각기병 환자가 많이 발생한 감옥에서 나온 밥찌꺼기를 주워 먹은 비둘기에서 각기병과 유사한 증세를 발견하였고, 그 비둘기에게 쌀겨를 먹인 결과 증상이 사라짐을 관찰하였다. 따라서 그 당시 그는 쌀에는 독소가, 그리고 쌀겨에는 해독작용을 하는 물질이 들어 있는 것으로 해석하였다.

1911년, 영국의 펑크(Funk)는 쌀겨에서 '항각기성 물질'을 분리한 후 이 물질의 분자구조에 아민기가 있음을 발견하고, 이 물질을 '생명력 있는 아민체(vital + amine)'라는 뜻의 'vitamine'으로 명명하였다. 그 후 모든 비타민이 다 아민성 물질은 아님이 알려지면서 드러몬드(Drummond)의 제의에 의해 1919년 'vitamine'에서 e를 제외하고 'vitamin'으로 명명하기 시작했다.

연구가 진행되면서 수용성의 항각기성 물질이 한 가지 성분이 아니고 여러 물질임이 밝혀짐에 따라 '비타민 B 복합체'로 부르게 되었다. 비타민 B 복합체는 모두 체내에서 다양한 종류의 대사를 촉매하는 효소의 작용을 도와주는 '보조효소(coenzyme)'의 역할을 담당함으로써 (아래 그림 참조) 탄수화물·지질 및 단백질 대사에 간접적으로 관여한다.

※현재까지 비타민 B 복합체로 알려진 것들은 다음과 같다.

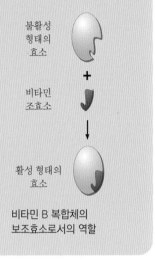

비타민 B 복합체의
보조효소로서의 역할

비타민 B 복합체(학명)	발견연도
비타민 B₁(thiamin)	1921
비타민 B₂(riboflavin)	1932
니아신(niacin)	1936
비타민 B₆(pyridoxine)	1934
판토텐산(pantothenic acid)	1933
비오틴(biotin)	–
엽산(folate)	1945
비타민 B₁₂(cobalamin)	1948

2) 비타민 B₁(티아민)

종합비타민제의 병뚜껑을 열면 풍겨 나오는 독특한 냄새는 비타민 B₁ 때문이다.

(1) 생리기능

비타민 B₁, 즉 티아민(thiamin)의 수산기에 두 개의 인산기가 결합되어 형성된 티아민 파이로인산(thiamin pyrophosphate, TPP)이 탄수화물로부터 에너지를 생성하는 화학반응뿐만 아니라 아미노산의 대사 및 신경전달물질 합성반응의 조효소의 역할을 담당한다.

(2) 결핍증

비타민 B₁의 함량이 적은 백미 위주의 식사를 계속할 때 비타민 B₁ 결핍증이 나타날 수 있으며, 가벼운 결핍증세로는 식욕감퇴·체중감소·허약·권태·우울증·근육

무긴장증 및 혈압저하 등이 나타난다. 또한 비타민 B_1 결핍 시 탄수화물대사의 중간산물인 피루빅산과 젖산이 증가하여 '혈액산성증(acidosis)'이 유발된다.

각기병(Beriberi) 이미 기원전 2600년대부터 인류사회에 각기병이 보고되기 시작하였는데, 이는 비타민 B_1 결핍이 심한 상태에서 나타나며 증상에 따라 건성각기와 습성각기로 나뉜다. 건성각기(dry beriberi)는 근육이 약해지고 동시에 신경염 증세가 나타나 손끝이 저리는 현상이 특징이고, 근육의 마비증상이 오면 보행이 곤란해진다. 이외에도 심장이 비대해지고 박동이 불규칙해지며 심하면 '사망'에 이른다. 습성각기(wet beriberi)는 건성각기 시 나타나는 증세 이외에 하반신에 부종현상이 동반된다.

알고 싶어요 ?!

Q 알코올 중독자에게 비타민 B_1 결핍이 흔히 나타나는 이유는 무엇인가?

A 알코올 중독자의 경우, 우선 식품 섭취량의 감소로 비타민 B1의 섭취가 감소할 수 있다. 또한 소장에서 비타민 B_1의 흡수가 감소할 뿐만 아니라, 체내에서 알코올 대사를 위해 소비되는 비타민 B_1의 양이 증가하기 때문이다. 심한 알코올 중독자에게서 비타민 B_1 결핍과 관련된 퇴행성 뇌증상인 Wernicke-Korsakoff syndrome이 나타난다.

(3) 급원식품 및 권장섭취량

❶ **급원식품** 비타민 B_1은 돼지고기·전곡(배아)·두류·효모 및 견과류 등에 다량 함유되어 있다(그림 8-14). 비타민 B_1은 수용성이므로 물에 쉽게 용해되며 열에 의해 파괴되기 쉽다. 따라서 비타민 B_1이 함유된 식품의 조리 시에는 조리수의 재이용이 권장되며 열처리 시에도 주의해야 한다. 생선초밥 및 날생선, 특히 담수어의 살 속에는 비타민 B_1을 파괴하는 효소인 티아미나제(thiaminase)가 들어 있으나, 가열하면 티아미나제가 변성되어 활성을 잃게 된다.

❷ **권장섭취량** 한국인 성인 남녀의 비타민 B_1의 1일 권장섭취량은 각각 1.2mg과 1.1mg이다.

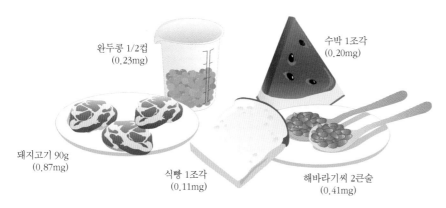

완두콩 1/2컵
(0.23mg)

수박 1조각
(0.20mg)

돼지고기 90g
(0.87mg)

식빵 1조각
(0.11mg)

해바라기씨 2큰술
(0.41mg)

그림 8-14 비타민 B$_1$의 급원식품
*( ) 안의 수치는 제시된 식품 중에 들어 있는 비타민 B$_1$의 함량임.

Q 곡류를 주식으로 하는 한국인에게는 쇠고기보다 '돼지고기'의 섭취가 권장된다고 하는데 근거가 있는가?

A 곡류의 주된 성분인 탄수화물이 완전히 대사되기 위하여는 충분량의 비타민 B$_1$이 필요하다. 비타민 B1의 함량은 쇠고기에 비해 돼지고기에 더 많기 때문에 나온 말일 것이다.

3) 비타민 B$_2$(리보플라빈)

(1) 특 성

비타민 B$_2$(riboflavin)는 내열성이 강해 조리 시 이용되는 열에 대해 비교적 안정하나 자외선에 예민하여 쉽게 파괴된다. 예를 들어, 우유는 비타민 B$_2$의 좋은 급원이나 2시간 정도 광선에 노출되면 쉽게 파괴되므로 반드시 냉장고에 보관해야 한다.

☑ 비타민 B$_2$(리보플라빈)는 노란색을 띤다. 따라서, 리보플라빈이 다량 함유된 보충제를 복용하면 필요 이상 섭취된 리보플라빈이 신장을 통해 배설되므로 '밝은 노란색'의 소변을 보게 된다.

(2) 생리기능

탄수화물·지질 및 단백질이 대사되어 에너지를 생성하는 반응에 필요한 2가지 보조효소(FMN과 FAD)의 성분으로 비타민 B_2가 필요하다.

FMN

: flavin mononucleotide

FAD

: flavin adenine
  dinucleotide

(3) 결핍증세

❶ **구순구각염** 저소득층 어린이에서 주로 발생하는 비타민 B_2 결핍증상으로 입술 가장자리가 헐고 염증이 생기거나 입가가 찢어지는 현상이다(제2장 균형식의 실천을 위하여, 38쪽, 그림 2-7 참조).

❷ **설염(혀의 염증)** 비타민 B_2가 결핍되면 혀가 붉어지고 쓰라린 증상이 나타난다.

(4) 급원식품 및 권장섭취량

비타민 B_2는 우유·쇠간·육류·생선 및 달걀 등의 동물성 식품에 다량 함유되어 있으므로(그림 8-15), 우유 및 동물성 식품의 섭취가 낮은 사람에게 특히 부족하기 쉬운 비타민이다.

한국인 성인 남녀의 비타민 B_2 의 1일 권장섭취량은 각각 1.5mg과 1.2mg이다.

우유 1팩
(0.78mg)

시금치(생것) 1/2컵
(0.25mg)

요거트 1개(100g)
(0.30mg)

양송이버섯 1/2컵
(0.23mg)

쇠간 90g
(3.5mg)

그림 8-15 비타민 B_2의 급원식품
*( ) 안의 수치는 제시된 식품 중에 들어 있는 비타민 B_2의 함량임.

4) 니아신

산·알칼리·열 및 광선에 비교적 안정하다.

(1) 생리기능

니아신(niacin)은 비타민 B_2와 함께 탄수화물·지질 및 단백질의 산화과정을 촉매하는 효소의 보조효소로 작용한다.

(2) 트립토판과 니아신의 관계

필수아미노산 중의 하나인 트립토판(tryptophan) 60mg은 체내에서 니아신 1mg으로 전환될 수 있으며, 이 과정에 비타민 B_1, B_2와 B_6가 반드시 필요하다.

달걀과 우유에는 비록 니아신 함량은 낮을지라도 트립토판 함량이 높으므로 이들 식품 섭취 시 체내에서 니아신으로 전환될 수 있다.

(3) 결핍증

니아신과 트립토판이 동시에 부족한 식사를 수개월간 계속하면 니아신 결핍증인 펠라그라 증상이 나타난다. 대부분의 채소에 비하여 옥수수의 니아신 함량이 상당히 높으나 이들 니아신은 단백질과 단단하게 결합되어 있어 소화가 되지 않으므로, 옥수수를 주식으로 먹는 사람들에게 '펠라그라'가 생기기 쉽다.

펠라그라의 4D 현상 펠라그라에 걸리면 일반적으로 다음과 같은 증세들이 나타난다. 이들 증상이 모두 알파벳 'd'로 시작하므로 이들을 펠라그라의 4D 현상이라고 한다.

첫째, 피부염(dermatitis)으로 목·얼굴 및 손 등 노출이 많은 부분이 거칠어지고 딱지가 앉는다(그림 8-16). 둘째, 소화기관 점막에 장애가 생겨서 설사(diarrhea)가 유발된다. 셋째, 우울증(dementia)과 함께 중추신경장애로 현기증 및 건망증 등이 나타난다. 넷째, 심하면 사망(death)에 이르기도 한다.

(4) 급원식품 및 권장섭취량

❶ 급원식품 니아신은 대체로 트립토판이 풍부한 양질의 단백질 식품에 많이 함유되어 있으며, 채소·과일·곡류에는 극히 소량 함유되어 있다. 한편, 효모·가금류·

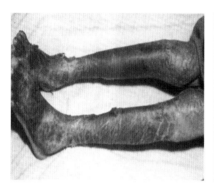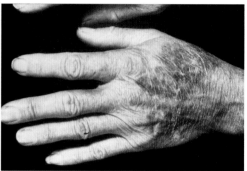

그림 8-16 펠라그라에서 나타나는 피부염

NE (Niacin Equivalent)

니아신 당량. 니아신의 전구
체인 트립토판의 함량까지
고려하여 식품 중의 니아신
함량 또는 니아신 섭취량을
나타낸 것이다.
(예) 240mg의 트립토판과
10mg의 니아신을 섭취한
경우, 니아신의 총 섭취량을
$(240 \div 60)mg + 10mg = 14$
mg NE로 표시한다.

콩류 및 우유 등의 식품은 니아신 함량은 낮으나 트립토판 함량이 높은 식품이다.
❷ **권장섭취량** 한국인 성인 남녀의 니아신 1일 권장섭취량은 각각 16 mg NE와
14mg NE이다.

5) 비타민 B₆

(1) 생리기능

❶ **아미노산대사** 비타민 B₁, B₂ 및 니아신과는 달리 비타민 B₆(pyridoxine)는 에너
지 대사반응에는 관여하지 않고, 그 대신 단백질 및 아미노산 대사를 촉매하는 여
러 종류의 효소반응(예 : 아미노기 전이효소 등)에 보조효소로 작용한다. 따라서
단백질 섭취량이 많아지면, 자연히 비타민 B₆ 섭취량도 비례하여 증가되어야 한다.
일반적으로 단백질 함량이 높은 식품의 경우 비타민 B₆ 함량도 함께 높은 것은 참
으로 경이로운 자연의 섭리이다.
❷ **헴 합성 및 기타** 비타민 B₆는 헤모글로빈의 구성성분인 헴(heme) 합성과정에 관
여하며, 임신 초기의 입덧, 차멀미 또는 배멀미 등의 구토증상을 치료하는 데 효과
적이다.

(2) 결핍증

성인에서는 알코올 중독자를 제외하고 비타민 B₆ 결핍증이 거의 보고된 바 없으
나, 결핵치료제가 비타민 B₆의 흡수를 저해하므로 결핵치료제를 장기 복용하는 환

자의 경우 비타민 B$_6$가 결핍되기 쉽다. 따라서 결핵치료제 복용 시 반드시 비타민 B$_6$ 영양제를 같이 복용해야만 한다.

1950년대에 유아용 조제유를 가공하는 과정에서 고열처리로 인하여 열에 민감한 비타민 B$_6$가 파괴된 사실을 모르고, 이를 유아에게 제공한 결과 유아들에게 비타민 B$_6$의 결핍증상(경련성 발작, 흥분, 복통 및 코, 턱, 입 가장자리 등의 피부가 거칠어지고 붉은색을 띠는 피부질환 등)이 나타난 바 있다. 이때 경련성 발작은 비타민 B$_6$ 결핍으로 인한 뇌의 신경전달물질 부족에 기인한 것이다.

(3) 급원식품 및 권장섭취량

비타민 B$_6$는 동·식물계에 널리 존재하며, 특히 단백질 함량이 높은 어육류 및 달걀류는 비타민 B$_6$의 좋은 급원식품이다. 임신·수유부, 질병 및 수술 후 회복기 환자의 경우 단백질과 함께 비타민 B$_6$의 필요량이 증가하므로 섭취량을 늘려야 한다.

한국 성인 남녀의 비타민 B$_6$의 1일 권장섭취량은 각각 1.5 mg과 1.4 mg이다.

☑ 비타민 B$_6$는 다른 비타민 B와는 달리, 과량섭취 시 독성을 나타낸다.

알고 싶어요 ?!

Q 비타민 B$_6$를 복용하면 월경전 증상(premenstrual Syndrome, PMS)이 완화된다고 하는데 사실일까?

A 월경 시작 2~3일 전에 나타나는 우울·걱정·부종·두통·감정변화 등의 증상이 비타민 B$_6$제의 복용으로 감소되었다는 보고도 있으나, 모든 사람에게 동일한 치료효과를 나타내지는 않으므로 이에 관한 더 많은 연구가 필요하다.

6) 엽 산

시금치 농축물로부터 처음으로 분리되었다는 사실에 입각하여 라틴 어로 '잎'이란 뜻을 지닌 'folium'이란 용어에서부터 'folate'라는 이름이 유래되었고, 우리말 이름도 그래서 엽산(葉酸)으로 부른다. 반면, 엽산 보충제나 식품 중에 강화된 엽산은 비교적 안정한 folic acid의 형태로 들어 있고 식품 중의 folate에 비해 1.7배 이용률이 높다.

(1) 생리기능

❶ **핵산합성** 엽산의 가장 중요한 생리기능은 세포 내에서 핵산(DNA) 물질의 합성과정에 보조효소로서 작용하는 것이다. 따라서 엽산은 인체 및 동물의 세포분열 또는 성장인자로 작용하며, 비타민 B_{12}와 함께 적혈구 형성과정에도 관여한다.

❷ **아미노산 합성** 아미노산인 호모시스테인(homocysteine)으로부터 메티오닌(methionine)을 합성하는 과정에 엽산과 비타민 B_{12}가 동시에 필요하다.

❸ **신경전달물질 합성** 그 외에도 뇌에서 신경전달물질을 합성할 때 필요한 메티오닌의 중간대사물을 합성하는 과정에도 엽산이 조효소로 필요하다.

(2) 결핍증

엽산은 장내 세균에 의해 합성되므로 정상적인 사람에서는 결핍증상이 나타나지 않으나 위산분비 저하, 항생제 장기복용 시, 장의 흡수능력이 저하된 경우에 엽산 결핍이 나타날 수 있다. 아울러 과량의 알코올 섭취는 엽산의 흡수 및 대사를 방해하므로 만성적인 알코올 중독자의 경우 혈중 엽산 농도가 저하될 가능성이 크다.

엽산 결핍 시 핵산(DNA 및 RNA) 합성에 문제가 생기고, 따라서 빠르게 교체되는 적혈구 등의 세포가 우선적으로 타격을 받아 세포분열이 정상적으로 진행되지 못한다. 따라서 엽산 결핍 시 골수에서 적혈구 조성이 제대로 이루어지지 않아 적혈구의 수가 감소하고 적혈구의 성숙이 지연됨에 따라 거대 적혈구성 빈혈이 발생하며(그림 8-17), 설염과 설사증세를 동반한다. 임신 중 특히 임신 초기에 엽산이 결핍되면 태아의 신경관 손상(neural tube defects)을 초래할 확률이 증가하고, 때로 전신마비·뇌수종 및 지능장애 현상이 나타나기도 한다.

DFE(Dietary Folate Equivalent)

식이엽산당량. 다양한 형태로 섭취한 엽산의 체내 흡수율을 고려하여 '식품 중의 엽산'을 기준으로 환산하여 통일한 단위이다. 보충제 중의 엽산 1mg은 1.7mg DFE에 해당된다.

---

(3) 급원식품 및 권장섭취량

시금치·근대·상추·브로콜리 등 푸른 색이 짙은 채소류, 오렌지 주스, 간, 효모, 육류 및 달걀에 엽산이 다량 함유되어 있다.

엽산의 1일 섭취권장량은 한국 성인 남녀 모두 $400\mu g$ DFE이다.

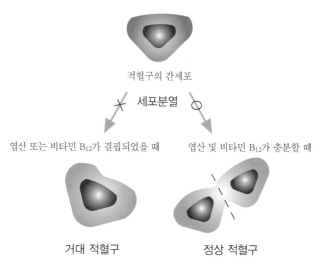

적혈구의 간세포

세포분열

엽산 또는 비타민 B_{12}가 결핍되었을 때   엽산 및 비타민 B_{12}가 충분할 때

거대 적혈구   정상 적혈구

그림 8-17 거대 적혈구성 빈혈의 발생

7) 비타민 B_{12}

비타민 B군 중 가장 늦게 발견된 비타민 B_{12}(cobalamin)는 적색 결정형 물질로서 비타민 중에서 유일하게 분자구조에 무기질(코발트, Co)을 포함하고 있어, 코발아민이라 명명되었다.

(1) 흡 수

비타민 B_{12}가 소장에서 흡수되기 위해서는 우선 위점막에서 분비되는 당단백질인 내적 인자(intrinsic factor)와 결합해야 한다. 위절제 수술을 받은 환자 및 노인들의 경우 비타민 B_{12}의 흡수를 증진시키는 단백질(내적 인자)이 정상적으로 만들어지지 못하므로 비타민 B_{12}의 장내 흡수가 저하된다.

(2) 생리기능

체내에서 비타민 B_{12}는 엽산대사와 밀접한 관계가 있다.

❶ **메티오닌 합성** 비타민 B_{12}는 체내에서 엽산과 함께 호모시스테인으로부터 아미노산인 메티오닌을 합성하는 반응에 보조효소로 작용한다.

❷ **핵산합성** 체내에서 엽산이 적혈구와 DNA 합성에 이용가능한 활성형으로 전환

되기 위해서 비타민 B$_{12}$가 필요하므로, 결과적으로 비타민 B$_{12}$는 핵산합성과 조혈작용에 관여한다.

❸ 중추신경계 비타민 B$_{12}$는 중추신경계에 관여하여 신경섬유 간의 연결을 유지시키고 신경조직이 정상적으로 대사되도록 돕는다.

(3) 결핍증

유전적인 결함에 의해 비타민 B$_{12}$의 장내 흡수에 필요한 내적 인자(단백질)가 체내에서 합성되지 않을 경우, 비타민 B$_{12}$의 흡수가 저해되고 이에 따라 악성빈혈(pernicious anemia)이 발생한다. 즉, 비타민 B$_{12}$ 결핍 시 엽산대사에 장애가 초래되고 적혈구의 세포분열이 정상적으로 이루어지지 않아 미성숙한 거대 적혈구를 형성할 뿐만 아니라(그림 8-17 참조) 신경장애, 창백한 피부, 설염, 설사, 기억력 감퇴, 체중감소를 동반하며 심하면 사망에 이르게 된다. 악성빈혈은 동양인보다 서양인에게 더 많이 나타나며, 노인기에는 위벽세포가 노화됨에 따라 내적 인자가 잘 만들어지지 않으므로 비타민 B$_{12}$ 결핍으로 인한 빈혈증세 및 신경손상이 나타나는 경우가 많다.

 이러한 악성빈혈 환자의 경우, 비타민 B$_{12}$제의 경구복용보다는 주사를 통한 보충이 더 효과적이다.

(4) 급원식품 및 권장섭취량

비타민 B$_{12}$는 장내 박테리아에 의해 합성되나, 일반적으로 그 양이 필요량에 비해 부족하므로 식사를 통해 섭취해야만 한다. 비타민 B$_{12}$는 주로 동물성 식품에 풍부하며, 식물성 식품에서는 거의 발견되지 않는다. 동물성 식품 중 비타민 B$_{12}$의 함량이 특히 높은 식품은 간·심장·신장 등의 내장육과 어패류 등이며, 쇠고기·달걀·우유 및 유제품도 비교적 비타민 B$_{12}$가 풍부한 식품이다.

비타민 B$_{12}$의 1일 권장섭취량은 성인 남녀 모두 2.4㎍이다.

 결핍 시 신경장애증상을 유발하는 비타민에는 비타민 B$_{12}$ 이외에도 비타민 B$_1$, B$_2$와 니아신 등이 있다.

8) 판토텐산

(1) 생리기능

판토텐산(pantothenic acid)은 보조효소인 'coenzyme A'의 구성성분이다. 탄수화물·지질·단백질로부터 에너지를 내기 위해서는 이들 영양소의 탄소골격이 잘라져서 최종적으로 '활성초산(acetyl-CoA)'이 되어야 하는데, 이때 분자구조에 판토텐산을 포함하는 'coenzyme A'가 필요하다. 아울러 체내에서 호르몬·콜레스테롤 및 헤모글로빈 등이 합성되는 과정에도 판토텐산이 보조효소로 작용한다.

(2) 결핍증

판토텐산은 거의 모든 식품에 골고루 들어 있으므로, 정상적인 식사를 하는 사람에게는 결핍증이 잘 나타나지 않는다. 동물실험에서 항비타민제를 사용하여 실험적으로 판토텐산 결핍을 유도한 경우 식욕부진, 소화불량, 우울증, 팔·다리 경련 및 빈혈 등의 결핍증세를 보였다.

(3) 급원식품 및 충분섭취량

판토텐산의 어원이 그리스 어로 everywhere의 의미를 지닌 'panthos'에서부터 유래되었음을 보아도 알 수 있듯이 판토텐산은 동·식물계에 널리 분포되어 있다.

또한 판토텐산은 장내 박테리아에 의해 합성이 가능하므로 섭취량이 부족하여도 영양적으로 크게 문제가 되지 않는다. 성인의 판토텐산 1일 충분섭취량은 남녀 모두 5mg이다.

9) 비오틴

(1) 생리기능

비오틴(biotin)은 체내에서 '탄산고정반응'을 촉매하는 효소의 보조효소로 작용한다. 따라서 대사과정 중에 생성된 이산화탄소(CO_2)를 이용하여 지방산 합성과 탄수화물 대사가 가능하도록 한다.

(2) 결핍증

건강한 사람의 경우에는 장내 미생물에 의해 하루 필요량 이상의 비오틴이 날마다 공급되므로 식사를 통한 비오틴 섭취에 크게 관심을 둘 필요는 없다. 단지 장기간 항생제를 복용하여 장내 균총이 감소된 상황에서는 비오틴의 섭취에 주의를 기울여야 한다.

(3) 급원식품 및 충분섭취량

비오틴은 내장고기·닭고기·난황(그림 8-18)·우유·채소·과일 등 비교적 동·식물계에 널리 분포되어 있다. 비오틴의 1일 충분섭취량은 성인 남녀 모두 30㎍이다.

그림 8-18 비오틴의 좋은 급원인 달걀 노른자

Q 생달걀을 먹으면 비오틴 결핍증으로 피부염·설염·식욕감퇴·구토·우울증 등이 생긴다고 하는데 왜 그럴까?

A 생달걀의 환자 중에 존재하는 아비딘(avidin)이란 단백질이 비오틴과 결합하여 비오틴의 기능을 방해하기 때문에 비오틴 결핍증을 초래할 수 있다. 그러나 일단 가열하면 아비딘이 불활성화된다.

Q 그렇다면 생달걀을 먹지 말아야 할까?

A 1주일 동안 60~70개의 생달걀을 먹었을 때 비오틴 결핍증이 발생했다고 하니 일상적인 생달걀의 섭취로는 별 문제가 없을 것이다.

Q 비타민의 영양소 섭취기준(권장섭취량, 충분섭취량 등)의 단위가 비타민마다 다른데, 특별한 의미가 있나?

A 영양소의 섭취 단위를 보면 그 영양소의 체내 함량을 짐작할 수 있다. 예를 들어, 비타민의 섭취 단위(섭취량/day)를 정리하여 보면 다음과 같다.
단위가 mg인 비타민들은 그만큼 체내 함량이 많은 비타민으로 필요량도 역시 많다. 반면에 단위가 μg인 비타민들은 체내 함량이 적으므로 필요량도 적다. 하지만 필요량이 많고 적음이 비타민의 중요성을 대변하는 것은 아니다.

비타민	단위	비타민	단위
비타민 A	μg RAE	니아신	mg NE
비타민 D	μg	비타민 B_6	mg
비타민 E	mg α-TE	엽 산	μg DFE
비타민 K	μg	비타민 B_{12}	μg
비타민 C	mg	판토텐산	mg
티아민	mg	비오틴	μg
리보플라빈	mg		

✽ 국내에서 판매되고 있는 비타민 보충제에 대하여 다음의 정보를 조사하여 비교해 보자.

1. 함유되어 있는 비타민 및 기타 영양소의 종류

2. 종류별 비타민의 함량(영양소 섭취기준과 비교)

3. 사용된 비타민의 원료

Chapter 9

무기질 영양

1. 무기질이란 무엇인가?

2. 무기질은 어떻게 소화 · 흡수될까?

3. 무기질은 체내에서 어떠한 역할을 할까?

4. 다량 무기질의 종류는?

5. 미량 무기질의 종류는?

6. 중금속 중독은 얼마나 위험한가?

Chapter 9

무기질 영양

우주와 지구를 구성하는 기본요소는 무엇이고,

우리 인간을 구성하는 기본요소는 무엇인가? 그 모두가 원소들로 이루어져 있다.

그러고 보면, 우리 인간의 몸도 '작은 우주'가 아니겠는가?

열량소의 구성성분인 탄소 · 수소 · 산소 및 질소 등을 제외한

대부분의 원소들은 그 자체가 '무기질'이라는 영양소이면서

동시에 지구와 우주를 구성하는 기본요소이다.

무기질은 생태계에서 생성 또는 변화되는 것이 아니며,

우주창조 이래 그 절대량은 '불변'하고 다만 존재하는 공간상의 위치만이 바뀔 뿐이다.

"For dust thou art, and unto dust shalt thou return."(Genesis 3 : 19)

"너는 흙이니, 흙으로 돌아갈 것이니라."(창세기 3 : 19)

1. 무기질이란 무엇인가?

자연계에 존재하는 물질 중 분자구조에 탄소를 함유하는 물질을 유기물이라 하는 한편, 탄소를 함유하지 않은 물질을 무기물이라 한다.

1) 무기질 고유의 특성

지금까지 살펴본 물·탄수화물·지질·단백질·비타민 등의 영양소는 탄소(C), 수소

(H), 산소(O) 및 질소(N) 등의 원소가 서로 결합하여 구성되어 있는 반면, 무기질은 단일원소 그 자체가 바로 영양소이다. 무기질은 분자구조에 탄소를 함유하고 있지 않으므로 에너지를 내지 못하며, 식물이나 동물을 태우면 회분 또는 재의 형태로 남는다.

종류별 무기질의 절대량은 우주 안에서 불변의 상태로 존재한다. 탄수화물·지질·단백질 또는 일부 비타민은 생물체 내에서 합성이 가능하나, 인간을 포함한 지구상의 어떠한 생물체도 무기질을 합성하지는 못한다. 따라서 무기질은 식품을 통해서 반드시 섭취되어야 하는 '필수영양소'이다.

2) 자연계에서의 무기질 순환

무기질은 생태계에서 새로이 만들어지거나 소실되지 않는다. 비가 내리면 토양에 함유되어 있던 무기질이 쓸려내려가 지하수·강 또는 바다로 흘러가고, 식물체가 뿌리로부터 물을 흡수할 때 물에 녹아 있는 무기성분을 함께 흡수함으로써, 식물체의 조직에 무기질이 전달된다. 무기질이 함유되어 있는 식물을 동물이 먹게 되고, 사람은 식물이나 동물을 섭취함으로써 무기질을 공급받는다. 식물 또는 동물이 죽어서 마침내 흙으로 돌아갈 때, 이들이 지니고 있던 유기성분은 부패하거나 산화되어 없어지지만 무기질은 고스란히 자연으로 되돌아가게 되는 것이다(그림 9-1).

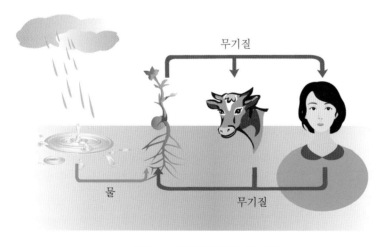

그림 9-1 자연계에서의 무기질 순환

3) 체내에 존재하는 무기질

(1) 무기질의 종류

지구상의 물질은 약 90여 종의 원소로 구성되어 있는 한편, 신체 내에서는 약 25종의 원소만이 발견되고 있으며, 체내 기능이 알려진 원소(무기질)는 약 15종이다. 그렇다면 생명체는 어떠한 기준에 입각하여 자연계를 구성하는 원소 중의 일부를 선택하여 자신의 형체를 구성하는 데 이용하고 있을까? 원소주기율표(그림 9-2)를 살펴보면, 신체가 필요로 하는 원소의 대부분은 주기율표의 상단부에 위치하고, 따라서 비교적 분자량이 작은 금속류에 해당함을 알 수 있다.

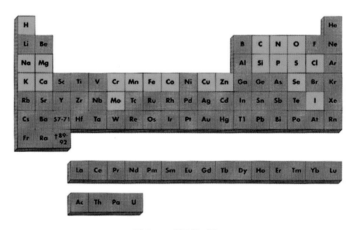

그림 9-2 원소주기율표

(2) 신체의 무기질 함량

신체의 약 96%는 유기물질을 구성하는 탄소·수소·산소 및 질소로 구성되어 있으며, 나머지 4%만이 무기질에 해당한다. 신체에서 발견되는 무기질은 그 함유량에 따라서 크게 다량 원소 및 미량 원소의 두 가지로 구분된다. 즉, 1일 권장섭취량이 100mg 이상인 무기질을 다량 무기질로 구분하는 한편, 1일 권장섭취량이 100mg 이하인 무기질은 미량 무기질로 분류한다. 체내에 함유되어 있는 무기질의 종류별 대략적인 함량은 그림 9-3과 같으며, 다량 무기질과 미량 무기질의 종류는 표 9-1과 같다.

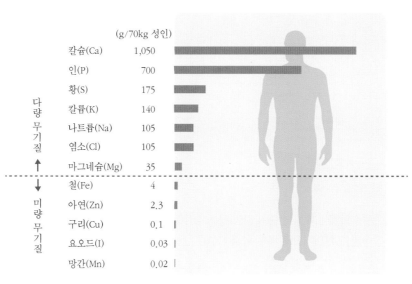

<table>
<tr><td></td><td></td><td>(g/70kg 성인)</td></tr>
</table>

		(g/70kg 성인)
	칼슘(Ca)	1,050
	인(P)	700
	황(S)	175
다량무기질	칼륨(K)	140
	나트륨(Na)	105
	염소(Cl)	105
	마그네슘(Mg)	35
미량무기질	철(Fe)	4
	아연(Zn)	2.3
	구리(Cu)	0.1
	요오드(I)	0.03
	망간(Mn)	0.02

그림 9-3   체내의 무기질 함량(예)

표 9-1 다량 무기질과 미량 무기질의 종류

다량 무기질	미량 무기질
칼슘(Ca)	철(Fe)
인(P)	아연(Zn)
황(S)	구리(Cu)
칼륨(K)	요오드(I)
나트륨(Na)	망간(Mn)
염소(Cl)	크롬(Cr)
마그네슘(Mg)	불소(F)
	몰리브덴(Mo)
	셀레늄(Se)

2. 무기질은 어떻게 소화 · 흡수될까?

식품 중의 무기질은 단일원소로 존재하므로 소장에서 흡수되기 위해 따로 소화 과정을 거칠 필요는 없다. 다만 쉽게 흡수되도록 식품성분으로부터 무기질을 분리 하는 과정만이 필요하다.

무기질의 장내 흡수율은 다양한 요인들에 의해 영향을 받는데 그중에서 체내 무기질 필요량이 가장 큰 영향을 미친다. 그 밖에 식이 내 다른 영양성분의 영향을 받기도 하는데, 예를 들어 비타민 C는 철의 흡수를 촉진하고 유당은 칼슘의 흡수를 촉진하는 반면, 식이섬유 및 피틴산은 거의 모든 무기질의 흡수를 방해하고 시금치에 많이 들어 있는 수산은 칼슘의 흡수를 저해한다.

알고 싶어요 ?!

Q 탄수화물·지질 및 단백질의 장내 흡수율은 95% 이상인 반면, 무기질의 흡수율은 상대적으로 매우 낮다. 그 이유는 무엇인가?

A 일반적으로 과량섭취 시 독성이 나타날 가능성이 큰 영양소의 흡수율은 낮고, 반대로 독성발생의 위험이 낮은 영양소의 흡수율은 비교적 높다. 무기질 중에서도 과량섭취 시 나타나는 독성의 가능성 정도에 따라 흡수율이 각기 다르게 나타나나니, 이것이 바로 자연의 기막힌 배려가 아닐까?

Q 가열, 광선 및 산·알카리 등의 조리조건에 따라 식품 중의 무기질 함량이 영향을 받을까?

A 무기질은 파괴되지 않으므로(더 이상 작게 쪼개질 수 없으므로) 가열이나 외부 조건의 영향을 받지 않는다. 단, (무기질은 물에 용해되므로) 무기질이 녹아 있는 조리수(cooking water)를 국이나 찌개 등 조리에 이용함으로써 무기질의 손실을 줄일 수 있다.

3. 무기질은 체내에서 어떠한 역할을 할까?

1) 산·알칼리 균형

일반적으로 신체는 체액의 산도를 중성으로 일정하게 유지하도록 하는 항상성 기전을 지니고 있기 때문에 건강한 사람의 경우 체액의 pH는 섭취하는 식품의 종류에 의해 영향을 받지 않고, 항상 7.35~7.45를 유지하도록 조절된다(제7장 단백질 영양, 140쪽 참조).

2) 삼투압 조절

세포내액과 세포외액에 녹아 있는 다양한 무기질은 세포막을 중심으로 체내 대사에 적합한 삼투압(300 mosmol/L)을 유지하는 데 관여하고 있다.

3) 신체의 구성성분

정상적인 성장 및 발달 그리고 조직의 보수를 위하여 필요한 모든 무기질이 충분량 공급되어야 한다. 뼈를 형성하는 칼슘(Ca), 인(P) 및 마그네슘(Mg)이 특히 중요한 역할을 하며, 아연(Zn)은 근육·피부·내장과 같은 연조직 구성의 필수적인 성분이다.

4) 대사의 촉매작용

무기질은 탄수화물·단백질 및 지질의 체내 대사과정을 촉매하는 효소의 구성성분 또는 보조인자로 작용한다. 이와 같이 대사의 촉매기능을 담당하는 대표적인 무기질로는 인(P), 마그네슘(Mg), 망간(Mn), 요오드(I) 및 크롬(Cr) 등을 들 수 있다.

5) 기 타

그 밖에도 무기질은 종류에 따라 체내에서 혈액 형성(철·구리 등)에 관여하거나 또는 항산화(셀레늄·구리·아연 등) 등의 기능을 담당하기도 한다.

4. 다량 무기질의 종류는?

1) 칼 슘

(1) 칼슘의 체내 함량

칼슘(calcium, Ca)은 무기질 중 체내에 가장 많이 함유되어 있으며, 신체를 구성하는 원소 중에서도 양적으로 볼 때 탄소·수소·산소·질소 다음으로 풍부하다. 칼슘은 체중의 약 1.5~2.2%를 차지하므로, 체중이 70kg인 성인의 경우 약 1~1.5kg의 칼슘을 체내에 보유하고 있는 셈이다.

체내에 존재하는 칼슘의 99% 이상이 골격과 치아의 구성성분으로 작용하며, 나머지 1% 미만의 칼슘은 혈액 및 체액에 존재하면서 다양하고도 중요한 생리적 조절기능을 담당하고 있다. 즉, 혈액 및 세포내액에 존재하는 칼슘의 농도변화는 신체의 기능을 유지하는 복잡한 생물학적 기전에 있어서 주요한 신호체계로 작용하고, 따라서 세포 내·외액의 칼슘 농도를 일정하게 유지하는 것은 신체가 당면한 급선무 중의 하나이다.

(2) 칼슘의 생리적 기능

❶ 골격과 치아의 구성성분 골격 및 치아는 유기질 기질에 무기질이 침착되어 형성되는데, 이때 칼슘과 인산이 주된 무기성분이 된다.

❷ 근육수축 세포내액에 존재하는 칼슘은 근육의 수축에 관여하고, 따라서 근육

알고 싶어요 ?!

Q 혈액 중의 칼슘 농도가 9~11mg/dL로 일정하게 유지되는 것은 신체의 대사균형을 위해 매우 중요한데, 이것은 어떻게 가능할까?

A 골격은 거대한 칼슘의 '동적 저장고(dynamic reservoir)'이다. 여기서 동적 저장고란 단단하여 변화가 없어 보이는 골격조직의 내부에서 변화무쌍한 칼슘의 출납이 계속적으로 이루어지고 있음을 뜻한다. 즉 칼슘 섭취량의 고하를 막론하고, 호르몬에 의한 조절작용에 의하여 골격으로부터 칼슘의 출납이 자유자재로 조절됨으로써, 혈중 칼슘 농도가 일정하게 유지된다.

Q 칼슘 대사에 있어서 뼈와 치아는 어떻게 다른가?

A 한번 부러진 치아는 다시 붙을 수 없으나, 부러진 뼈는 다시 붙을 수 있다. 이러한 차이는 뼈에서 칼슘의 동적 이동이 가능하기 때문이다. 즉, 뼈의 경우 뼈와 혈액 간에 끊임없는 칼슘의 이동이 일어나므로 뼈의 재형성이 가능하나, 치아의 경우는 그렇지 못하다.

세포내액의 칼슘 농도가 정상보다 높아지면 근육의 강직상태(tetany)가 나타난다.

❸ **신경의 흥분억제** 칼슘은 신경의 흥분작용을 억제하는 기능이 있다. 따라서 혈액의 칼슘 농도가 정상 이하로 내려가면 신경 흥분이 유도되며, 심해지면 경련현상을 동반하는 '테타니 증상'을 초래한다.

❹ **혈액응고 인자** 혈액 중의 칼슘 이온(Ca^{2+})은 출혈 시 혈소판으로부터 트롬보플라스틴이라는 물질을 방출하도록 하여 혈액응고를 촉진한다.

테타니 증상(tetany)

칼슘 대사의 이상 또는 비타민 D 결핍 시 근육이 계속적인 신경자극을 받아 경련이 나타나는 현상으로 때로 발작을 동반하기도 한다.

(3) 칼슘의 흡수 및 보유

❶ **소장에서의 흡수** 소장에서의 칼슘 흡수율은 식사에 포함된 다른 영양물질들, 칼슘 급원식품의 종류, 개인의 칼슘 영양상태 및 연령에 의해 큰 차이를 보인다. 예를 들어, 비타민 D는(제8장 그림 8-7, 172쪽 참고) 소장에서의 칼슘 흡수와 신장 세뇨관에서의 칼슘 재흡수를 촉진함으로써 칼슘의 체내 이용률을 증가시키는 한편, 유즙에 함유된 유당(lactose)은 칼슘의 장내 흡수를 촉진한다.

건강한 성인의 칼슘 흡수율은 약 25%이나 추가의 칼슘을 필요로 하는 유아나 임산부의 칼슘 흡수율은 약 60%에 달한다. 한편, 폐경 이후 여성의 경우 칼슘의 흡수율이 급격히 감소하기 시작하면서 골밀도도 같이 낮아지는데, 이는 칼슘의 장내 흡수를 촉진하고 골격으로부터의 칼슘 용출을 억제하는 에스트로겐(여성 호르몬)의 분비가 중단되기 때문이다.

❷ **골격 내 보유** 골격에 칼슘을 효율적으로 보유하기 위해서는 적당량의 칼슘과 함께 인의 섭취가 필요하다. 또한 적당량의 운동과 불소의 섭취도 골격의 칼슘 보유에 도움이 된다. 그러나 단백질 섭취권장량의 2배 이상 되는 고단백 식사는 신장을 통한 칼슘 배설을 증가시키므로 칼슘 결핍을 초래할 수 있다.

(4) 칼슘의 섭취 실태 및 영양소 섭취기준

❶ **섭취 실태** 칼슘은 한국인에게 가장 결핍되기 쉬운 영양소 중 하나이다. 보건복지부에서 시행하는 국민건강영양조사 보고에 의하면, 현재까지도 대다수의 사람들이 권장섭취량에 못미치는 양의 칼슘을 섭취하고 있는 것으로 나타났다. 예를 들어, 2018년 전 국민(성인)의 1인당 평균 칼슘 섭취량은 514mg으로써 권장섭취량의 약 68%에 해당하였다.

칼슘은 우유 및 유제품 등 극히 제한된 종류의 식품에만 존재하므로 칼슘 함량이 높은 식품을 기피하는 편파적인 식습관이 지속되면 칼슘 부족이 초래될 수밖에 없다. 우유 섭취량이 적은 한국인에게 있어서 칼슘 섭취량을 늘리는 것은 그리 쉬운 일이 아니다. 아울러 한국인의 경우 칼슘 섭취의 절대량이 낮을 뿐만 아니라, 섭취량의 절반 이상을 칼슘의 체내 이용률이 낮은 식물성 식품으로부터 공급받고 있다는 점이 칼슘 부족을 초래하는 원인이 되고 있다.

❷ 급원식품 및 영양소 섭취기준　우유 한 잔에는 1일 칼슘 권장섭취량의 약 1/3에 해당되는 약 220mg의 칼슘이 들어 있으며, 요거트 및 치즈에도 상당량의 칼슘이 들어 있다. 우유 및 유제품은 칼슘 함량이 높을 뿐만 아니라, 칼슘 흡수를 촉진하는 유당을 함유하고 있으므로 칼슘의 체내 이용률 또한 높아 칼슘의 우수한 급원식품으로 손꼽힌다. 뼈째 먹는 생선, 굴 및 해조류 역시 칼슘의 좋은 급원식품이나, 칼슘 흡수율은 우유보다 낮다. 푸른 잎채소류도 칼슘을 함유하고 있으나, 이들 식품의 칼슘 흡수율은 우유 및 기타 동물성 급원식품에 비해 훨씬 낮다. 두부의 원료가 되는 콩은 칼슘 함량이 낮으나, 제조과정에서 칼슘이 간수($CaCl_2$)의 형태로 첨가된 두부는 칼슘 함량이 비교적 높다(그림 9-4).

최근 다양한 가공 식품(예: 오렌지 주스, 마가린, 두유, 시리얼, 스낵 등)에 칼슘이

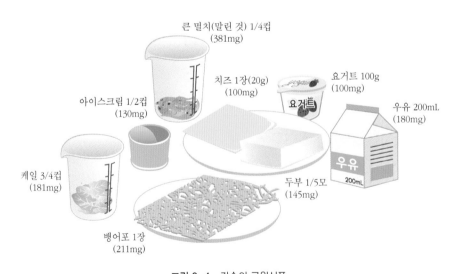

큰 멸치(말린 것) 1/4컵
(381mg)

아이스크림 1/2컵
(130mg)

치즈 1장(20g)
(100mg)

요거트 100g
(100mg)

우유 200mL
(180mg)

케일 3/4컵
(181mg)

두부 1/5모
(145mg)

뱅어포 1장
(211mg)

그림 9-4 칼슘의 급원식품
*( ) 안의 수치는 제시된 식품 중에 들어 있는 칼슘의 함량임

첨가되고 있는데 제품 포장의 영양성분 표시를 통하여 칼슘 함량을 확인할 수 있다.

한국인 영양소 섭취기준(2020)에 의하면, 칼슘의 1일 권장섭취량은 20~49세의 성인에서 남자 800mg, 여자 700mg이며, 상한섭취량은 2,500mg이다(제1장 표 1-3, 17쪽 참고).

알고 싶어요 ?!

Q 뼈의 성장이 완성된 성인들도 매일 우유를 마셔야 할 필요가 있을까?

A 뼈는 한번 만들어지면 콘크리트처럼 변함없는 상태로 영원히 유지되는 것이 아니라, 혈액과 뼈 사이에서 칼슘의 이동이 끊임없이 일어나는 살아 있는 조직이다. 즉, 현재의 뼈가 분해되고 새로운 뼈로 대치되므로 우리 몸의 뼈는 대략 8년마다 완전히 새로운 뼈로 바뀌게 된다. 성인도 매일 우유를 마셔야 되는 이유가 바로 여기에 있다.

---

(5) 골다공증

칼슘 결핍이 계속되면 성장기 어린이의 경우, 뼈의 기형이 초래되는 구루병(rickets)이 발생되고(제8장 비타민 영양, 173쪽 참조), 성인에게는 흔히 골다공증(osteoporosis)이 초래된다.

❶ **골밀도(Bone density)** 뼈는 칼슘과 인뿐만 아니라 마그네슘 및 아연 등과 함께 복합체를 형성하여 단단한 구조를 유지하고 있으며, 그 내부에서는 칼슘이 용출되고 또 새로이 축적되는 과정이 끊임없이 진행되고 있다.

• 어린이 : 골격에 축적되는 칼슘의 양이 골격으로부터 혈액으로 용출되는 칼슘의 양보다 상대적으로 많은 시기로 그림 9-5에서 보듯이 골밀도가 계속 증가한다.

• 성 인 : 일생을 통해 골밀도가 가장 높은 시기는 20대 후반에서부터 30대 초반까지이며(그림 9-5), 그 이후부터는 골격으로부터 용출되는 칼슘의 양이 골격에 축적되는 칼슘의 양보다 더 많아져서 골밀도가 점차로 감소하게 된다. 최대 골밀도 수치 및 골밀도가 감소하는 속도는 개인에 따라 서로 다르게 나타나며 칼슘 섭취량, 운동량, 에스트로겐 분비량, 비타민 D 영양상태, 유전 등 여러 요인에 의해 영

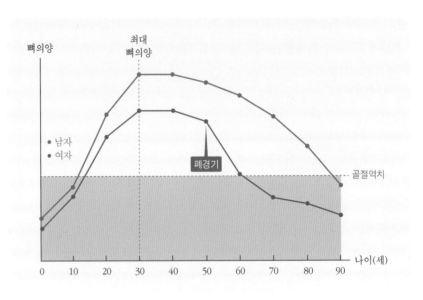

그림 9-5 연령에 따른 골밀도의 변화

자료: 보건복지부, 대한의학회

향을 받는다.

❷ **뼈의 구조 및 성장** 그림 9-6에 제시된 뼈의 구조를 살펴보면 바깥층은 치밀골로서 아주 조밀하고 단단한 반면, 안쪽의 해면골은 혈액이 통과하는 곳으로 스폰지처럼 부드러운 조직으로 되어 있다. 특히 해면골은 필요 시 칼슘을 혈액으로 용출시킴으로써 혈중 칼슘 농도의 항상성에 관여한다.

❸ **골다공증** 골다공증은 골밀도가 감소하는 만성질환으로 점차 뼈가 약해져서 쉽게 골절이 발생하며, 심한 경우에는 척추 상부 뼈가 휘어 구부러진다(그림 9-7). 골질량의 감소가 심해지면 뼈조직이 가늘어지고 내부조직에 구멍이 생기면서 골다공증이 발생하여(그림 9-8) 일상적인 활동 및 움직임에도 견디기 힘들게 된다. 이러한

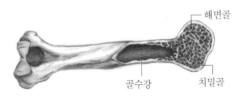

그림 9-6 뼈의 구조

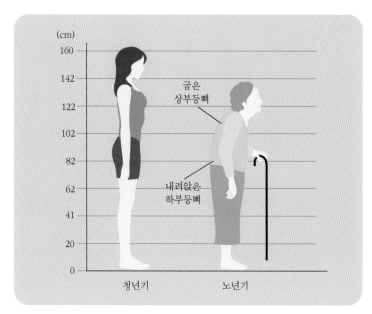

(cm)

160
142
122
102
82
62
41
20
0

굽은
상부등뼈

내려앉은
하부등뼈

청년기   노년기

그림 9-7 골다공증의 발생

현상은 특히 임신 및 수유기에 급격히 진행되는데 임신 중에는 태아의 형성을 위하여, 그리고 수유기 동안에는 아기가 먹을 칼슘 함량이 높은 모유를 만들기 위해, 엄마의 칼슘 섭취량과는 무관하게 많은 양의 칼슘이 모체로부터 태아 또는 유즙으로 이동한다. 따라서 모체의 칼슘 섭취가 부족할 경우에는 우선적으로 모체의 골격과 치아에서 칼슘이 용출되므로 골다공증 발생위험이 증가한다.

골다공증을 예방하기 위한 구체적인 방안은 다음과 같다.

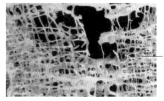

정상

골다공증

그림 9-8 정상 뼈와 골다공증의 뼈

첫째, 자신이 유전적으로 타고난 최대 골밀도에 도달할 수 있도록 어릴 때부터 균형식과 운동을 생활화한다.

둘째, 우유 등 칼슘 함유식품을 충분히 섭취한다. 우유의 충분한 섭취로 인한 골밀도 향상효과는 어린 나이에 시작할수록 더 크다. 우유를 잘 소화시키지 못하는 사람은 우유 대신 칼슘 강화식품(예 : 칼슘 강화 오렌지 주스 등)을 섭취하도록 권한다.

셋째, 필요 시 칼슘보충제를 복용한다. 주의할 것은 칼슘을 과잉섭취하는 경우 다른 무기질의 흡수를 저해하고 신결석이 생길 가능성이 있으므로 칼슘 섭취가 부족한 경우에 한하여 보충제를 복용한다. 폐경기 여성의 경우 에스트로겐 요법도 골밀도를 증가시키는 데 효과적이나 반드시 의사와 상의하여 결정하여야 한다.

넷째, 규칙적인 운동으로 골다공증을 예방할 수 있다. 여러 종류의 운동 중에서도 특히 근육을 사용하여 밀고 당기는 운동(weight-bearing exercise)이 골격형성에 도움이 된다.

다섯째, 지나친 단백질 섭취(특히 칼슘 섭취가 낮은 경우)는 소변을 통한 칼슘 배설을 증가시킨다.

여섯째, 흡연과 과음은 골다공증 발생을 증가시키므로 주의를 요한다.

알고 싶어요 ?!

Q 과거에 꼬부랑 할머니를 흔히 볼 수 있었던 것도 칼슘 섭취의 부족과 관련이 있을까?

A 우유 및 유제품이 널리 보급되기 이전의 우리나라 여성들의 대부분은 젊은 시절부터 칼슘 섭취가 불충분한 상태였고, 따라서 최대 골밀도가 낮게 설정되어 있었다. 이러한 상태에서 여러 번 출산을 하게 되면, 한 번 임신 때마다 엄청난 양의 칼슘이 뼈로부터 빠져나가 태아에게 전달되고, 또한 폐경기 이후에는 급격한 골밀도의 감소로 골다공증의 발생과 함께 허리가 구부러지는 현상이 나타나게 된다.
하지만 어린 시절부터 우유를 많이 마시고 규칙적인 운동을 해왔으며, 임신·수유기 동안 칼슘을 권장량만큼 충분히 섭취했다면, 여러 번의 임신·출산을 경험하고 아기에게 모유를 먹였다 할지라도 노년기에도 꼿꼿한 체격을 유지할 수 있을 것이다.

Q 골밀도의 감소를 예측할 수 있는 간단한 방법은 없을까?

A 신장의 변화를 살펴봄으로써 가능하다. 예를 들어, 젊었을 때의 신장과 비교하여 1인치 이상 감소하였다면 골다공증으로 인한 척추골절의 위험을 나타내는 첫 증상이라 할 수 있다.

2) 인

인(phosphorus, P)은 칼슘 다음으로 신체에 많이 함유되어 있는 무기질이다.

(1) 인의 생리기능

❶ **골격 및 치아 형성** 체내에 존재하는 인의 85%가 칼슘과 결합한 '인산칼슘'의 형태로 골격과 치아조직에 함유되어 있다.

❷ **에너지 대사** 신체에 함유된 나머지 15%의 인은 뼈와 치아를 제외한 거의 모든 세포에 골고루 분포되어 있으며, 그곳에서 ATP, ADP 또는 AMP 분자의 인산결합 형성에 사용된다. 이와 같이 신체는 고에너지 인산결합 내에 에너지를 보유하고 있다가 필요 시 사용하게 된다. 세포를 자동차에 비유한다면 인은 휘발유에 해당된다. 휘발유, 곧 석유는 동물과 식물의 화석으로부터 만들어지듯이, 체내에서는 우리가 섭취한 식물성 및 동물성 식품으로부터 인이 함유된 에너지 저장 물질인 ATP를 만든다. 성냥의 머리에 발라져 있는 것이 바로 '인'이라는 것을 떠올린다면 인의 역할이 더욱 선명해질 것이다.

❸ **핵산의 구성분** 인은 세포의 핵 안에 존재하는 핵산물질(DNA 및 RNA)의 구성성분이 되며, 이는 단백질의 아미노산 서열을 결정짓는 유전정보를 담고 있다.

❹ **기 타** 그 외에도 인은 체액의 pH를 일정하게 유지시키는 데 관여하며, 세포막을 구성하는 인지질 그리고 인단백질의 구성성분이기도 하다.

ATP, ADP, AMP

ATP
adenosine triphosphate

ADP
adenosine diphosphate

AMP
adenosine monophosphate

(2) 칼슘과 인의 균형

칼슘이 골격과 치아에 축적되어 견고한 조직을 만들기 위해서는 식사 및 체내에서 칼슘과 인의 비율이 중요하다. 섭취하는 칼슘 대 인(Ca:P)의 비가 1:1일 때 골격형성이 가장 효율적으로 이루어지며, 더 넓게는 1:2에서 2:1의 범위에 있을 때 비교적 안전하다고 할 수 있다. 한편, 칼슘에 비해 인의 섭취량이 증가하게 되면 골격형성에 부정적인 영향을 미쳐 골격이 약해질 우려가 있다.

(3) 급원식품 및 영양소 섭취기준

인은 동·식물계에 널리 분포되어 있으므로, 정상적인 식사를 하는 경우 결핍될 염려는 거의 없다. 곡류 및 콩류에는 칼슘에 비해 인의 함량이 훨씬 높다. 따라서 한국인의 경우 칼슘 섭취는 부족한 반면, 인의 섭취가 비교적 높은 편이다. 또한, 각종 가공식품 및 탄산음료에는 인산염이 식품첨가물의 형태로 널리 사용되고 있다. 최근 들어 가공식품 및 탄산음료의 소비가 증가되면서 인의 과잉섭취가 초래되어 칼슘 대 인의 균형이 깨어지고, 그 결과 뼈에서 칼슘이 용출됨에 따라 뼈가 약해질 우려가 있어 문제가 되고 있다.

인의 1일 권장섭취량은 한국인 성인 남녀 모두 700mg이며, 상한섭취량은 3,500mg이다.

알고 싶어요 ?!

Q 요즈음 어린이들은 30~40년 전에 비해 전반적으로 체격은 향상되었으나, 체력은 오히려 약해지고 골절률이 더 증가하였다고 하는데, 그 이유는 무엇인가?

A 여러 가지 원인이 있을 수 있으나 칼슘 및 인의 섭취와 관련하여 살펴보면, 최근 어린이 및 젊은이들 사이에서 이용이 급증하고 있는 각종 청량음료 및 가공식품 중에 인의 함량이 높은 것을 들 수 있다. 이것을 즐겨 찾는 어린이들은 인을 많이 섭취하게 되어 칼슘과 인의 섭취균형이 깨어지고 골격의 칼슘이 혈액의 칼슘 농도를 높이기 위하여 혈액으로 이동됨에 따라 초래된 결과라 할 수 있다.

3) 나트륨

(1) 식생활에서 소금의 중요성

나트륨(sodium, Na)은 소금 또는 식탁염인 '염화나트륨(NaCl)'의 구성성분이다. 짠맛은 네 가지 기본적인 맛 중 하나로서, 우리의 식생활에서 음식의 간을 맞추는 데 매우 중요한 역할을 담당한다. 교통수단이 발달하지 못했던 고대의 사람들은 일상생활에서 소금을 얻는 것이 매우 어려웠으므로 소금은 화폐의 가치를 지녔다. 실제로 로마 군인들은 품삯을 소금으로 지급받았고, 이로 인해 소금을 뜻하는 saline에서부터 salary(급여의 뜻)라는 말이 유래되었다고 한다.

(2) 나트륨의 생리기능

❶ 삼투압 및 산·알칼리의 평형유지   나트륨은 세포외액의 대표적인 양이온으로서 삼투압 또는 체액량을 조절하고, 산·알칼리 평형을 유지하는 데 관여한다(제4장 물, 60쪽 참조).

❷ 신경자극 전달 및 근육수축   나트륨은 칼슘과 함께 신경을 자극하고, 그 충격을 근육에 전달하는 역할을 담당한다. 즉 근육에 전기화학적 자극을 전달함으로써 정상적인 근육의 흥분성 및 과민성을 유지하는 데 관여한다.

(3) 나트륨의 급원식품

❶ 천연적으로 식품에 함유되어 있는 나트륨   육류·달걀·유제품 등 동물성 식품과 곡류 및 콩류 등 식물성 식품은 그 자체에 자연적으로 나트륨을 함유하고 있다(표

표 9-2 식품 중의 나트륨 함량(1인 1회 분량당)

분 류	식품명	목측량	중량(g)	나트륨(mg)
곡류 및 전분류	• 라면	1개	90	643
	• 식빵	3쪽	100	346
	• 밀가루	약 1컵	90	3.6
	• 쌀밥	1공기	90	1.8
	• 고구마	1/2개	130	19.5
고기 · 생선 · 달걀 및 콩류	• 돼지고기(등심)	8~10쪽	100	66
	• 쇠고기(등심)	8~10쪽	100	53
	• 달걀	1개(중)	60	63
	• 오징어	작은 것 1토막	70	66
	• 두부	1/5모	80	6.4
과일 및 채소류	• 배추김치	1/2컵	60	2,000
	• 깍두기	1접시	50	1,000
	• 귤	1개(중)	100	6
	• 바나나	1/2개(중)	60	1.2
우유	• 우유	1컵	200	132

9-2). 일반적으로 식물성 식품보다는 동물성 식품 중에 나트륨이 더 많이 함유되어 있다.

❷ 조리 시 첨가되는 나트륨 한국인의 경우, 소금 이외에도 간장·된장 및 고추장 등 양념의 형태로 조리 시 첨가되는 나트륨이 총 나트륨 섭취량의 상당부분을 차지한다.

❸ 가공식품 중에 포함된 나트륨 각종 가공식품의 제조 시 안정제, 방부제, 팽창제, 베이킹파우더, 중조 및 발색제 등 다양한 형태의 식품첨가제가 이용되고 있는데, 이들 성분 중에 나트륨이 포함되어 있다. 또한 화학조미료인 MSG(monosodium glutamate)에도 나트륨이 구성성분으로 포함되어 있다.

그림 9-9에서는 식품이 일단 가공과정을 거치게 되면, 원래상태의 식품에 비해 나트륨 함량이 크게 증가하게 됨을 보여준다.

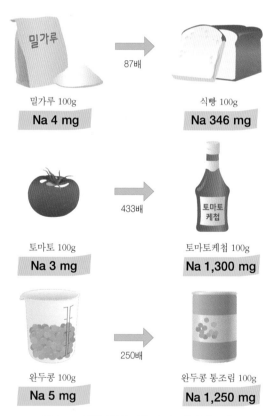

밀가루 100g
Na 4 mg

87배

식빵 100g
Na 346 mg

토마토 100g
Na 3 mg

433배

토마토케첩 100g
Na 1,300 mg

완두콩 100g
Na 5 mg

250배

완두콩 통조림 100g
Na 1,250 mg

그림 9-9 식품가공에 따른 나트륨 함량의 증가

Q 조리 시 MSG를 많이 사용한 중국음식을 먹은 후 가끔 머리가 아프고 어지러우며 화끈거리는 증상이 나타나는 이유는 무엇인가?

A 위와 같은 증상을 중국음식증후군(Chinese restaurant syndrome)이라고 한다. 이러한 증상은 한때 MSG의 구성성분인 글루타메이트의 과잉섭취에 따른 결과로 보고되기도 하였으나, 최근 미국 식품의약품안전청(FDA)에서는 "나트륨에 민감한 사람을 제외하고는 조미료로서 MSG의 사용이 안전하다."고 결론 내린 바 있다.

(4) 나트륨의 영양소 섭취기준 및 고혈압과의 관계

❶ **나트륨의 영양소 섭취기준** 신체는 다양한 양의 나트륨 섭취에 대하여 비교적 폭넓게 반응하므로 나트륨 권장섭취량은 정해져 있지 않다. 신체기능을 정상적으로 유지하기 위한 한국인의 나트륨 충분섭취량은 하루에 1,500mg(식염 3.9g : 3/4 티스푼)이며, 만성질환위험 감소섭취량은 2,300mg(식염 5.75g)이다. 이에 반해 일상적인 식생활에서 한국인의 나트륨 섭취량은 하루 약 6,000mg(식염 15g : 3 티스푼/일) 정도로서 최소 필요량(500mg/일)보다 무려 10배 이상이나 많은 양이다(그림 9-10).

충분섭취량	목표량	일상적인 섭취량
1/4 티스푼 1/4 티스푼 1/4 티스푼	1 티스푼	1 티스푼 1 티스푼 1 티스푼
충분섭취량 (1,500mg Na, 3/4 티스푼 식염)	목표량 (2,000mg Na, 1 티스푼 식염)	일상적인 섭취량 (6,000mg Na, 3 티스푼 식염)

그림 9-10 나트륨의 필요량 및 섭취량

❷ **나트륨 섭취실태** 우리나라 사람들의 식품군별 나트륨 섭취분율을 살펴보면 양념류가 46.0%로 가장 높고, 채소류 19.6%, 곡류 17.1%, 어패류 6.6%, 육류 4.6%, 해조류 2.0%, 우유류 1.7%, 난류 1.0%의 순으로 뒤를 이었다. 2018년 한국인의

나트륨 일일 평균섭취량은 3,255mg으로 만성질환 위험감소를 위한 섭취기준 인 2,300mg을 크게 뛰어넘는다. 나트륨 섭취를 줄이기 위해 양념류, 김치, 젓갈류의 사용을 줄이거나 저염 식품으로 섭취하고, 라면·국수 등 면류의 국물 섭취와 국·탕·찌개류의 섭취를 줄이는 것이 필요하다.

☑ 한국인의 식문화에 비추어 볼 때 화학조미료의 사용을 줄이고 최대한 음식을 싱겁게 먹는 습관을 들여야만, 1일 10g 내외로 식염 섭취량을 조절할 수 있을 것이다.

❸ **나트륨 섭취와 고혈압과의 관계** 세계 각국의 다양한 민족을 대상으로 식염 섭취량과 고혈압 발생률 간의 상관관계에 대한 대규모 역학조사를 실시한 결과, 1일 10g 이상의 식염을 섭취하는 인종에서 고혈압 발병률이 증가하였음이 보고되었다(그림 9-11).

식염을 과다하게 섭취하는 경우 모든 사람들이 다 고혈압 증상을 보이는 것은 아니며, 유전적으로 나트륨에 예민한 사람에서만 고혈압 발생률이 증가한다. 고혈압인 사람이 소금섭취를 줄이면 혈압이 감소하는 효과를 볼 수 있으므로 고혈압 환자는

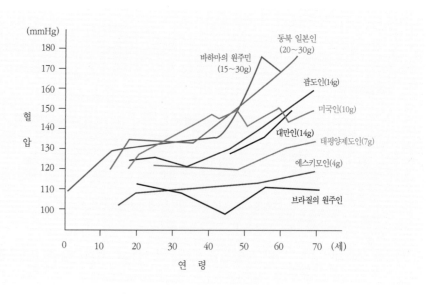

그림 9-11 세계 각국의 식염 섭취량과 혈압

Q 고혈압은 하나의 증상일 뿐인데, 심장순환 계통의 질병발생과 어떠한 관련이 있을까?

A 고혈압은 말 그대로 혈압이 높아져 있는 상태를 일컫는 말이다. 혈압은 혈액의 흐름에 따라 혈관벽이 받는 압력의 크기를 말한다. 수은주(Hg)를 밀어 올리는 압력의 크기, 즉 수은주의 높이(mmHg)로 표시되는 두 개의 수치는 각각 수축기 혈압과 이완기 혈압을 나타낸다. 혈압이 높아지면, 혈관벽에 손상을 가져와 혈관 내에 플라그 및 혈전형성의 가능성을 높임으로써 동맥경화증, 심장병, 뇌졸중 등 심장순환계 질병의 유발위험이 커지게 된다.

Q 나의 혈압이 정상이라면, 구태여 소금섭취를 줄일 필요는 없지 않을까?

A 수축기 혈압이 140mmHg 이상이거나, 이완기 혈압이 90mmHg 이상일 때 고혈압으로 진단한다. 현재의 혈압이 고혈압 진단의 기준치 이하이거나, 또는 정상범위에 속한다 하더라도 혈압이 낮을수록 심장순환계 질병발생의 위험률이 낮아진다. 또한 과량의 소금섭취로 인한 유익이 없으므로, 지금보다 조금 더 싱겁게 먹는 것이 바람직하지 않을까? 참고로 나트륨 섭취량을 30% 감소시켰을 때 정상인과 고혈압 환자의 혈압이 각각 5mmHg 및 7mmHg가량 저하되었음이 연구결과 보고되었다.

Q 나트륨 섭취를 줄이는 것 이외에 고혈압을 예방할 수 있는 다른 방법은 없을까?

A 고혈압 치료에 있어서 체중조절은 약물요법보다 더 효과적이며, 규칙적인 운동 역시 혈압을 떨어뜨린다. 적당량의 칼슘 섭취, 그리고 사과·포도·오렌지·우유 등에 함유된 칼륨(K)의 충분한 섭취로 고혈압의 예방 및 치료효과를 기대할 수 있다. 아울러 지질 섭취량을 줄이고 균형잡힌 식사를 하는 것도 중요하며(제6장 지질 영양, 130쪽 참조), 물론 스트레스는 금물이다.

반드시 식사요법으로 저염식을 실천해야 한다.

4) 칼 륨

칼륨(potassium, K)은 세포 내액에 존재하는 대표적인 양이온으로, 특히 신경과 근육세포에 다량 들어 있다.

(1) 칼륨의 생리적 기능

나트륨과 마찬가지로 체액의 균형을 유지하는 데 중요한 역할을 한다. 나트륨이 혈압을 올리는 반면, 칼륨은 혈압을 낮춘다. 또한 신경자극전달, 근육수축, 정상적인 신장 기능을 위해서도 칼륨이 필요하다.

(2) 칼륨의 급원식품

신선한 채소와 과일(과일주스)은 칼륨의 우수한 급원식품이며 우유, 도정하지 않은 곡류, 말린 콩 및 육류에도 칼륨이 들어 있다(그림 9-12). 나트륨 함량이 낮고 칼륨 함량이 높은 과일과 같은 식품의 섭취로 고나트륨 식사로 인한 피해를 줄일 수 있다.

바나나 1개 120g당
(430mg)

시금치 익힌 것 1컵
(830mg)

요거트 1개 240mL
(530mg)

우유 1컵 200mL
(310mg)

감자 1개 (껍질째) 180g
(900mg)

그림 9-12 칼륨의 급원식품
*( ) 안의 수치는 제시된 식품 중에 들어 있는 칼륨의 함량임

(3) 칼륨의 영양소 섭취기준

19세 이상 성인 남녀의 1일 칼륨 충분섭취량은 3,500mg이다. 칼륨은 나트륨만큼 체내에 저장되지 않으므로, 칼륨의 배설이 증가하는 심한 구토 및 발한, 설사, 신장 질환 시 칼륨 결핍의 위험이 크다.

Q 짠맛을 내지만 나트륨을 포함하고 있지 않은 소금대용품(KCl)의 사용 시 주의할 점은 무엇인가?

A 심한 신장질환자에게 사용 시, 혈액 중에 칼륨이 유해한 수준까지 축적될 수 있다. 따라서 이들 환자들은 의사와 상담 후 사용해야 한다.

5) 마그네슘

(1) 마그네슘의 생리적 기능

마그네슘(magnesium, Mg)은 체내에서 일어나는 300여 가지의 화학 반응에 참여한다. 뿐만 아니라 혈압과 혈당 수준 및 정상적인 근육과 신경기능을 조절하는 역할을 하며 그 밖에도 골격 및 면역기능을 유지하는 데도 필요하다.

(2) 마그네슘의 급원식품

마그네슘은 식물체의 녹색 색소인 클로로필(chlorophyll)의 성분이다. 따라서 마그네슘은 시금치, 녹색 잎채소와 같은 식물성 식품에 들어 있으며 도정하지 않은 곡류, 콩, 견과류, 종실류 및 초콜릿에도 들어 있다. 또한 우유, 육류와 같은 동물성 식품에도 마그네슘이 들어 있다.

(3) 마그네슘의 영양소 섭취기준

19~29세 성인 남녀의 마그네슘 권장섭취량은 각각 360mg과 280mg이다.

알코올 중독자를 제외하고, 건강한 성인에 있어서 마그네슘의 결핍은 매우 드물다.

5. 미량 무기질의 종류는?

1) 철

모래 속에 자석을 넣었다가 꺼내어 보면, 자석에 쇳가루가 붙은 채로 따라 올라오는 것을 볼 수 있다. 모래 속의 철과 우리가 영양소로 알고 있는 철(iron, Fe)은 같은 것인가?

그렇다.

철은 이렇듯 지구상에 가장 풍부하게 존재하는 금속이지만, 인체 내 함유량은 매우 소량으로 체중의 0.006%가량이다.

(1) 철의 생리기능

철은 체내에서 에너지 대사에 필수적인 '산소'를 운반하는 단백질(헤모글로빈과 미오글로빈)의 구성성분으로서, 철 결핍 시 지구력 및 근력이 감소한다.

❶ **헤모글로빈의 구성요소** 체내 철의 약 70%는 적혈구의 혈색소인 헤모글로빈 중에 존재한다. 혈액 중의 헤모글로빈은 허파로부터 운반되어 온 산소와 결합하여 순환하다가 조직에 산소를 내려놓고, 대신 이산화탄소(CO_2)를 받아 다시 허파로 돌아온다. 적혈구는 1초에 약 250만 개가 합성되므로, 파괴된 적혈구 중의 철이 재활용된다고 할지라도 적혈구의 합성을 위해서 계속적인 철의 공급이 매우 중요하다.

❷ **미오글로빈의 구성요소** 근육의 불그스름한 색 역시 글로빈 단백질과 결합한 철 때문이다. 즉, 철은 근육의 색소인 미오글로빈의 구성요소이고, 미오글로빈은 혈액

알고 싶어요 ?!

Q 공기 중에 철 조각을 놓아 두면 쉽게 녹이 슨다. 이러한 특성은 철의 생리기능과 어떤 관련이 있을까?

A 녹이 슬었다는 것은 철이 산소와 만나 산화되었음을 보여주는 것으로서, 이는 철이 산소와 결합하는 능력이 크기 때문이다. 우리 몸 안의 철이 산소를 운반하는 기능을 담당하고 있는 것도 이와 같은 특성 때문이다.

중의 헤모글로빈과 마찬가지로 근육에 도달한 산소와 결합한 상태로 존재하다가, 탄수화물·지질 및 단백질의 산화 시 필요한 산소를 제공하여 에너지를 발생하는 데 쓰이도록 한다.

(2) 철의 대사

골수에서 만들어진 적혈구는 체내에서 120일 동안 생존이 가능하며, 그 이후 적혈구가 수명을 다하여 파괴되면 적혈구 중의 철은 단백질 성분으로부터 유리되어 다시 미오글로빈이나 헤모글로빈 합성에 반복적으로 재이용된다. 따라서 신체에 출혈이 있지 않는 한 철이 체외로 손실되는 경로는 거의 없고, 다만 소량의 철이 피부 및 장점막 탈피, 땀을 통해 손실된다. 이쯤되면 체내의 철 대사를 '폐쇄된 대사계'라고 부르는 것도 이해가 될 것이다.

(3) 철의 급원식품

철은 다양한 식물성 식품과 동물성 식품 중에 존재하는데(그림 9-13), 크게 헴철 및 비헴철의 두 가지로 분류된다.

❶ **헴철(Heme iron)**　헴철이란 헤모글로빈과 미오글로빈에 결합되어 있는 철을 말하는 것으로서, 육류 및 생선류에 들어 있는 철 중의 일부가 여기에 해당된다. 헴철의 흡수율은 약 40% 정도로 비헴철에 비해 비교적 높다.

❷ **비헴철(Nonheme iron)**　비헴철이란 식품 내에서 다른 유기물질과 결합하지 않고 유리된 상태로 존재하는 철을 일컫는 것으로서, 육류에 들어 있는 철 중 헴철 이외의 철과 채소·곡류 등 식물성 식품 중의 철이 여기에 해당된다. 동물성 식품 중에 함유된 철이라고 해서 모두 헴철은 아니며, 달걀 또는 우유에 함유되어 있는 철은 식물성 식품에 들어 있는 것과 유사한 비헴철이다.

비헴철의 장내 흡수율은 10% 내외로 헴철에 비해 훨씬 낮고, 다른 식사요인에 의해 흡수율이 영향을 받는다. 예를 들어, 비타민 C 및 고단백질 식품은 비헴철의 장내 흡수를 증가시킨다.

> ☑️ 혼합식사를 하는 경우 하루 10〜20mg의 철을 섭취하게 되는데, 이 중 소장점막을 통과해 실제로 혈액으로 흡수되는 양은 약 1〜2mg 정도이다.

그림 9-13 철의 급원식품

*( ) 안의 수치는 제시된 식품 중에 들어 있는 철의 함량임.

(4) 철의 섭취 실태 및 영양소 섭취기준

❶ 섭취 실태 2018년 전 국민의 1인당 평균 철 섭취량은 11.6mg이였으며, 철 권장 섭취량 기준 미만자의 비율은 32.2%였다. 또한 섭취하는 철의 급원식품을 살펴보면, 총 철 섭취량의 79%를 비헴철을 함유하는 식물성 식품으로부터 섭취하였고, 나머지 21% 정도만을 동물성 식품으로부터 섭취하고 있어 철의 체내 이용률이 낮을 것으로 예측된다.

❷ 영양소 섭취기준 19~49세 한국 성인 남녀의 철 권장섭취량은 각각 10mg과 14mg이다. 동일 연령에서 남성에 비해 여성의 철 권장섭취량이 더 높은 이유는 가임기 여성에 있어서 월경혈로 인한 철 손실 때문이다. 한편, 철의 상한 섭취기준은 45mg이다.

(5) 철 결핍성 빈혈

철 결핍성 빈혈(iron deficient anemia)은 전 세계적으로 가장 흔한 영양결핍증 중의 하나이다. 빈혈은 다양한 이유로 인해 나타날 수 있는데, 전체 빈혈증상의 60~80%가 철 결핍에서 비롯된다.

철 결핍성 빈혈은 철이 부족한 식습관을 오랜 기간 지속하거나 또는 습관성 출혈이 있는 경우 발생될 수 있다. 가임기의 젊은 여성은 월경을 통하여 상당량의 철을 손실하기 때문에 같은 나이의 남성에 비해 철 필요량이 더 크고, 철 결핍성 빈혈이 나타날 위험도 더 높다. 그 외에 철 결핍의 위험이 큰 집단으로는 성장기 어린이, 임신부, 엄격한 채식주의자, 기생충 감염자 및 만성 위장출혈 증상이 있는 사람 등을 들 수 있다.

알고 싶어요 ?!

Q 12~18세 청소년 남자의 철 권장섭취량이 14mg/일로 성인 남자의 10mg/일에 비해 더 높은 이유는 무엇일까?

A 이 시기는 사춘기에 접어들면서 근육량이 급격히 증가하는 시기로서, 근육 중의 미오글로빈 형성을 위한 철 요구량이 증가하기 때문이다.

Q 모유나 분유를 먹이던 아이에게 이유식을 시작하는 시기와 철 영양은 어떤 관련이 있는가?

A 모유나 우유 중의 철 함량은 매우 낮으나, 다행히도 갓 태어난 신생아의 간에는 생후 2~3개월간 살아가는 데 필요한 양의 철이 저장되어 있다. 영아에 있어서 저장 철이 다 소비되고 난 후에는 모유 또는 우유 이외의 식품으로부터 철을 공급해 주어야만 하므로 생후 3개월경부터는 이유식을 통한 철의 공급이 필요하다.

Q 가마솥과 철로 만든 조리기구를 사용하던 시절, 철 급원식품의 섭취가 낮았음에도 불구하고 철 결핍 증상이 쉽게 나타나지 않았다고 하는데, 그 이유는 무엇인가?

A 조리 시 알게 모르게 철로 만든 각종 조리기구로부터 떨어져 나온 철이 음식과 함께 섭취되었기 때문이다. 특히 가마솥의 누룽지를 박박 긁을 때를 상상해 보라! 이때 섭취한 철은 물론 비헴철이다.

가마솥과 철의 섭취

2) 요오드

(1) 요오드의 생리기능

체내에 존재하는 요오드(iodine, I)의 70~80%가 갑상선에서 발견되고 있다. 따라서 요오드는 갑상선 기능과 밀접한 관계가 있다. 즉, 요오드는 갑상선에서 분비되는 티록신(thyroxine)이란 호르몬의 구성요소이며, 티록신 호르몬은 체내에서 기초대사율을 조절하는 데 관여한다.

(2) 요오드 결핍증

요오드가 부족한 경우 티록신의 합성이 잘 이루어지지 않으므로, 신체는 이를 보상하기 위해 갑상선 조직을 더욱 확장함으로써 갑상선비대증이 나타난다(그림 9-14). 기원전 3,000년경에 이미 중국에서 갑상선종(goiter)이 발생하였다고 보고되었으며, 세계적으로 토양 중의 요오드 함량이 낮은 지역(오대호 지방, 미국과 캐나다의 태평양 연안 북서부, 중미·남미의 산간지방, 히말라야 산맥 등)의 주민에게 갑상선종이 한때 풍토병처럼 유행하였다(그림 9-15).

제1차 세계대전 당시에는 상당수의 미국 군인들이 갑상선종에 걸렸다는 보고가 있었으나, 1960년대 초에 '요오드가 첨가된 소금(iodized salt)'이 등장하면서 미국뿐 아니라 지구상에서 갑상선종이 점차 사라지게 되었다.

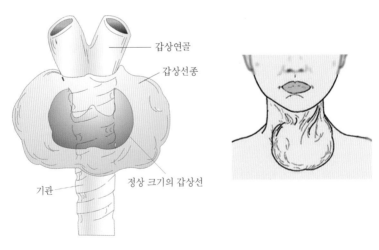

그림 9-14 갑상선과 갑상선비대증

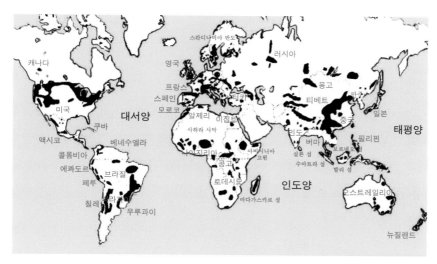

그림 9-15 갑상선종 발생지역

> 프러시아의 아름다운 여왕 루이스의 초상화를 보면 목에 수건을 감은 채로 앉아 있다. 알고 보니 이 왕비 역시 요오드 부족으로 인한 갑상선비대증 환자로, 이를 숨기기 위한 것이었다고 한다.

(3) 요오드의 급원식품

자연계에 존재하는 요오드는 주로 바닷물과 토양 중에 다량 함유되어 있으며, 요오드가 풍부한 바다와 토양에서 자란 식물은 그렇지 못한 토양에서 자란 식물에 비해 요오드 함량이 더 높다. 미역·김 등의 해조류는 대표적인 요오드 급원식품이다.

한국인 성인 남녀의 1일 요오드 권장섭취량은 150㎍이며, 1일 상한섭취량은 2,400㎍이다.

3) 아 연

(1) 아연의 생리적 기능

아연(zinc, Zn)은 수백 가지 효소 및 단백질의 성분이며, 상처회복 및 미각과 후각을 감지하는 데 필요할 뿐만 아니라 DNA 합성 및 면역기능에도 필요하다.

(2) 아연의 급원식품

아연은 거의 모든 식품에 들어 있다. 굴(oyster)이 아연이 다량 들어 있는 대표 식품이지만, 육류와 가금류에도 아연이 들어 있으며 콩, 견과류, 도정하지 않은 곡류, 영양소 강화 시리얼, 유제품도 아연의 급원식품이다.

(3) 아연의 영양소 섭취기준

19~29세 성인 남녀의 아연 권장섭취량은 각각 10mg과 8mg이다.

아연 결핍은 흔하지 않으나, 알코올 섭취로 아연의 흡수가 감소되고 소변으로의 배설이 증가되므로 알코올 중독자에서 아연 결핍의 위험이 크다. 그러나 과량의 아연 섭취는 구리의 흡수 및 대사를 방해하므로 의사의 처방 없이 아연 보충제를 복용하는 것은 위험하다.

알고 싶어요 ?!

Q 섭취한 아연의 흡수율을 높이려면?

A 아연의 흡수율은 체내 아연 필요량의 영향을 받을 뿐만 아니라 식사 내 다른 성분에 의해서도 영향을 받는다. 예를 들어, 피틴산(phytic acid)과 식이섬유는 아연과 결합하여 흡수율을 떨어뜨린다. 또한 과량섭취한 구리와 철은 소장에서의 아연 흡수를 방해한다. 따라서, 철 보충제는 식사와 식사 사이에 먹는 것이 바람직하다.

4) 셀레늄

(1) 셀레늄의 생리적 기능

체내에서 셀레늄(selenium, Se)은 셀레노단백질(selenoprotein)의 성분이며, 이들은 주로 항산화제로 작용하며 면역 기능 및 갑상선 기능 유지에도 관여한다. 따라서 셀레늄은 무기질 중 대표적인 항산화영양소로서 비타민 E와 함께 체내에서 지질 과산화를 방지하고 세포막을 보호하는 역할을 한다.

(2) 셀레늄의 급원식품

견과류, 생선, 도정하지 않은 곡류 및 육류에 다량 들어 있다.

(3) 셀레늄의 영양소 섭취기준

19~29세 성인(남녀)의 셀레늄 권장섭취량은 60μg이다.

5) 기타 미량 원소는?

(1) 구 리

구리(cupper, Cu)는 체내에서 철이 헤모글로빈 합성에 이용되는 과정에 관여하고 있다. 따라서 구리가 결핍되면 철이 헤모글로빈 합성에 제대로 이용되지 못하여 빈혈증세가 나타나는데, 이 경우에는 철을 아무리 보충해 주어도 증세가 호전되지 않고, 구리를 같이 보충해 주어야만 증세가 사라진다. 성인 남녀의 구리 권장섭취량은 각각 850μg과 650μg이다.

(2) 코발트

코발트(cobalt, Co)는 비타민 B_{12}의 구성성분으로서 결핍 시 비타민 B_{12} 결핍과 함께 악성빈혈이 초래된다.

6. 중금속 중독은 얼마나 위험한가?

영양소로 분류되지 못하는 납이나 수은 등의 무기원소는 원소주기율표에서 비교적 하반부에 위치하고, 따라서 우리 신체가 필요로 하는 영양소인 무기질에 비해 분자량이 크고 무겁다. 이들 중금속은 일단 체내로 들어오면 계속 축적되면서 강한 독성을 나타낸다. 중금속은 우리가 섭취하는 식품의 일반적인 구성성분은 아니나, 중금속에 오염된 동식물을 섭취함으로써 또는 피부를 통하여 또는 공기 중으로부터 체내로 흡수된다.

☑ 중금속은 일단 인체로 들어오면 배설이 안 되고 계속 축적된다.

1) 납 중독

조리기구, 납이 포함된 수도관, 납이 함유된 페인트로 칠한 사기그릇, 납이 함유된 페인트에서 나오는 먼지, 납이 함유된 크리스탈 유리잔, 자동차 배기가스 등을 통해 납이 체내로 들어올 수 있다. 특히 이러한 환경에 노출된 어린 유아의 경우, 아무것이나 손에 잡히는 대로 입에 가져가는 행동 특성을 보이므로 성인에 비해 납 중독의 위험이 훨씬 크다. 실제로 어린이를 위협하는 환경상의 위해성이 가장 큰 요인으로 납 중독을 들고 있다.

철은 장 점막에서 흡수될 때 납과 서로 경쟁적으로 흡수되기 때문에 철 부족의 경우 납의 흡수가 촉진된다. 따라서 납 중독의 위험이 높은 경우 철 섭취를 늘려야 한다.

납 중독의 주된 증상으로 메스꺼움, 모발손실, 체중감소 및 생식기능 장애 등이 나타날 수 있으며, 어린이의 경우 성장지연 및 정신박약의 위험성이 있고, 특히 뇌와 신경계에 영구적인 손상을 줄 수 있어 그 피해가 치명적이다.

2) 수은 중독

공업용 폐수 등에 오염된 물고기를 섭취하는 경우, 수은이 체내로 들어올 수 있다. 수은 중독을 예방하기 위해서는 가능한 한 같은 종류 중에서도 크기가 작은, 즉 어린 물고기를 선택하는 것이 좋다. 또한 다양한 종류의 생선을 섭취함으로써 수은에 오염된 생선을 다량, 반복적으로 섭취하게 되는 위험 부담을 줄일 수 있다.

생각해 봅시다

✽ 나의 나트륨 섭취습관에 대하여 알아보자!

다음은 나트륨 섭취습관을 평가하는 설문지이다. 해당되는 칸에 표시해 보자.

문 항	드물게	때때로	자주	매일
1. 훈제 혹은 가공육류(햄, 베이컨, 소시지, 프랑크 소시지, 혹은 기타 인스턴트 가공육)를 섭취하는가?	☐	☐	☐	☐
2. 채소 통조림이나 냉동채소를 소스와 함께 섭취하는가?	☐	☐	☐	☐
3. 상업적으로 조리된 반조리 식품이나 통조림 수프를 사용하는가?	☐	☐	☐	☐
4. 치즈, 특히 가공 치즈를 먹는가?	☐	☐	☐	☐
5. 가염 견과류 · 팝콘 · 콘칩 · 감자칩 등을 먹는가?	☐	☐	☐	☐
6. 밥을 짓거나 채소의 조리 시 조리수에 소금을 첨가하는가?	☐	☐	☐	☐
7. 조리하는 동안 혹은 식사 시 소금, 샐러드 드레싱, 양념(간장, 된장, 고추장, 스테이크 소스, 케첩, 겨자 등)을 첨가하는가?	☐	☐	☐	☐
8. 맛보기 전에 습관적으로 먼저 음식에 소금을 첨가하는가?	☐	☐	☐	☐
9. 외식을 할 경우 얼큰하고 짠 음식을 자주 선택하는가?	☐	☐	☐	☐

자료: 최혜미 등(1998). 21세기 영양학, 교문사.

위에 표시한 자신의 결과를 살펴보고, '자주' 또는 '매일'에 표한 항목수가 많을수록 '과잉 나트륨 섭취'의 위험신호에 노란불이 켜진 상태임을 인식하여야 한다.

에너지 대사와 비만

1. 자연계에서 식품에너지는 어떻게 순환되나?
2. 인체가 필요로 하는 에너지는 얼마나 될까?
3. 에너지 불균형은 인체에 어떤 영향을 미칠까?
4. 신경성 섭식장애, 과연 무엇인가?
5. 비만, 올바른 이해와 효과적인 관리법은?

Chapter 10

에너지
대사와 비만

은행의 잔고는 많을수록 좋으나 체내의 에너지 출납은 균형을 이루어야 한다.
이와 같은 균형이 깨어졌을 때 에너지 대사의 이상이 초래되고
질병으로까지 발전하게 된다. 최근 들어 우리나라에서도 비만 인구가
증가하는 한편, 비만을 예방 또는 치료하고자 하는 지나친 욕구에서 비롯된
신경성 식욕부진증과 탐식증 등의 역기능적 현상들이 나타나고 있다.
그리고 이와 같은 현상 뒤에는 우리 사회의 미와 건강에 관한
가치관과 문화적 배경의 변화가 숨어 있다.

1. 자연계에서 식품에너지는 어떻게 순환되나?

1) 자연계에서의 에너지 순환

지구상의 모든 에너지는 태양에너지에서 비롯된다. 즉, 식물은 태양에너지를 받아서 이를 다시 화학에너지의 형태로 전환하여 탄소원자로 연결된 유기물 내부에 저장한다. 사람이나 동물이 식물체를 섭취하면 소화과정을 통하여 열량소를 혈액으로 흡수하고 세포 내에서 이들을 산화시켜 에너지를 내게 되며, 이들 에너지의 일부는 열에너지의 형태로 전환되어 대기 중으로 되돌아간다(그림 10-1). 따라서 에

그림 10-1 자연계에서의 에너지 순환

너지는 창조되는 것도 그리고 파괴되는 것도 아니며, 다만 자연계 내에서 그 형태가 변화될 뿐이다.

2) 식품에너지의 이용

자동차가 달리기 위하여 연료가 필요하듯이 신체도 섭취한 탄수화물·단백질 및 지질로부터 필요한 에너지를 공급받아 사용한다. 이러한 에너지는 식품에 포함되어 있으며, 식품의 섭취가 중단되는 사태에 대비하여 우리의 체조직에도 일정량이 저장되어 있다. 예를 들어, 1kg의 체지방은 7,700kcal의 저장에너지를 함유하고 있다. 식물성 또는 동물성 식품이 섭취되면 장에서 소화되어 최종적으로 단당류·아미노산 및 지방산으로 분해된 후 혈액으로 흡수된다. 이들은 세포에서 두 개 또는 세 개의 탄소로 구성된 중간대사 산물로 전환되고, 후자는 TCA 사이클을 통과하면서 수소 및 전자를 발생시켜 세포 내의 에너지 생성공장인 미토콘드리아에서 고에너지 화합물인 ATP(adenosine triphosphate)를 생산하는 데 사용된다(제5장 탄수화물 영양, 82~83쪽 참조).

이와 같은 경로를 통해 생성된 ATP는 에너지를 필요로 하는 모든 신체활동에 이용된다. 즉, 신체의 필수적인 생리기능과 육체적 활동이 가능하도록 각종 식품 및 체내에 저장되어 있는 에너지를 화학에너지 또는 기계적 에너지의 형태로 전환하여 사용한다.

Q 식품마다 함유하고 있는 에너지 함량은 왜 다를까?

A 식품 중에 함유된 탄수화물·지질·단백질 및 알코올은 모두 탄소-탄소로 결합되어 있으므로 체내에서 연소되어 에너지를 낼 수 있다. 지질과 알코올은 동량의 탄수화물 및 단백질보다 탄소-탄소 결합을 더 많이 가지고 있기 때문에 더 많은 에너지를 보유한다. 식품마다 이들 각각의 열량소 함량이 다르므로 에너지 함량 또한 다르다. 즉, 쌀밥·쇠고기·달걀·사과 각 100g 중의 에너지 함량을 비교하면 단백질과 지질 함량이 높은 쇠고기의 에너지 함량이 280kcal로 가장 높고, 사과의 에너지 함량은 53kcal로 가장 낮다(아래 그림 참조).

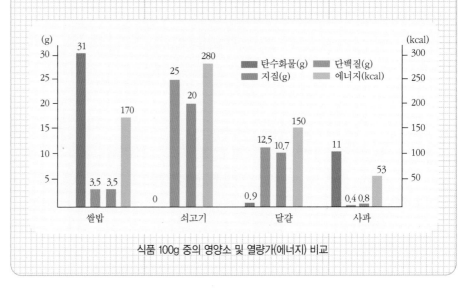

식품 100g 중의 영양소 및 열량가(에너지) 비교

2. 인체가 필요로 하는 에너지는 얼마나 될까?

1) 기초대사량

기초대사량(basal metabolic rate, BMR)이란 생명현상을 유지하기 위해 신체 내에서 무의식적으로 일어나는 활동 및 대사작용, 즉 체온조절, 심근의 수축작용, 혈액순환, 호흡 등에 필요한 에너지를 말한다.

건강한 개인의 기초대사량은 비교적 일정하다. 정상 성인의 기초대사량은 1,200~1,800kcal로 하루에 소모되는 총 에너지 소비량 중 가장 큰 비중(60~70%)을 차지한다.

 에너지(열량)의 단위는 kcal(킬로칼로리)로서, 1kcal는 15℃의 물 1kg을 16℃로 1℃ 올리는 데 필요한 에너지를 말한다.

개인의 기초대사량은 신체조건·건강상태 및 환경요인에 의해 영향을 받으며, 그 내용을 요약하면 다음과 같다.

(1) 신체의 크기

기초대사량은 일반적으로 체중에 비례한다. 예를들어,

남자의 BMR/일 : 1kcal/kg/hr × 체중(kg) × 24시간

여자의 BMR/일 : 0.9kcal/kg/hr × 체중(kg) × 24시간

또한 같은 체중이라도 체표면적이 넓은 사람일수록 피부를 통해 발산되는 열에너지의 양이 많으므로 기초대사량이 더 높다.

(2) 체구성 성분

근육은 지방조직에 비해 기초대사를 위한 에너지 소모가 더 크다. 따라서 근육조직이 잘 발달된 운동선수의 기초대사량은 일반인에 비해 더 높다.

(3) 성 별

여자는 키·체중 및 나이가 같은 남자에 비해 기초대사량이 10% 정도 더 낮은데, 이는 여자의 경우 남자보다 체지방 함량이 더 많고 근육량이 상대적으로 더 적기 때문이다. 또한 남자의 기초대사량이 여자보다 높은 이유를 성호르몬(남성호르몬과 여성호르몬)에 의한 차이로 설명하는 이론도 있다.

(4) 연 령

단위체중당 기초대사량은 생후 1~2년 동안이 일생을 통해 가장 높고, 그 이후부터 점차적으로 감소한다.

Q 기초대사량(BMR)과 휴식대사량(resting metabolic rate, RMR)은 어떻게 다른가?

A 기초대사량과 휴식대사량은 모두 호흡, 심장 박동, 체온 유지 및 신장 기능 등 생명 유지를 위한 기본적인 활동에 필요한 에너지를 측정한다. 다만, 기초대사량을 정확히 측정하려면, 장시간 동안 공복(소화 흡수 에너지 배제)을 유지하고 신체활동을 제한하기 위하여, 기상 직후(12시간 공복 후) 누운 상태로 측정해야 한다. 그러나 실제로 이와 같은 조건에서의 측정이 어려우므로 2~4시간 공복 후 측정 가능한 휴식대사량으로 기초대사량을 대체할 수 있다. 따라서 휴식대사량은 기초대사량보다 약 10% 가량 높은 값을 보인다.

Q A와 B는 동일한 체중을 지니나 A는 키가 크고 마른 반면, B는 키가 작고 뚱뚱하다. 누구의 체표면적이 더 넓을까?

A A의 체표면적이 B에 비해 1/3 정도 더 많다. 따라서 체중이 같더라도 키가 크고 마른 사람은 키가 작고 뚱뚱한 사람에 비해 기초대사량이 더 높고, 같은 양의 에너지를 섭취하더라도 에너지 소비량이 더 많다(아래 그림 참조).

Q C와 D는 키가 같으나 D의 체중이 C의 2배이다. 즉, C는 마르고 D는 뚱뚱하다. 같은 키에 체중이 2배면 체표면적도 2배일까?

A 뚱뚱한 사람(D)은 마른 사람(C)에 비해 체중이 2배이나 체표면적은 1.3배에 불과하다. 따라서 체중이 2배가 된다고 하여 기초대사량 또한 정확히 2배가 되는 것은 아니다(아래 그림 참조).

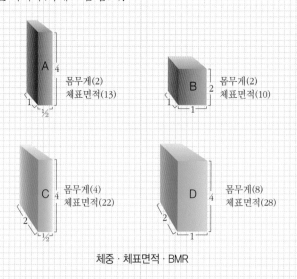

A 4 1 1/2 몸무게(2) 체표면적(13)

B 2 1 1 몸무게(2) 체표면적(10)

C 4 2 1/2 몸무게(4) 체표면적(22)

D 4 2 1 몸무게(8) 체표면적(28)

체중·체표면적·BMR

(5) 기 후

기온이 낮으면 무의식적인 반사작용의 결과로 수의 및 불수의 근육활동이 증가하고, 체온을 일정하게 유지하기 위해 기초대사량이 상승한다. 따라서 같은 지역에 사는 사람들도 여름에 비해 겨울 동안의 기초대사량이 약 10% 정도 더 높다. 아울러 열대지방에 사는 사람은 에스키모 인처럼 추운 지방에 사는 사람보다 BMR이 10~20%가량 더 낮고 총 에너지 소비량이 그만큼 더 적어, 비만 인구가 많은 경향을 보인다.

(6) 건강상태

영양소 섭취가 부족하거나 기아상태에서는 기초대사량이 저하되는데, 이는 신체가 영양소 섭취가 부족한 상황에 적응하기 위해 에너지 소모를 줄인 결과이다. 또한 감염으로 인해 열이 나는 경우 기초대사량이 증가하고, 갑상선 기능이 항진된 상태에서도 체내 대사가 촉진되므로 기초대사량이 증가한다.

(7) 에너지 섭취량

에너지 섭취를 극심하게 제한하면 신체는 에너지 소모를 줄이기 위한 보호작용의 일환으로 기초대사량을 감소시키게 된다(예를 들어, 하루에 800kcal에 해당하는 식사를 10일간 섭취하면 기초대사량이 약 6% 정도 감소함). 따라서 체중감소를 위해 식이제한을 하는 경우에는 기초대사량에 영향을 주지 않는 범위 내에서 에너지 섭취량을 제한하여야 한다.

2) 활동대사량

육체적 활동으로 인해 소모되는 에너지를 활동대사량(energy for physical activity)이라고 하며 이는 활동의 강도, 일하는 시간 및 개인의 체격에 의해 영향을 받는다. 표 10-1에서는 다양한 종류의 활동에 따른 에너지 소비량(kcal/kg/hr)과 60kg 성인의 시간당 에너지 소비량이 제시되어 있다. 활동에 의한 에너지 소비량은 개인에 따라 차이가 있으나 일반적으로 1일 총 에너지 소비량의 약 30% 정도를 차지한다.

표 10-1 활동 종류에 따른 에너지 소비량

활동 종류	kcal/kg/hr	kcal/60kg/hr
공부	0.42	25
자동차 운전, 다림질, 컴퓨터	1.02	61
손빨래, 청소	1.5	90
자전거타기, 골프, 걷기	2.52	151
탁구치기, 스케이트	4.02	241
테니스, 뛰기, 계단오르기	6.48	388

3) 식품의 열량소대사량

식품 섭취 후 식품을 소화·흡수·대사·이동 및 저장하는 데 필요한 에너지를 식품의 열량소대사량(diet induced thermogenesis, DIT)이라 하는데, 이는 마치 물건을 수입할 때 부과되는 '세금'에 비유할 수 있다. 예를 들어, 체외에서 탄수화물 1g을 완전히 연소시키면 4.3kcal의 에너지가 발생되나, 탄수화물 1g을 섭취하면 이중 0.3kcal는 체내에서 탄수화물이 대사되는 과정에 이용되고 4kcal만이 신체의 기능 및 활동을 위해 사용될 수 있다. 이때 0.3kcal를 식품의 열량소대사량, 식사성 발열효과(thermic effect of food, TEF) 또는 식품의 특이동적 작용을 위해 소모된 에너지로 간주한다.

균형 잡힌 식사를 할 때 식품의 열량소대사를 위해 소비되는 에너지는 일반적으로 총 섭취 에너지의 약 10% 정도이다. 따라서 하루에 소요되는 총 에너지를 계산할 때는 공제된 10%(세금)에 해당되는 것을 더해야 한다.

3. 에너지 불균형은 인체에 어떤 영향을 미칠까?

섭취된 에너지와 소비된 에너지의 균형 여부에 따라 신체의 체중 변화가 초래된다 (그림 10-2). 에너지 섭취량과 소모량이 동일한 경우에는 에너지 출납이 균형상태에 있으므로 체중의 변동이 없다. 그러나 에너지 섭취량이 소모량보다 더 많을 때는 섭

그림 10-2 에너지 균형과 불균형

취된 과잉의 에너지가 체지방 형태로 축적되어 체중이 증가한다. 이와는 반대로 에너지 섭취량이 소모량보다 적을 때는 부족한 에너지를 보충하기 위하여 체조직의 분해가 진행되므로 체단백질 및 체지방의 손실이 초래되고, 체중이 감소한다.

1) 체내의 저장에너지

단기 또는 장기간의 기아상태에 대비하기 위하여 신체는 다양한 형태로 에너지를 체내에 저장하고 있다. 예를 들면, 식사를 마치고 다음번 식사를 할 때까지 일시적으로 음식물의 공급이 중단된 상태에서는 두뇌 및 심장을 포함한 신체의 주요 장기에 지속적으로 포도당을 공급해 주기 위해서 간 또는 근육에 저장된 글리코겐(제5장 탄수화물 영양, 88~89쪽 참조)이 우선적으로 분해되어 사용된다. 음식물의 공급이 하루 이상 장기간 중단되면 혈당을 유지하기 위해 근육을 구성하는 단백질이 분해되어 포도당 합성에 이용될 뿐만 아니라, 체지방이 연소되어 에너지를 제공하게 된다. 주된 에너지 저장고인 체지방은 주로 피하와 장기 주변에 축적된다.

✅ 때로 대형건물 또는 탄광의 붕괴사건이 보도된다. 그때 붕괴현장의 지하에서 수주 이상 갇혀 있던 생존자들은 음식을 통한 에너지 공급이 중단된 상태에서 어떻게 에너지를 공급받을 수 있었을까?

Q 비상시 사용 가능한 체내의 저장에너지에는 어떠한 종류가 있으며, 그 양은 얼마나 될까?

A 당질(탄수화물)의 저장에너지 형태에는 두 가지가 있다. 첫 번째는 혈액 중의 포도당으로, 체내 총량이 약 20g으로 매우 적다(약 80kcal에 불과). 두 번째는 간과 근육에 저장되어 있는 글리코겐으로, 성인의 경우 평균 400g의 글리코겐이 저장되어 있으므로 1,600kcal에 해당된다. 글리코겐은 혈당보다 저장량이 많기는 하나 2~3시간 운동을 하거나 저녁식사 후 자고 나서 다음날 아침이 되면 거의 고갈되므로 그리 충분한 저장고는 못된다. 또한, 비상시 에너지원으로 이용되는 신체의 단백질 함량은 체중의 15% 정도이다.

한편, 체내 지방 함량은 남자의 경우 체중의 15% 정도, 그리고 여자의 경우 체중의 20~25%를 차지하여 저장에너지 중 그 함량이 가장 많을 뿐 아니라, 체지방은 당질 및 단백질과 달리 1g당 7.7kcal의 에너지를 발생하므로 '최적 및 최대의 에너지 저장고'라고 할 수 있다.

2) 체지방량의 변화

(1) 체지방 과다

과체중(overweight) 상태가 반드시 체지방(overfat)이 과다하게 축적된 상태를 의미하는 것은 아니므로 체중만으로 비만을 평가해서는 안 된다. 예를 들어, 근육

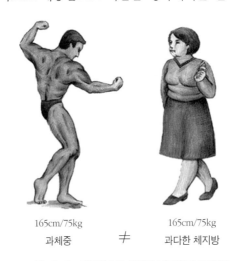

165cm/75kg   165cm/75kg
과체중   ≠   과다한 체지방

그림 10-3 체중만으로 비만을 평가하지 마세요!

이 잘 발달된 운동선수의 경우 체중과 신장만 가지고 평가한다면 과체중으로 판정받기 쉬우나, 결코 체지방 과다는 아니다(그림 10-3).

체지방이 과다해지면 고혈압·당뇨병·심장질환 및 암 등에 걸릴 확률이 높아지고, 관절염·담낭병과 호흡기계 질환 등이 악화되기 쉽다. 또한 임신한 여성의 경우 임신합병증이 나타날 확률이 높아진다.

(2) 체지방 부족

장기간 에너지 섭취가 부족하게 되면 체지방이 손실될 뿐만 아니라 다른 영양소의 결핍이 나타나기 쉬우며, 체단백질의 손실과 함께 면역기능 또한 저하된다. 체지방 함량이 지나치게 낮은 경우 질병·외상 또는 외과수술 시 회복이 더디다. 또한 여성의 경우 일정수준 이하로 체지방량이 감소하면 무월경증이 나타난다.

3) 에너지 대사에 영향을 미치는 유전적 요소

비만의 진행 속도 또는 에너지 대사의 효율성은 어느 정도 유전에 의해 결정되는 것이 사실이다. 예를 들어, 입양된 어린이의 체중 및 비만도는 입양한 가족보다는 친가족과 더 유사하게 나타나며, 쌍둥이 형제가 어렸을 때 서로 다른 식문화권의 가정으로 각기 입양되어 성장하였음에도 불구하고 성인이 된 후 비슷한 체형을 지니는 것을 종종 볼 수 있다. 유전적으로 비만체질인 사람은 체내의 열량소 대사에 있어서 낭비회로(futile cycle)가 발달되어 있지 않을 뿐만 아니라, 지방조직(adipose tissue)에서 열을 발생시키는 능력이 저하되어 있기 때문에 섭취한 에너지가 체지방으로 전환되어 저장되는 비율이 정상인보다 상대적으로 더 높다. 에너지 대사와 밀접한 관련이 있는 소화흡수율 또는 소장의 길이 역시 개인의 유전적 소인에 따라 다르다. 즉, 같은 정도의 육체적 활동을 하더라도 BMR과 DIT가 낮은 절약형 체구를 가진 사람은 BMR과 DIT가 높은 낭비형 체구를 지닌 사람보다 더 적은 양의 에너지를 필요로 한다.

장기간에 걸쳐 체중을 줄이거나 늘이려는 노력에도 불구하고 개인의 체중은 일정한 범위 내에서 유지된다는 것이 '세트-포인트(set-point) 이론'이다. 이는 개인의 신체마다 '자신이 좋아하는 체중'이 있어서, 그 체중을 유지하기 위해 식행동뿐 아니라 체내의 에너지 대사율이 조절되고 있음을 의미한다.

BMR

기초대사량

DIT

식품의 열량소대사량

유전적 요인이 반영된 체형의 다양성

개인의 체형은 가늘고 긴 체형(A), 단단한 근육형(B) 및 부드럽고 둥근 형(C) 등 크게 세 가지로 구분할 수 있다(아래 그림 참조). 개인의 체형은 많은 부분이 유전에 의한 것으로서 식사조절과 운동에 의해서는 어느 정도까지만 조절이 가능하다. 즉, 둥글고 부드러운 형은 조금 더 살을 빼고 근육이 단단해질 수는 있으나, 가늘고 긴 체형으로 되지는 않는다. 반면, 가늘고 긴 체형을 지닌 사람은 근육의 부피를 다소 늘릴 수는 있으나 여전히 날씬한 형태의 체격을 유지할 것이다.

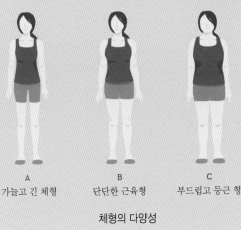

체형의 다양성

4. 신경성 섭식장애, 과연 무엇인가?

의식적으로 에너지 균형상태를 변화시키고자 비정상적으로 많이 먹거나 또는 먹기를 거부하는 등의 식행동 변화를 나타내는 것을 '신경성 섭식장애'라고 한다. 그 결과 비만이나 신체쇠약을 초래하게 되는데, 여기에는 신경성 식욕부진증과 신경성 탐식증이 포함된다.

1) 신경성 섭식장애의 원인

신경성 섭식장애를 유발하는 원인은 매우 다양하며, 크게 생물학적·심리적 및 사회 문화적 요인의 세 가지로 나누어 설명할 수 있다.

(1) 생물학적 원인

우울증과 관련된 생물학적 요인에 의해 섭식장애가 나타날 수 있으며, 따라서 신경성 식욕부진증 또는 탐식증 환자 10명 중 7명은 우울증의 증세를 보인다.

(2) 심리적 원인

사고방식과 생에 대한 가치가 지나치게 한쪽으로 치우쳐 있어, 완벽을 추구함과 동시에 자신을 힘들게 함으로써 만족감을 느끼는 사람에게서 나타나기 쉬우며, 이들은 또한 살이 찌는 것을 부끄러운 일로 생각한다.

(3) 사회 문화적 원인

우리 사회의 마른 체형에 대한 지나친 집착과 선망이 신경성 섭식장애의 직접적인 원인이 될 수 있으며, 이는 특히 사춘기 소녀에게서 예민하게 나타난다.

> ✓ 신경성 식욕부진증과 탐식증을 보이는 환자의 90~95%가 여자이며, 신경성 식욕부진증 환자의 약 1/3가량은 전에 체중이 약간 초과된 상태에 있었던 경험이 있다.

자신이 이상적으로 생각하는 체형과 스스로 인지하는 자신의 체형 간의 차이는 체형 또는 신체상에 대한 현 시대의 사회 문화적 영향을 반영하고 있다. 한 예로 그림 10-4에서는 만화영화에 등장하는 여주인공의 모습을 통하여 미인의 기준이 시대에 따라 어떻게 변화되었는가를 보여준다. 즉, 우리의 부모세대가 즐겨 보던 '백설공주'의 여주인공으로부터는 통통한 얼굴에서 풍성한 아름다움을 느끼게 되나, '포카혼타스'의 여주인공으로부터는 날씬하면서도 단단한 근육질의 건강미를 느끼게 된다.

그림 10-4 '백설공주'와 '포카혼타스'에 등장하는 여주인공의 체형

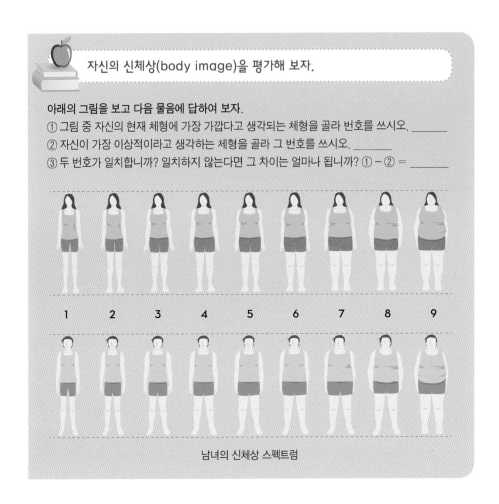

자신의 신체상(body image)을 평가해 보자.

아래의 그림을 보고 다음 물음에 답하여 보자.
① 그림 중 자신의 현재 체형에 가장 가깝다고 생각되는 체형을 골라 번호를 쓰시오. _____
② 자신이 가장 이상적이라고 생각하는 체형을 골라 그 번호를 쓰시오. _____
③ 두 번호가 일치합니까? 일치하지 않는다면 그 차이는 얼마나 됩니까? ① - ② = _____

남녀의 신체상 스펙트럼

2) 신경성 식욕부진증

(1) 정 의

신경성 식욕부진증(anorexia nervosa) 또는 거식증 환자는 특별한 질병이 없는 상태임에도 불구하고 원래의 체중에서 최소 25% 이상 감소되어 있다. 체중이 빠지는 중임에도 불구하고 살이 찌는 것에 대한 두려움이 사라지지 않고, 다시 표준체중으로 돌아가기를 원하지 않는다. 지나치게 말랐음에도 불구하고 너무 '살이 쪘다'고 느끼는 등, 자신의 '신체상(body image)' 형성에 문제가 있다.

신경성 식욕부진증 환자는 자신에 국한시켜서만 잘못된 신체상을 가지고 있다. 예를 들어, 자신 이외의 다른 마른 사람에 대해서는 '너무 말랐다'고 올바른 평가를 하면서도, 자신에 대해서는 실제로 체중이 부족한 상태임에도 불구하고 '너무 뚱뚱하다'고 믿어 비관한다.

신경성 식욕부진증의 사례

미국 체조선수권 대회에서 2위를 차지했던 크리스티 헨리크는 22세의 짧은 생애를 마감하여 체조계를 충격으로 몰아넣었다. 사인은 '영양실조로 인한 다장기 기능부전'으로 알려졌다. 즉, 에너지 공급을 거의 중단한 상태에서 운동을 계속해 신체의 장기들이 한꺼번에 작동을 멈춰 버린 것이다.

4세 때 체조를 시작해 8세 때 혹독하기로 소문난 체조학교 그레이트 아메리칸 짐네스틱 익스프레스에 입교, 14세 때에는 주니어 체조대회에서 입상하면서 주목을 받게 된 크리스티의 별명은 E.T.이다. 우리말로 '악바리'쯤으로 번역될 extra tough의 머리글자이다.

그녀가 16세 되던 해 0.118점 차이로 올림픽 대표 선발전에서 탈락한 그녀는 이듬해에는 전미 선수권 2단 평행봉 대회에서 4위를 기록, 체조선수로서 최고의 해를 맞았지만 살인적인 감량작전이 시작된 것도 이때부터이다. 올림픽에 출전하려면 체중을 좀 줄여야 할 것이라는 심판의 말에 그녀는 굶기 시작했다. 하루에 사과 한 개, 그러다가 사과 한 쪽. 당시 43kg이던 크리스티는 몸의 균형을 잃고 병원을 들락거리기 시작, 5년 만에 죽음에 이르고 말았다. 21kg까지 떨어졌던 몸무게가 켄자스 시티 메디컬 센터에서의 치료로 27kg까지 회복되었지만 크리스티의 병든 마음을 고치지는 못했다. 병원에서도 하제를 복용하며 에너지를 소비하려고 늘 사방을 뛰어다녔던 그녀는 휠체어에 묶여 "내 마음속엔 악마가 살고 있다."고 호소했다. 크리스티의 약혼자였던 모레노는 "신경성 섭식장애는 크리스티만의 문제가 아니며, 여자체조계 전체가 이로 인한 위기에 처해 있다."고 말했다.

미래학 체육당국의 연구에 따르면, 체조나 피겨스케이팅처럼 '몸매'가 중요한 스포츠 선수의 70% 이상이 거식증이나 탐식증, 또는 이 두 가지를 오가는 신경성 섭식장애에 빠진 경험이 있고 그중 93%가 여자라는 것이다. '나약한 소녀'의 모습을 선호하는 인식 탓에 체조선수들의 체격도 눈에 띄게 변화했다. 이대로 가다가는 제2, 제3의 크리스티가 나올 것이라는 우려의 소리가 높다. 크리스티의 죽음을 계기로 미국 체조연맹은 경기 전에 골밀도를 측정하여 일정한 기준을 넘도록 하는 방안을 검토하고 있다.

(2) 장 애

여성에게 나타나는 신경성 식욕부진증 현상의 가장 뚜렷한 장애는 무월경과 여성 호르몬인 에스트로겐 분비의 감소이다. 여성의 경우 체지방이 체중의 일정비율 이상 축적되어야 비로소 월경이 정상적으로 이루어지는데, 신경성 식욕부진증 환자의 경우 현저한 체중감소 현상이 나타나기 이전에 무월경증이 먼저 나타난다. 이들에게 발생되는 골다공증은 부적절한 칼슘 섭취뿐만 아니라 에스트로겐 분비의 감소로 인한 것이다(제9장 무기질 영양, 209쪽 참조). 신경성 식욕부진 증상을 보이는 남자들의 경우에는 남성호르몬인 테스토스테론 분비의 감소로 성기능 장애가 초래되기도 한다.

신경성 식욕부진증은 남녀 모두에게 있어서 신체 전반에 걸쳐 영향을 미칠 수 있다. 예를 들어, 시상하부 기능에 이상이 생겨 혈압 및 체온이 떨어지고, 호흡 및 심장박동수의 감소, 추위에 대한 내성 감소, 반사작용의 지연, 변비 및 피부건조증 등과 함께 손톱이 쉽게 부러지며, 머리카락이 가늘어지고 빠지는 현상 등이 나타난다. 신경성 식욕부진증 환자는 또한 전해질(Na, K, Mg, Ca) 불균형으로 인하여 피로감·근육경련·신장이상·부정맥 및 심장마비 등의 증세를 일으키기도 하며, 전반적인 영양불량으로 인하여 무기력증, 건망증, 집중력 감소, 편집증(정신질환), 충동적인 흥분 등의 증상이 나타나기도 한다. 상태가 극심한 경우 사망에 이르게 되는데, 주로 만성적인 영양 결핍으로 인한 여러 장기의 기능부전이 주된 사인이 되고 있다.

3) 신경성 탐식증

(1) 정 의

신경성 탐식증(bulimia nervosa) 환자는 신경성 식욕부진증 환자와는 다르게 무조건 음식을 거부하는 것이 아니라 때때로 남 몰래 실컷 음식을 먹을 때도 있다. 그리고 폭식한 것을 후회하며, 스스로 자책하고 우울해하면서 의도적으로 구토를 유도하거나 하제(laxative)를 복용하여 먹은 것을 토하거나 배설시킨다. 폭식 → 굶기 → 폭식 등을 반복하므로 단기간 내에 체중변화의 폭이 10kg 이상 유동적으로 나타나고, 자신의 식습관에 문제가 있음을 인정하면서도 고칠 수 없음을 괴로워한다 (그림 10-5).

미국 FDA(food and drug administration)의 보고에 따르면, 신경성 식욕부진증 환자의 40~50%가 탐식증의 증상도 함께 보이는 것으로 나타났다. 두 섭식장애의 뚜렷한 차이는 식욕부진증의 경우 음식을 외면하고 피하는 데 비해, 탐식증은 때로 음식먹기에 빠져들어 사회활동과 작업이 어렵게 되기도 하며, 먹은 것을 토하기 위하여 하제를 한 번에 50~100알 정도씩 다량 복용하기도 한다는 것이다. 신경성 탐식증 환자는 평소에는 정상적인 패턴으로 식사를 하다가도 일단 폭식이 시작되면 불과 15분 정도에 3,000~4,000kcal 정도의 열량 섭취가 가능하다.

그림 10-5 신경성 탐식증 환자의 비정상적 식행동 사이클

(2) 장 애

신경성 탐식증 환자는 신체적^정신적으로 뚜렷한 장애가 나타나는데, 초기에 치료하면 문제가 없겠지만 그 기간이 길어질수록 영구적인 손상을 남기게 된다.

탐식증 환자의 체중변화는 식욕부진증 환자에서처럼 위험할 정도는 아니나 그 기복이 심한 것이 특징이다. 또한 이들의 40% 이상에서 월경불순을 경험하게 되며, 갑자기 많은 양의 음식을 먹음으로 인하여 위확장증, 심지어 위파열이 초래되기도 한다. 구토가 반복됨에 따라 타액선이 확장되어 볼이 부어오르며, 치아 에나멜층이 부식되고, 발진, 뺨의 모세혈관 파열 및 식도염 등의 증상이 나타난다. 섭취한 과량의 음식을 쏟아내기 위하여 구토를 하거나 하제를 복용하지만, 실제로 열량 섭취를 줄이는 데 있어서는 그리 효과적이지 못하다. 하제를 남용하는 경우 칼륨 등의 무기질 손실이 초래되고, 이와 같은 전해질 불균형은 심부전 또는 신부전의 원인이 되며 쇼크를 유발하기도 한다.

당뇨병 환자가 신경성 탐식증에 걸릴 경우 탄수화물을 제대로 대사시키지 못하므로, 탄수화물 함량이 높은 음식을 단시간 내에 많이 먹게 되면 특히 위험하다.

4) 신경성 섭식장애의 치료

대부분의 신경성 식욕부진자는 자신이 질병상태에 처해 있음을 부인하며, 치료에 관심이 없거나 심지어는 치료받기를 거부하기도 한다. 한편, 신경성 탐식자는 일반적으로 신경성 식욕부진자보다 치료에 더 많은 관심을 보이나, 치료효과가 금방 나타나지 않을 경우에는 쉽게 좌절한다. 3개월간 체중이 30% 이상 감소되거나 심한 대사장애, 우울증, 자살기도 및 정신질환 등의 증세가 있는 경우에는 입원이 필요하다.

신경성 식욕부진증과 탐식증 환자를 성공적으로 치료하기 위해서는 개인적인 심리치료, 가족과의 상담 및 영양적인 치료 등이 동시에 이루어져야 한다. 결국 이들에게 있어서 문제가 되는 것은 체중이 아니라 행동 그 자체이기 때문이다. 식욕부진증의 증세는 쉽게 치료되지 않을 뿐 아니라, 환자들의 식사태도 역시 단기간에 변화되기를 기대하기는 어렵다. 즉, 체중이 증가하고 월경이 다시 시작된다고 하더라도 사회적 부적응 현상, 그리고 병리적인 식사행동은 한동안 그대로 남아 있게 된다. 신경성 식욕부진증이 장기화될 경우 신체에 영구적인 손상을 줄 수도 있다. 식욕부진증 환자의 약 1/4가량은 정상적인 식사행동으로 회복된 지 2년이 지나도록 표준체중에 이르지 못하고 월경불순이 계속되며, 1/3~1/2에서는 심리적인 손상이 계속 남아 있다는 보고도 있다. 또한 1년 이상 식욕부진증을 보인 사람들의 약

20%에서 골밀도의 감소와 함께 골다공증이 발견되기도 한다.

5) 신경성 섭식장애의 위험 신호

혹시 자신이나 주변의 친구 또는 가족 구성원 중 신경성 섭식장애 증세를 가지고 있거나 섭식장애에 걸릴 위험이 있는지의 여부를 알고 싶다면 다음의 체크리스트를 이용하여 확인해 보자.

(1) 거식증 체크리스트

- 짧은 기간 동안 급격한 체중감소가 있었다.
- 체중감량의 목표를 달성한 이후 또다시 새로운 감량목표를 설정한다.
- 마른 체격인데도 불구하고 살이 쪘다고 불평한다.
- 음식을 매우 적게 먹는데도 배가 고프지 않다.
- 혼자 있는 시간이 많고, 식사도 혼자 하는 것을 좋아한다.
- 식사에 대한 강박감을 갖고 있다. 음식을 너무 오래 씹는다든지 아주 작은 조각으로 잘게 잘라 오래 먹는다.
- 월경이 중단되고 있다.
- 자신이 불행하다고 생각하며, 우울증상을 보인다.
- 학업성적을 올리려고 지나치게 노력한다.
- 머리카락이 빠지고 체온이 내려간다.

(2) 탐식증 체크리스트

- 최근 폭식으로 인해 체중이 늘었다.
- 폭식습관이 있다는 것을 알면서도 그것을 조절하지 못해 괴로워한다.
- 다른 사람에게는 다이어트 중이라고 말하지만 여전히 체중이 많이 나간다.
- 남몰래 음식을 많이 먹는다.
- 음식을 많이 먹고 난 후에 자신을 비판한다.
- 과체중 또는 비만으로 인해 사회적·육체적 활동이 위축되어 있다.
- 체중과 체형이 자신의 이미지를 결정하는 제1 요소라고 생각하며, 체중문제가

생활의 주된 관심사가 되고 있다.

• 자주 피로한 증상을 보인다.

• 우울해하고 비관적인 생각을 갖고 있다.

• 뺨의 침샘이 부어 얼굴이 동그랗게 변한다.

• 이를 자주 닦아도 충치가 생긴다.

• 체중이 5~8kg 범위 내에서 자주 변한다.

• 목이 아프다거나 근육통을 호소한다.

5. 비만, 올바른 이해와 효과적인 관리법은?

1996년 5월 16일 세계보건기구(WHO)는 전 세계적으로 비만 인구가 점차 증가하고 있음을 밝히고, 비만은 분명히 '치료가 필요한 병'이라고 경고하였다. 2010년 통계에 의하면, 약 10억 명의 인구가 과체중(BMI > 25kg/m²)이고, 3억 명의 성인 인구가 비만환자(BMI > 30kg/m²)로 진단되며, 매년 260만 명이 비만에 의한 질병으로 사망하고 있다. 이와 같이 비만 인구가 증가하는 추세는 한국도 예외가 아니어서 2018년도에 이미 한국 성인의 35%가 치료가 필요한 비만환자(BMI > 25kg/m²)로 분류된 바 있으며, 이로 인한 각종 만성질환 발병률 및 사망률이 급증하고 있다.

1) 비만의 주된 원인

비만, 더 정확하게 표현하여 '체지방과다'는 유전적인 요인 이외에도, 내분비계에 이상이 있거나 뇌의 시상하부 장애 또는 뇌하수체 및 송과선 종양 등으로 식욕중추에 장애가 생겨서 초래될 수 있다. 그러나 이와 같은 병적인 원인에 의해 비만이 되는 경우는 실제로 매우 드물고, 인체에서 나타나는 거의 대부분의 비만은 에너지 출납(섭취량과 소모량)에 있어서 양의 불균형이 장기적으로 지속되어 나타나는 단순형 비만이다. 즉, 섭취된 에너지에 비해 소모된 에너지가 더 적은 경우 여분의 에너지가 체지방의 형태로 축적되어 비만이 된다.

2) 비만의 진단

비만이란 엄밀한 의미에서 체내에 지방이 과다하게 축적된 상태이고, 따라서 비만을 정확히 진단하려면 '체지방량'의 측정이 필요하다. 체지방량은 '체지방 측정기'를 활용하여 정확한 측정이 가능한데, 정상범위는 18~28%이다. 체지방 측정기가 없는 환경에서는 다음과 같이 보편화된 방법을 이용하여 비만을 간단하게 진단할 수 있다.

(1) 표준체중에 대한 현재 체중의 비율

표준체중에 대한 현재 체중의 비율을 계산하고 표 10-2에 준하여 비만 또는 수척 정도를 평가하는데, 그 비율이 120% 이상이면 비만으로 진단한다. 여기서 표준체중은 다음과 같은 공식에 의해 구한다.

$$\text{표준체중(kg)} = [\text{신장(cm)} - 100] \times 0.9 \text{(주로, 성인의 경우)}$$

표 10-2 표준체중에 대한 현재 체중의 비율

$\dfrac{\text{현재 체중}}{\text{표준체중}} \times 100$	≤ 90%	91~109%	110~119%	120~139%	> 140%
비만 정도	저체중	정상	과체중	비만	고도비만

(2) 체질량지수

체중(kg)/신장(m²)으로 비만을 진단할 수 있다. 서양인의 경우 체질량지수(body

mass index, BMI)가 25부터 29.9까지를 과체중, 30 이상이면 비만으로 진단하는 한편, 한국인 및 일본인을 포함한 아시아인의 경우에는 BMI가 23부터 24.9까지를 과체중, 25 이상이면 비만으로 진단한다. 이와 같이 아시아인에서 서양인에 비해 비만 진단기준이 더 낮은 것은 아시아인의 경우 BMI가 23 이상이 되면 이미 고혈압 및 당뇨병 등의 비만합병증 발생이 의미 있게 증가하는 특징을 고려한 것이다. 그림 10-6을 이용하여 자신의 체중과 신장을 찾아서 선으로 연결하면, 중앙의 BMI 값을 지나가게 될 것이다. 자신의 BMI 값을 찾아보고, 기준치와 비교하여 비만도를 평가해 보자.

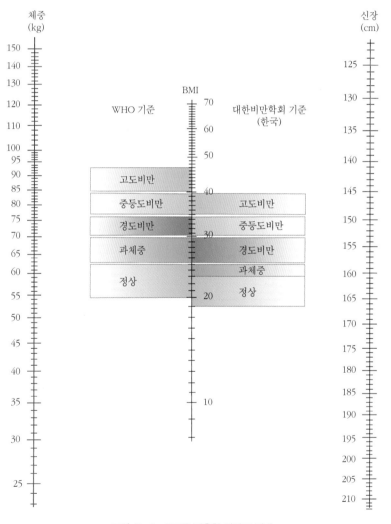

그림 10-6 BMI를 이용한 비만도 평가

3) 지방조직의 특성과 대사성염증

체지방을 구성하는 지방조직은 에너지를 중성지방의 형태로 쌓아두는 '저장고' 정도로 인식되었으나, 최근에는 다양한 물질들을 합성하여 분비하는 역동적인 기관으로 새로이 자리매김되고 있다. 체내의 지방조직을 마가린 또는 버터와 비슷한 모양을 지니는 지방덩어리로 연상하기 쉬우나, 실제로 지방조직은 수많은 지방세포(adipocytes)와 그 사이를 지나가는 혈관으로 구성되어 있다.

이들 지방세포(adipocytes)는 세포의 크기에 따라서 전혀 다른 두 가지의 얼굴을 가지고 체내 대사를 조절한다. 즉, 날씬한 사람의 날씬한 지방세포는 단순히 지방을 축적하는 역할에 치중하는 한편, 뚱뚱한 사람의 비대해진 지방세포는 지방을 축적하는 기능을 넘어서 유리지방산과 다양한 사이토카인(cytokines)을 분비하고, 주변의 혈액으로부터 면역세포를 유인하여 염증반응을 활성화시키는 역할을 한다. 이와 같이 에너지 과잉으로 인해 비대해진 지방조직에서 만성적으로 서서히 진행되는 염증반응을 '대사성염증(metaflammation)'이라 하고, 후자는 인슐린의 기능을 무력화시키는 인슐린저항성을 유발하고, 2형 당뇨와 심혈관계 질환을 포함하는 비만합병증의 원인이 된다(그림 10-7).

> **사이토카인(cytokines)**
>
> 면역세포(단핵대식세포, 임파구 등) 또는 지방세포에서 분비되는 다양한 종류의 단백질로서 면역반응 시 세포 간의 의사소통이 이루어지는 데 중요한 역할을 담당하는데, 사이토카인의 종류에 따라서 염증반응을 촉진하기도 또는 억제하기도 한다.

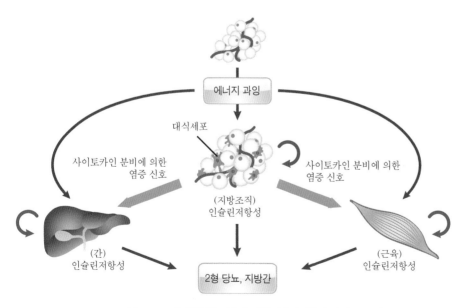

그림 10-7 대사성염증 반응에 의한 인슐린저항성 발생

4) 비만의 분류

(1) 지방세포 수와 크기에 따른 분류

지방세포의 크기가 증가하여 생긴 비만(hypertrophic obesity)은 주로 성인기에 나타나는 비만형태인 반면, 지방세포 수와 함께 한 개의 지방세포가 갖는 크기가 같이 증가되어 생긴 비만(hyperplastic & hypertrophic obesity)은 주로 어려서부터 시작된 비만의 경우에 해당된다.

 비만 아동이 성인 비만으로 이행될 가능성은 정상체중 아동보다 75~80% 이상 더 높다. 특히 비만이 여러 가지 성인병 유발과 밀접한 관련이 있다는 점에서 소아비만의 예방 및 치료의 중요성이 다시금 강조된다.

(2) 여성형 비만과 남성형 비만

최근 들어 체내에 함유된 총 지방 함량뿐 아니라 체지방의 분포형태가 각종 질병의 발생에 영향을 미치는 중요한 인자임이 밝혀졌다.

❶ 여성형 비만(하체비만형, 서양배 모양) 여성에게서 많이 관찰되는 비만형으로, 체지방이 주로 엉덩이 및 대퇴부에 축적되어 있다. 여성으로서 엉덩이둘레에 대한 허리둘레의 비가 0.8 이하인 경우 여성형 비만 또는 하체비만형으로 간주한다.

❷ 남성형 비만(상체비만형, 사과 모양) 남성에게서 많이 나타나는 비만형으로, 체지방이 주로 흉부·복부 및 팔 등 신체 상부에 축적되어 있다. 또한 남성으로서 엉덩이둘레에 대한 허리둘레의 비가 0.95 이상인 경우, 그리고 여성으로서 그 비가 0.85 이상인 경우를 남성형 비만 또는 상체비만형이라 한다.

(3) 내장지방형과 피하지방형 비만

내장지방형 비만은 복부, 특히 복강 내 장기 주위(장간막 및 문맥계)에 지방이 과잉 축적된 형태이며, 이러한 내장지방형 비만은 복부 전산화단층촬영(CT)을 이용하여 진단이 가능하다. CT 영상(그림 10-8)에서 내장지방과 피하지방의 면적비를 구해 그 비가 0.4 이상이면 내장지방형 비만, 0.4 미만이면 피하지방형 비만으로 진단한다.

내장지방조직은 피하지방조직에 비해 대사성염증이 훨씬 더 활발하게 진행되고,

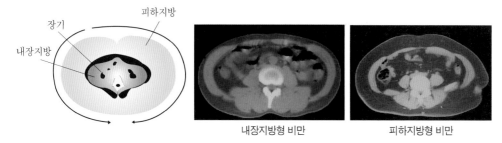

내장지방형 비만　　　　　　　피하지방형 비만

그림 10-8 내장지방형 및 피하지방형 비만의 복부 CT 영상 비교

따라서 내장지방형 비만은 피하지방형 비만에 비하여 당뇨병·이상지질혈증·지방간 ·고혈압 등 성인성 만성질환의 합병증을 일으키기 쉬운 비만형이다. 내장지방형 비만 발생의 위험요인과 비만합병증과의 관련성을 요약하면 그림 10-9와 같다.

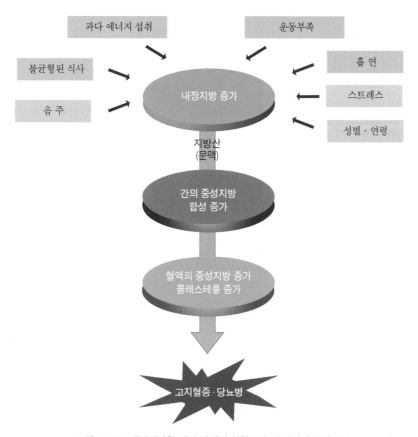

그림 10-9 내장지방형 비만 발생의 위험요인 및 질병과의 관련성

5) 비만의 치료

(1) 요요현상

비만은 다른 질환에 비해 치료가 어렵고, 일단 치료되더라도 원래상태로 되돌아가기 쉽다는 특징을 지닌다. 세트-포인트(set-point) 이론에 의하면, 극심한 식사제한을 하는 경우 신체의 모든 대사체계가 저열량식에 적응하게 됨으로써, 체중감소가 더 어려워지고 체중증가는 오히려 쉽게 일어나도록 길들여진다는 것이다. 즉, 다이어트를 하는 사람의 90% 이상이 2년 이내에 감소했던 체중의 대부분, 심지어는 그 이상이 다시 증가되는 '요요현상'을 경험하고 있다.

☑ 성공적인 비만치료를 위해서는 장기간의 계획이 필요하며, 식사요법·행동수정요법·운동요법이 병행되어야만 한다.

(2) 식사요법

❶ **체중감량의 원칙** 소비되는 에너지양보다 더 적은 양의 에너지를 섭취하고 부족한 에너지를 체지방을 연소시켜 공급함으로써 체중을 감소시키는 것이다. 체지방조직 1kg이 연소되면 지방조직의 85%가 순수한 지방이므로 약 7,700 kcal의 에너지를 발생하게 된다.

❷ **감식요법의 기본원칙** 단백질·비타민·무기질 등 체내 대사 및 생리기능의 유지에 필요한 영양소의 섭취를 줄이지 않은 상태에서 에너지 섭취만을 줄이는 식사를 해야 한다. 따라서 다이어트 기간 중에는 종합비타민·무기질 보충제를 복용하는 것이 도움이 된다.

단시간에 급속하게 체중을 감량하기 위해 단식 또는 극저열량식을 실시하는 것은 요요현상뿐만 아니라 신체에 심각한 합병증을 초래할 수 있으므로 금해야 한다. 다이어트를 시작하고 처음 며칠 동안 나타나는 급격한 체중감소 현상은 주로 체내 수분과 탄수화물(글리코겐)의 상실에 의한 것으로서 수일 내로 다시 원상복귀된다.

가장 바람직하고 성공 가능성이 큰 감식요법은 '제한 균형식' 또는 '저열량식'으로서 하루 500kcal씩 열량 섭취를 감소시킴으로써, 한 달에 2~3kg씩 체중을 줄여나가는 방법이다. 즉, 식사제한으로 매일 에너지 섭취량을 500kcal씩 줄이거나 또는

요요 다이어트의 사례

체중감량 클리닉을 방문한 K양은 체중감량을 절실히 원하였으므로 극저열량식(very low-calorie diet)을 시도하였다. 즉, 영양보충제를 먹으면서 하루에 약 420kcal에 해당되는 약간의 음식만을 섭취하도록 하였으므로 빠른 시일내에 상당량의 체중이 감소할 것을 기대하였다. 처음에는 80kg에서 71kg으로 체중이 감소하였는데, 그 이후로는 체중이 줄지 않았다. 420kcal의 식사로 71kg의 체중을 유지하기에는 분명히 무리가 있었을 텐데 왜 체중이 줄지 않는지 궁금하였다. 드디어 그 원인을 찾아냈다. 그녀는 지난 몇 년 동안 체중이 줄었다가 다시 늘어나는 등의 요요 사이클을 여러 번 반복 경험하였다는 것이다.

◆ 요요현상의 사이클

첫째, 다이어트로 식사 섭취량이 감소되면 신체는 이에 적응하기 위하여 섭취한 식품을 보다 효율적으로 사용함에 따라 대사율이 감소한다. 따라서 쉽게 체중이 다시 증가한다('체중증가량/섭취한 식품의 양'이 증가함).

둘째, 체조성이 변화한다는 것이다. 예를 들어, 80kg에서 71kg로 9kg의 체중이 감량되는 경우 감소된 체중 중 7kg이 지방이고 2kg이 근육이었다면, 여기서 다시 80kg로 체중이 증가될 경우는 그중 8kg이 지방이고 근육은 단지 1kg에 지나지 않게 된다는 것이다. 이와 같은 현상은 요요 다이어트로 인해 '지단백 리파아제(lipoprotein lipase, LPL)' 효소의 활성이 증가하는 등 체내의 지방 축적이 더욱 용이해졌기 때문이다.

결국 아래 그림에서 보듯이, 체중감량 → 체중증가 → 체중감량 → 체중증가가 반복됨에 따라 체중감량에 소요되는 시간은 더 길어지고 본래의 체중으로 증가되는 기간은 더욱 짧아짐에 따라, 비만의 치료는 더욱 어려워진다.

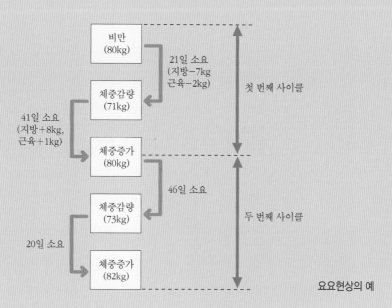

요요현상의 예

자료: 김은경 등(2001). 생활주기영양학. 신광출판사.

운동으로 매일 에너지 소비량을 500kcal씩 증가시키면 1주일 동안 3,500kcal의 열량이 추가로 방출되고, 이에 따라 약 0.5kg가량의 체지방 조직이 감소한다.

❸ **저열량식의 구체적인 실천방법** **첫째,** 공복감을 최소화하는 식사를 하도록 한다. 단순당은 빠르게 소화되어 혈액으로 흡수되기 때문에 포만감이 거의 없다. 단순당을 섭취하면 혈당이 증가되어 인슐린이 과도하게 분비되고, 이에 따라 혈당이 빠른 속도로 다시 감소하여 지치고 현기증이 나며 공복감을 느끼게 된다. 단당류 대신 동일한 에너지를 제공하는 복합당질이나 단백질·지방이 들어 있는 식품으로 섭취할 경우 단순당보다 천천히 소화·흡수되므로 공복감을 덜 느끼게 된다. 또한 동일한 에너지를 함유한 식사라 할지라도, 한꺼번에 다 먹는 것보다는 3~6번에 나누어 먹는 것이 혈당의 변화도 줄이고 공복감도 덜 느끼게 한다.

둘째, 자신의 입맛과 식습관에 맞는 식사를 적용해야 현실적으로 성공할 가능성이 크다. 좋아하는 음식을 전혀 먹지 못하게 하거나, 좋아하지 않는 식품만 먹게 한다면, 체중감량에 실패할 가능성이 크다. 따라서 자신이 좋아하는 식품을 제한된 범위 내에서 먹도록 허용함으로써 지속적으로 실천이 가능한 식습관으로 정착할 수 있게 된다.

셋째, 영양가는 높으면서 에너지는 적은 식품을 선택하되, 본인이나 가족이 실제로 먹는 식품, 그리고 가정이나 집 밖에서 쉽게 구할 수 있는 식품을 포함한 식사이어야 한다.

넷째, 목표체중에 도달한 후 감소된 체중을 유지하는 것이 때로는 체중감량 그 자체보다 더욱 어렵다. 따라서 체중감소를 위한 식사는 목표체중에 도달한 후 그만두는 것이 아니라 장기간 지속적으로 적용이 가능한 식사이어야 한다.

다섯째, 간식을 피해야 한다. 에너지 함량이 많은 사탕·청량음료 및 과일 주스는 피하고, 커피·홍차 등을 마실 때 설탕의 사용을 금한다.

여섯째, 결식을 하지 말아야 한다. 결식은 다음 끼니에 과식을 초래하므로 결국 비만을 유도하게 된다.

일곱째, 알코올음료를 제한해야 한다. 알코올음료에는 다른 영양소가 거의 함

그림 10-10 알코올 섭취와 복부지방의 축적

유되어 있지 않고, 단지 알코올 1g당 7kcal의 에너지만 공급될 뿐이다. 따라서 섭취된 과잉의 에너지는 체내에서 지방질로 쌓여 '술 살'이 찌는 결과를 초래하며, 특히 내장지방형 비만을 유도한다(그림 10-10). 예를 들어, 순도 7.0%인 맥주 200cc에는 14g의 알코올이 들어 있으므로 98kcal의 에너지를 내고, 정종 1홉은 약 200kcal의 에너지를 함유하고 있다.

알고 싶어요 ?!

Q 체지방조직을 5kg 빼려면 얼마나 오래 걸릴까?

A 체지방조직의 85%가 순수한 지방이므로 체지방 조직 5kg(5kg×0.85 = 4.25kg)은 4,250g의 지방에 해당된다. 에너지로 환산하면 38,250(4,250g×9kcal/g)kcal이고, 따라서 섭취하는 에너지가 38,250kcal 부족해야 지방조직 5kg이 연소되어 제거될 수 있다. 평소보다 하루에 100kcal씩 덜 섭취한다고 가정할 때 5kg의 체지방을 빼기 위해 무려 1년 이상이 걸린다.

Q 체중을 일정하게 유지해 온 사람이 콜라를 매일 한 캔씩 마시기 시작하였다면, 1년 후에는 체중에 어떠한 변화가 있을까?

A 콜라 240mL 한 캔의 에너지는 약 100kcal이다. 그러므로 100kcal × 약 365일 = 36,500kcal/년이다.
36,500kcal ÷ 7,700kcal/kg = 4.74kg이므로, 1년 후 체지방조직이 4.7kg가량 증가하게 된다.

Q 공복감을 막기 위한 식사선택의 요령을 예를 들어 설명한다면?

A 오전 7시에 탄수화물을 주로 한 식사(예 : 주스 · 토스트 · 커피)를 하면 2시간 내로 소화되어 오전 9~10시경에 공복감을 느끼게 된다. 반면에 오전 7시경에 단백질과 지방을 곁들인 식사(예 : 달걀 한 개와 버터)를 하면 4시간이 지나야 소화 · 흡수되므로 11시~정오가 되어야 공복감을 느낀다.

Q 차를 마실 때 넣는 설탕도 체중조절에 영향을 줄까?

A 한 잔의 차에 1티스푼(설탕 6g)의 설탕을 넣는 경우, 24kcal의 에너지를 낸다. 그러므로 하루 4잔을 마실 경우에는 밥 1/3공기에 들어 있는 에너지인 약 100kcal를 섭취하게 된다.

(3) 행동수정요법

갑작스런 행동의 변화보다는 점차적으로 행동의 변화를 가져오는 '자기통제(self-control)' 방법이 더욱 바람직하다.

❶ 자기통제를 위한 구체적인 방법들 식습관을 고치려면 문제되는 행동의 특성을 이해하여야 하므로 매일 식사량과 활동량을 기록하여 자신의 문제행동을 규명하는 것이 필요하다. 비만인 사람의 공통된 특징은 자신이 섭취한 음식의 양을 실제보다 적게 보고한다는 것이다.

표 10-3 비만과 관련된 문제행동 및 개선방향

문 제 행 동	다음과 같이 바꾸어 보세요!(표 10-4 참고)
1인 분량이 너무 많다.	5, 11, 12, 13
하루 종일 먹는다.	3, 6, 8, 9, 17, 18
배고프지 않아도 먹는다.	1, 3, 6, 8, 9, 18
아침이나 점심을 굶고, 저녁이나 밤늦게 많이 먹는다.	2, 3, 10
배가 많이 고플 때는 마구 먹는다.	2, 3, 7, 9, 10, 13, 16, 33
너무 빨리 먹는다.	9, 35, 36, 37, 38, 39
배고프지 않을 때도, 그릇에 담긴 것은 모두 먹는다.	10, 11, 12, 22, 23, 24, 30
고열량 식품을 즐긴다.	4, 8, 9, 13, 14, 16
특정 음식이나 음료수를 마구 먹는다.	7, 8, 13, 16
분노 · 우울 · 지루함 · 불안 · 좌절 · 외로움 등 어떤 감정이 일어날 때 마구 먹는다.	1, 6, 7, 9, 13, 19, 33
음식으로 자신에게 보상한다.	17, 20, 31
모임에 가면 과식한다.	1, 9, 10, 17, 18, 22, 23, 30, 31
친구나 가족의 권유로 쉽게 과식한다.	1, 9, 10, 22, 23, 24, 30, 31, 32
음식을 남기는 것은 '죄'라고 생각하여 남긴 것을 모두 먹는다.	1, 10, 17, 22, 23, 24, 25
음식을 보거나 냄새 맡거나 또는 음식물 가까이 있으면 과식하고 싶은 욕구를 느낀다.	1, 3, 6, 9, 13, 15, 16, 17, 21, 26, 27, 29
음식을 파는 상점이나 식당을 보면 음식이 먹고 싶어진다.	1, 7, 8, 9, 17, 18, 27, 28, 29
주로 TV 시청 시, 독서 또는 움직임이 별로 없는 활동을 하면서 음식을 먹는다.	1, 3, 8, 9, 13, 16, 17, 21, 34

☑️ 식사일지에 기록하여야 할 내용은 먹은 시간, 먹은 음식과 음료의 종류, 먹은 양, 얼마나 빨리 먹었는지, 먹은 장소, 같이 먹은 사람, 먹으면서 무엇을 했는지, 먹는 자세(누워서, 앉아서, 걸으면서 등), 음식을 먹을 때의 기분이나 주위환경 등이다. 먹은 후보다 먹기 전에 이들 내용을 기록하는 것이 더욱 효과적이다.

많이 먹게 되는 이유 또는 문제행동은 표 10-3에서 보듯이 개인마다 매우 다양하다. 자신이 많이 먹게 되는 이유를 표 10-3에서 찾아보고, 그 문제행동을 없애기 위한 방법을 표 10-4에서 찾아 실천해 보자.

표 10-4 문제행동에 따른 구체적인 개선방법들

1. 무엇이든 먹기 전에 그것을 정말로 먹고 싶은지 물어본다.
2. 식사일지를 계속 기록한다.
3. 식사 및 간식 시간을 계획하고 지킨다.
4. '식품의 열량'에 관한 책을 사서 보고, 먹은 음식의 열량을 기록한다.
5. 1인 분량의 무게를 달아본다.
6. 식사 시간 외에 쓸데없이 음식을 먹는 대신, 좋은 책을 읽거나 운동을 하거나 그 밖에 다른 일을 한다.
7. 식욕을 자극하는 식품은 구입하지 않는다.
8. 열량이 높은 기호식품 대신, 열량이 낮은 식품이나 음료수로 대체한다.
9. 식사하기 전에 최소한 물을 한 컵씩 마신다.
10. 배가 부르면 더 이상 먹지 않는다.
11. 1인 분량이 더 많아 보이게 하기 위해 작은 접시를 사용한다.
12. 제공된 음식을 반으로 나누어 두 끼 식사가 되도록 한다.
13. 간식으로는 과일이나 채소 같은 저열량 식품을 먹는다.
14. 식품의 영양소와 열량가에 관해 라벨(식품표지판)을 읽고 의미를 배운다.
15. 부엌에만 음식을 둔다.
16. 열량이 높거나 식욕을 자극하는 식품은 손이 잘 닿지 않고 눈에 띄지 않는 곳에 둔다.
17. 배고프지 않을 때에는 먹지 않는다.
18. 배가 고플 때에는 즉시 먹지 않고, 20분 후에 먹는다.
19. 기분을 전환하는 운동을 한다.
20. 자신에게 보상하는 방법으로 음식이 아닌 다른 방법을 찾는다.
21. 식사는 한 장소에서만 한다.

(계속)

22. 음식을 한꺼번에 식탁에 많이 올리지 말고 먹을 만큼만 제공한다.
23. 제공된 음식을 먹고 나면 서둘러 식탁을 정돈하고 남은 음식을 치워서 더 이상 먹지 않게 한다.
24. 식사 후에는 식탁에서 얼른 일어난다.
25. 남은 음식을 서둘러 치우고 즉시 냉장고에 보관한다
26. 가능한 한 TV의 음식광고를 피한다.
27. 패스트푸드 식당이나 음식을 쉽게 사먹을 수 있는 상점이 있는 길을 일부러 피해 다닌다.
28. 식당에서 식사를 할 경우에는 무엇을 먹을지 미리 결정한다.
29. 자기 스스로 먹는 것을 조절할 수 있을 때까지 식당에 가지 않는다.
30. 음식을 먹을 때 다른 사람과 나눠 먹는다.
31. 칭찬 또는 상으로 가족 또는 친구가 음식을 주는 일이 없도록 한다.
32. 음식을 불필요하게 권할 때에는 '아니오'라고 대답할 수 있어야 한다.
33. 왜 불필요하게 음식을 먹게 되었는지 그 이유를 찾기 위해, 먹기 직전에 일어난 모든 일을 기록해 본다.
34. 음식을 먹으면서 다른 일을 하지 않는다.
35. 음식을 삼키기 전에 오래 씹는다.
36. 씹는 데 많은 시간이 소요되는, 식이섬유가 많이 들어 있는 음식을 먹는다.
37. 주의가 산만하여 급하게 식사를 하는 일이 없도록 한다. 조용한 식사 시간이 되도록 계획한다.
38. 입에 넣은 음식을 오래 씹어 완전히 삼키기까지, 다음에 먹을 음식을 미리 젓가락으로 집지 않는다.
39. 음식을 되도록 작은 조각으로 잘라서 먹는다.

체중·활동량 및 식습관 등에서 도달하고자 하는 단기 및 장기 목표를 설정한다. 이때 반드시 실현 가능한 목표를 세워야 한다. 예를 들어, 한 번에 과자 한 봉지를 다 먹어치우는 사람에게 앞으로의 목표를 '절대 과자를 먹지 않는다.'로 정한다면 실현 불가능할 것이다. 그보다는 '한 번에 과자를 여섯 개씩만 먹는다.'로 정하는 것이 실현 가능하고, 점차로 한 번에 먹는 과자의 양을 줄일 수 있다.

❷ 보상효과를 이용 체중감량에 도움이 되는 행동(예를 들어 식습관의 변화 또는 운동)을 할 때마다 칭찬·선물 및 용돈 등으로 보상한다. 체중감소에 대한 보상보다 체중감소에 도움이 되는 구체적인 식사행동을 했을 때에 보상하는 것이 더욱 효과적이다. 체중감량에 역행하는 행동을 할 때, 즉 너무 많이 먹었거나 약속한 운동을 하지 않았거나 체중이 감소하지 않았을 때에는 벌을 주거나 용돈을 줄이거나 야단

을 치는 등의 부정적인 보상을 할 수 있다. 그러나 긍정적인 보상이 부정적인 보상보다 효과적이다. 부모·형제·친구 등 주변 사람들로 하여금 체중감량을 위한 노력을 지원하도록 한다. 즉, 본인이 체중조절을 위해 무의식적으로 바람직하지 못한 식품선택이나 행동을 했을 때 옆에서 충고하고 도와주도록 요청한다.

(4) 운동요법

❶ **운동으로 인한 에너지 소비량** 육체적 운동에 따른 에너지 소모 그 자체가 체중조절에 어느 정도 도움이 될 수 있으나, 운동에 의해 소비되는 에너지는 의외로 적다. 예를 들어, 200kcal를 소비하기 위해서는 그림 10-11에서 보듯이 수영 18분, 조깅 14분, 빠른 속도로 걷기 36분 등의 운동을 해야 한다.

❷ **유산소 운동과 무산소 운동** 운동을 하는 동안 저장된 당질 또는 체지방 중 어떤 것이 연료로 사용될 것인가는 운동의 종류에 따라 다르다(그림 10-12). 즉, 걷기·

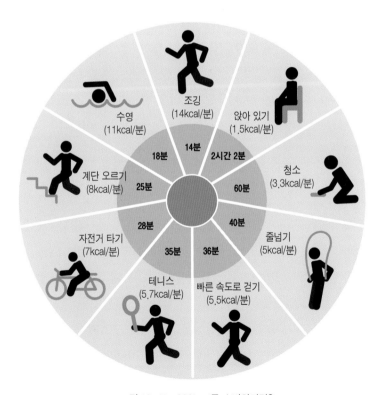

그림 10-11 200kcal를 소비하려면?

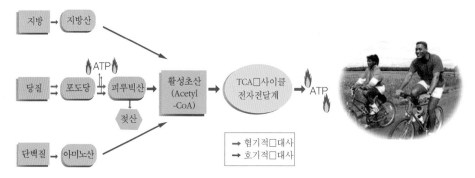

그림 10-12 호기적 및 혐기적 대사를 통한 ATP 합성

수영·자전거 타기·조깅·에어로빅 등의 유산소 운동(aerobic exercise)을 하는 경우 신체는 체내에 저장된 연료를 에너지로 전환하는 데 필요한 충분한 양의 산소를 공급받을 수 있으므로 체지방을 주요 연료로 사용한다. 만약 유산소 운동이 너무 빠른 속도로 지나치게 진행되면 신체는 호기(aerobic)상태에서 혐기(anaerobic)상태로 전환되고, 이러한 경우에는 포도당이 주연료로 사용되기 시작한다.

무산소 운동 시, 예를 들어 고강도 근력운동, 또는 단거리 질주 시에는 신체가 호흡을 통해 세포에 산소를 공급하는 속도보다 산소소모가 더 빠르게 진행된다. 이때에는 당질만이 에너지 급원으로 이용될 수 있을 뿐 체지방이 연소될 수는 없으므로, 근육증강에는 도움이 되나 체중조절의 효과는 기대하기 어렵다.

✔️ 혐기상태에서 당질은 해당작용을 통해 부분적으로 에너지를 낼 수 있으나, 지방은 절대로 에너지를 낼 수 없다.

❸ **세트-포인트 조절** 운동기관의 발달은 기초대사량을 증가시킨다. 즉, 규칙적인 운동에 의해 체지방량은 감소하고 근육량이 증대되면 기초대사량 또한 증가할 뿐만 아니라 지방분해 효소의 활성을 증가시켜 체지방의 분해 및 산화율을 증가시킨다. 운동이 개인의 세트-포인트를 낮추는 데 기여한다는 이론은 운동을 함으로써 기초대사량의 증가뿐 아니라 체지방 분해활성을 증가시키는 효과를 기대할 수 있음을 뜻한다. 규칙적인 운동이 주는 기타 유익한 점은 표 10-5와 같다.

표 10-5 규칙적인 운동의 장점

생리적 측면	심리적 측면
체중을 일정하게 유지시켜 준다.	정서적 안정감을 주고 우울증을 해소한다.
골격을 튼튼하게 한다	자존감(self-esteem)을 증진시킨다.
근육의 강도와 기능을 향상시킨다.	스트레스를 해소시킨다.
심기능과 폐기능을 향상시킨다.	잠을 푹 잘 수 있게 해준다.
당뇨병의 치료(혈당관리)에 도움이 된다.	
위장관과 신경기능을 향상시킨다.	
면역기능을 증강시킨다.	

❹ **적절한 운동을 위한 FIT 지침**

- 빈도(frequency) : 매일 운동하는 것이 바람직하며, 최소한 1주일에 2~3번은 필요하다. 주중에 집중적으로 하는 것보다는 일정 간격을 두고(예: 월·수·금) 운동을 하는 것이 좋다.
- 강도(intensity) : 유산소 운동으로 체지방을 태우려면, 너무 격하지 않은 적정 강도의 운동이 필요하다. 즉, 땀이 나고 숨이 가빠지며 적당량의 피로감을 느낄 정도의 운동이 필요하다. 운동 시 노래를 부를 수 있다면 강도가 너무 약한 것이고, 운동 시 말도 할 수 없을 정도라면 강도가 너무 높은 것이다.
- 시간(time) : 준비운동으로 스트레칭 5~10분, 본 운동 30~45분, 그리고 체조 등 마무리 운동으로 5~10분이 적당하다.

❺ **스포츠와 관련된 건강문제** 아무리 좋은 음식도 지나치면 해가 되듯이, 아무리 좋은 운동도 너무 지나치게 하면 오히려 신체에 스트레스가 될 수 있다. 아울러 운동을 전혀 하지 않던 사람이 갑자기 운동을 시작하면 여러 가지 생리적 변화를 경험하게 될 것이다.

- 스포츠 빈혈 : 마라톤 등의 지구력 운동을 하는 선수의 경우, 지속적인 유산소 운동에 대하여 신체가 적응하기 위해 혈액부피가 증가하게 된다. 혈액량이 증가하면 혈액이 묽어지므로 혈관계를 통한 혈액순환이 용이해져서 근육으로의 산소 공급이 원활해지지만, 부작용으로 혈액이 묽어지면서 헤모글로빈의 농도가 저

하됨에 따라 빈혈현상이 나타나게 된다. 스포츠 빈혈현상이 있을 때에는 비타민 C와 함께 철분보충제를 복용하는 것이 도움이 된다.

- 과운동으로 인한 부작용 : 적절한 운동은 면역체계를 강화하고 스트레스를 해소시켜 주지만, 과격하고 지나친 운동은 오히려 면역력의 감퇴를 가져오며, 스트레스를 유발할 수도 있다. 아울러 과격한 운동을 하다 중단하면 처지는 느낌 또는 우울증 등의 금단증상이 나타날 수 있다. 과격한 운동과 불균형적인 식생활을 해왔던 일본의 씨름 선수들이 단명하는 예를 종종 볼 수 있으며, 또한 몸매나 체중이 중시되는 어린 나이의 체조 및 피겨스케이트 선수들에게서 운동성 식욕부진증이 유발되기도 한다.

(5) 비만치료제 및 건강기능식품

비만 및 대사 질환은 치료를 필요로 하는 질병이고, 따라서 식사요법, 운동요법, 행동수정요법만으로 개선되지 않는 경우에는 의사의 처방에 따라 치료약물을 복용할 필요성이 있다. 그러나 불행하게도 체중감량 효과가 지속적으로 나타나면서 장기간 부작용 없이 사용할 수 있는 안전한 약물은 현재까지는 극히 소수이고, 식약처의 승인을 받지 않은 다수의 약물들(이뇨제, 식욕억제제, 기초대사량을 증진하는 갑상선호르몬제 등)이 무분별하게 비만치료제로 남용되면서 소비자의 건강을 위협하여 사회적 문제가 되고 있다. 심지어는 한때 미국 식약처에 의해 장기복용이 승인되어 전 세계적으로 널리 시판되어 온 비만치료제인 '리덕틸'(유효성분은 sibutramine임)의 경우에도 부작용 논란으로 최근 사용이 중지된 사례가 있다.

❶ 비만치료제 비만치료 효과를 나타내는 약물의 작용기작은 크게 세 가지로 나눌 수 있다. 첫 번째는 중추신경계에 작용하여 식욕을 억제함으로써 비만을 치료할 수 있는데, 가장 널리 사용되어 온 리덕틸 이외에도 마약성분이 함유된 다수의 약물들(페닐프로파놀아민, 펜플루라민, 메페드린 등)이 모두 식욕억제제에 속한다. 이들 약물은 공통적으로 두통, 불면증, 갈증, 변비, 정서불안 증세, 중독성 등의 극심한 부작용을 나타내 임상실험 단계에서 개발이 실패로 돌아가거나, 미국 식약처의 승인을 받은 후에도 지속적으로 나타나는 부작용으로 인해 추후 사용이 금지된 바 있다.

두 번째는 소장에서 지방 또는 당질의 흡수를 저해함으로써 비만을 치료할 수 있다. 미국 FDA에 의해 장기간 복용이 승인되어 현재까지도 판매가 되고 있는 유일한 비만치료제인 '제니칼(유효성분명은 orlistat임)'은 소장에서 중성지방을 글리세롤과 지방산으로 분해하는 췌장 리파아제효소를 억제함으로써 섭취된 지방이 혈액으로 흡수되는 것을 저해한다. 서양인을 대상으로 한 임상실험에서 제니칼을 1년간 복용시킨 결과 체중이 약 10% 감소한다고 보고되었으나, 한국인의 경우에는 지방 섭취량이 서양인에 비해 더 적기 때문에 효과 또한 더 적을 것으로 예상된다. 제니칼은 현재시판되는 비만치료제 중에서 가장 부작용이 적다고 알려져 있음에도 불구하고 지방변증, 그리고 지용성 비타민의 흡수 저하 등의 소화기계 부작용을 나타낸다.

비만을 치료하는 세 번째 범주의 약물 작용기작으로 지방세포에서 열발생을 촉진하거나 지방산 산화를 촉진함으로써 에너지 소모를 촉진하는 방법이 있다. 약물에 의한 체내 에너지 소모 증진은 가장 이상적인 비만치료 방법 중의 하나이기는 하나, 불행히도 아직까지 연구단계에 있을 뿐 상용화된 약이 없다.

❷ 건강기능식품 우리나라에서는 2004년도 '건강기능식품법'이 실행되면서 과학적인 자료를 토대로 기능성과 안전성을 검토하여 식약처장이 인정을 해주는 '건강기능식품'이 탄생하게 되었다. 즉, 질병으로 진행되기 이전의 '건강인' 또는 '준건강인'이 질병을 예방하거나 신체의 기능을 정상으로 유지하기 위한 목적으로 의사의 처방 없이 건강기능식품을 선택하여 섭취할 수 있게 된 것이다. 현재까지 국내 건강기능식품법에 준해 '체지방 조절' 기능성이 인정된 건강기능식품 원료로는 '대두배아열수추출물등복합물', '가르시니아캄보지아껍질추출물', '그린마테추출물', '씨제이히비스커스등복합추출물', 그리고 '공액리놀렌산' 등의 다섯 가지 품목이 있으며, 제조사에 따라 다양한 상품명으로 판매되고 있다.

한때 식이섬유 함유 제품이 대표적인 체중조절용 건강기능식품으로 널리 사용되었던 적이 있으나, 최근 거듭되는 연구결과에서 체중저하 효과가 없음이 입증되면서 공식적으로 '체중조절용' 건강기능식품 목록에서 삭제되었다. 그 외에도 다양한 기능성식품 소재들이 수입되어 체중조절용 기능성식품 또는 식이보조제로 유통되고 있으므로 식약처장에 의해 안전성과 기능성을 인정받은 건강기능식품인지를 소비자들은 반드시 확인해야 한다.

✽ 나의 하루 에너지 소비량은 얼마나 되는지 알아보자!

일상적인 하루를 택하여, 아침 기상부터 잠들기 전까지 15분 간격으로 해당되는 활동의 번호를
274쪽의 표에서 골라 아래의 빈칸에 써 넣으시오.

시간 \ 분	0~15	16~30	31~45	46~60
0시				
오전 1시				
2시				
3시				
4시				
5시				
6시				
7시				
8시				
9시				
10시				
11시				
정오				
오후 1시				
2시				
3시				
4시				
5시				
6시				
7시				
8시				
9시				
10시				
11시				

활동별 에너지 소비량

활 동 내 용	에너지 소비량 (kcal/kg/15분)
1. 수면, 침대에서 휴식	0.26
2. 앉아있기, 식사, 듣기, 쓰기 등	0.38
3. 서서 하는 가벼운 활동, 설거지, 머리빗기, 요리, 면도	0.57
4. 4km/hr 이하의 속도로 천천히 걷기, 운전, 옷입기, 샤워하기	0.69
5. 마루청소, 창문닦기, 칠하기, 집 안 잔일 등의 가벼운 손작업, 4~6km/hr의 속도로 걷기	0.84
6. 야구, 골프, 배구, 노젓기, 볼링, 10km/hr 이하의 속도로 자전거타기 등의 여가활동 및 레크리에이션 활동	1.2
7. 나무자르기, 집짓기, 눈치우기, 짐옮기기, 목수일 등의 보통속도의 손작업	1.4
8. 5~8km/hr 속도로 노젓기, 15km/hr 이상의 속도로 자전거타기, 댄스, 스키, 배드민턴, 체조, 수영, 테니스, 말타기, 6km/hr 이상의 속도로 걷기 등 높은 강도의 여가 활동 및 스포츠 활동	1.5
9. 나무자르기, 무거운 짐 운반하기, 조깅, 9km/hr 이상의 속도로 달리기, 배드민턴, 수영, 테니스, 8km/hr 이상의 속도로 스키타기, 등산, 하이킹, 라켓볼 등 심한 강도의 손작업과 운동경기 및 스포츠 활동	2.0

계산방법

1의 개수: × 0.26 = _____ kcal/kg   2의 개수: × 0.38 = _____ kcal/kg

3의 개수: × 0.57 = _____ kcal/kg   4의 개수: × 0.69 = _____ kcal/kg

5의 개수: × 0.84 = _____ kcal/kg   6의 개수: × 1.2 = _____ kcal/kg

7의 개수: × 1.4 = _____ kcal/kg   8의 개수: × 1.5 = _____ kcal/kg

9의 개수: × 2.0 = _____ kcal/kg

합계 : _____ (A)kcal/kg

나의 1일 총 에너지 소비량을 다음과 같이 계산하시오.

_____ (A)kcal × _____ (체중)kg = _____ kcal/일

음주·흡연과 건강

1. 알코올 섭취와 건강은 어떤 관계가 있을까?

2. 흡연과 건강은 어떤 관계가 있을까?

음주·흡연과 건강

술과 담배는 인류역사를 통틀어 최대의 파급력을 지닌
기호품이라 할 만하나, 동시에 인류의 공적(公敵)이라는 사실을
아무도 부인하지 못할 것이다.
무분별한 음주 및 흡연 습관을 가지고 있는 사람은
돼지고기 속에 들어 있는 다이옥신 또는 상추에 뿌려진
농약의 유해성에 대해 이야기할 자격이 없다.
상습적인 음주와 흡연이 본인의 선택 사항이듯이, 건강할 것인가 아니면
질병에 걸려 일찍 죽을 것인가 하는 것도 상당부분이 본인의 선택이다.

1. 알코올 섭취와 건강은 어떤 관계가 있을까?

친구들과의 만남, 파티 등 즐거운 모임에는 으레 소주, 맥주, 막걸리 때로는 와인 등의 알코올음료가 빠지지 않고 등장한다. 적당량의 알코올음료는 분위기를 띄워주고 인간관계에 활력을 주나, 잘못된 음주습관은 심각한 건강문제를 야기한다.

1) 알코올도 영양소인가?

알코올은 1g당 7kcal의 에너지를 제공하지만 영양소는 아니다. 단지, 감정을 흥분

시키는 일종의 약제이며 때로 식품으로 분류되기도 한다. 화학적으로 보면 알코올은 하이드록시(OH)기를 가지고 있는 유기물질로, 중성지방(TG)에 붙어 있는 글리세롤(glycerol)도 일종의 알코올이다. 그러나 일반적으로 알코올은 맥주, 소주, 와인 등 술이라 부르는 음료에 들어 있는 성분을 말한다. 따라서, 화학자들은 이 물질을 에탄올(ethanol, CH_3CH_2OH)이라 불러 3개의 하이드록시기와 탄소를 가진 글리세롤과 구별되도록 한다.

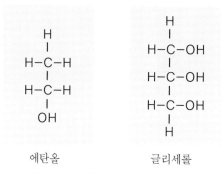

에탄올

글리세롤

그림 11-1 알코올(에탄올)과 글리세롤의 구조

전 세계적으로 인류가 알코올음료를 만들어 마신 역사는 수천 년에 이른다. 알코올이 생성되는 화학적 과정은 그리 복잡하지 않으며 관련 미생물, 적당한 온도, 단순당이 존재하면 자연적으로 이루어진다.

2) 우리나라의 알코올 음료 소비량

국세청이 보고한(2019년) 주류 소비량(그림 11-2)을 살펴보면 맥주(약 50%), 소주(약 30%), 막걸리(약 10%), 기타 순으로 나타났다. 2014년과 2015년에 총 소비량이 최고치에 이른 후, 2016년부터 전체적인 주류 소비량이 점차 감소하는 추세이다.

최근 그림에는 나타나지 않았지만 와인(포도주)의 이용이 대중화되면서 와인의 소비량이(그림 11-2에는 나타나지 않았지만) 증가하고 있다.

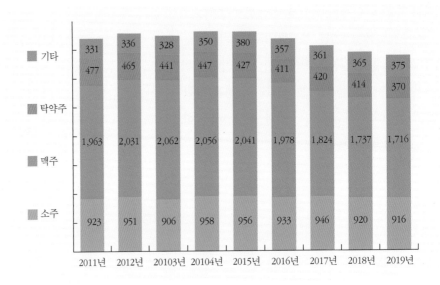

그림 11-2 한국인의 연간 주류 소비량(단위: 천 KL)

자료: 국세청(2019).

알고 싶어요 ?!

Q 적당량의 알코올음료의 섭취가 건강에 도움이 된다고 하는데?

A 적당량의 알코올 섭취가 심장마비, 뇌졸중, 치매, 당뇨, 골다공증의 예방에 도움을 준다는 연구보고도 있으나, 주로 35세 이상의 중년에만 해당되고 그 이전의 연령층에는 해당되지 않음을 명심해야 한다. 또한, 알코올 남용 및 지나친 음주가 건강상 심각한 문제를 야기할 수도 있음을 고려한다면 알코올이 주는 건강상의 유익은 미미할 수도 있다.

3) 음주량과 음주상태

(1) 술의 종류에 따른 알코올 함량

표 11-1은 우리나라에서 주로 소비되는 술의 종류 및 알코올 함량을 나타내고 있으며, 그림 11-3은 동일량(약 14g)의 알코올이 들어 있는 맥주·소주·막걸리 및 포도주의 분량을 그림으로 제시한 것이다.

표 11-1 흔히 소비되는 술의 종류 및 알코올 함량

술	계량단위(mL)	알코올 도수(%)	알코올 함량(mL)
맥주	작은 캔 355	4.5	16
	큰 캔 500		22.5
	병 330		15
소주	반 병 180	20	36
막걸리	한 병 750	6	45
포도주(와인)	한 병 700	13(10~14)	91(70~98)
청주	한 병 300	16	48
브랜디	한 병 700	40	280
위스키	한 병 750	43	323

작은 캔 1개
(310mL)

2잔
(70mL)

1/3병
(230mL)

포도주
(와인)

1잔
(108mL)

그림 11-3 동일량(약 13~14g)의 알코올이 들어 있는 맥주 · 소주 · 막걸리 및 포도주의 분량

(2) 음주량과 혈중 알코올 농도

술을 마시고 30분이 경과하면 혈중 알코올 농도는 최고치에 이르며, 그 이후부터는 알코올이 뇌 이외의 조직, 즉 지방조직 같은 곳으로 흡수되므로 시간이 지남에 따라 술이 깨는 것처럼 느끼게 된다. 혈중 알코올 농도와 그에 따른 취한 상태는 일반적으로 표 11-2에 제시된 바와 같이 여섯 단계로 분류한다.

표 11-2 음주량과 취한 상태(65kg의 건강한 성인남자를 기준으로)

단 계	음주량	알코올량(g)	혈중 알코올 농도(%)	취한 상태
초 기	맥주 한 병(750mL) 또는 소주 120mL 또는 청주 200mL	24	0.02~0.04	기분 상쾌, 홍조, 쾌활, 판단력이 조금 흐려짐
중 기	맥주 두 병(1.5L) 또는 청주 400mL	65	0.05~0.10	취한 기분, 정신이완, 체온상승, 맥박이 빨라짐
완취기	맥주 2L	90	0.11~0.15	큰 소리를 냄, 화를 자주 냄, 서면 휘청거림
만취기 (구토)	맥주 3.5~L 또는 청주 1L	150	0.16~0.30	갈지자(之) 걸음, 같은 말을 반복함, 호흡이 빨라짐, 메스꺼움
혼수상태	맥주 7L 또는 청주 2L	310	0.31~0.40	똑바로 서지 못함, 말할 때 갈피를 못 잡음
사 망	그 이상	400	0.41~0.50	흔들어도 깨어나지 않음, 무의식중의 대소변

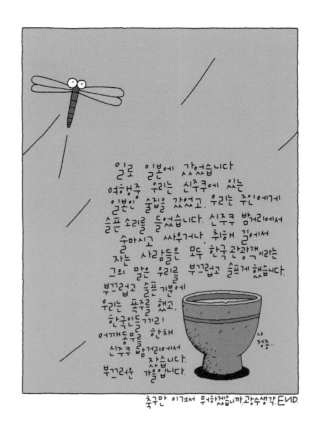

Q 약한 술을 마시면 알코올 중독이 되지 않는다고 하는데 사실일까?

A 많은 사람들이 맥주와 같이 약한(알코올 함량이 낮은) 술에 의해서는 알코올 중독이 되지 않는다고 생각하나, 약한 만큼 음주량이 늘게 되고 따라서 혈중 알코올 농도 또한 독한 술을 마셨을 때와 마찬가지로 올라갈 수 있다. 즉 약한 술도 자주 과음하게 되면 중독이 될 수 있다. 또한 잠자는 사이에는 간도 쉬어야 하는데, 자기 전의 과음은 간을 쉴 수 없게 하여 무리를 주고 숙면을 방해한다.

(3) 알코올 중독

일반적으로 자신에게 허용되는 양 이상의 음주를 하여 개인의 건강 또는 사회적·직업적 기능에 장애가 발생했음에도 불구하고 음주를 계속하는 경우를 '알코올 중

표 11-3 알코올 중독의 단계별 증상

단 계	증 상
전 구 (前驅)	• 해방감을 위해 때때로 또는 매일 술을 마신다. • 알코올에 대한 내성이 커진다.
진행성	• 기억상실 현상(필름이 끊어지는 현상)이 나타난다.
위 기	• 음주 조절능력이 상실된다. • 사회적 압박감으로부터 회피하기 위하여 음주를 한다. • 공격적 행동을 하고 끊임없이 가책을 느낀다. • 직장을 그만두거나 잃는다. • 술 이외의 다른 문제에는 흥미를 잃는다. • 친구를 피하고 타인과의 교제를 싫어한다. • 음주가 일상생활의 중심이 된다. • 공연히 질투를 하거나 의처증을 보인다. • 성적 욕구가 감퇴된다. • 해장술을 마신다.
만 성	• 술꾼이 되어 매일 술을 마셔야만 한다. • 변태적 사고방식이 생긴다. • 막연한 공포심에 사로잡힌다. • 술 이외에는 다른 생각이 없다. • 일이 손에 잡히지 않는다. • 정신이 황폐해진다.

알코올 금단증상을 피하기 위해 계속 술을 마시는 '신체적 의존'과 술을 마심으로써 긴장을 해소하려는 '심리적 의존'을 포함한다.

알코올 남용

사회적 또는 작업상의 기능 장애를 초래할 정도로 많은 양의 알코올을 병적으로 섭취하는 것을 뜻한다.

독'이라 하고, 여기에는 흔히 '알코올 의존' 및 '알코올 남용'의 두 가지가 포함된다.

우리나라에는 약 100~200만 명의 알코올 중독자가 있는 것으로 추산되며, 이들 대부분이 30~40대의 남자들로서 단계별 증상은 표 11-3과 같다.

4) 알코올 섭취가 영양상태에 미치는 영향

만성적인 알코올 섭취로 인한 영양불량의 문제는 다음의 두 가지로 요약된다.

(1) 영양소 섭취의 부족

알코올 1g이 7kcal의 높은 에너지를 내므로 그림 11-4에 제시된 바와 같이 소주 1/4병(약 2잔)은 190kcal, 맥주 500mL은 160kcal, 위스키와 막걸리 1잔(50mL)은 각각 150kcal와 125kcal를, 그리고 포도주 1잔(70mL)은 60kcal에 해당되는 에너지를 제공한다.

식사는 제대로 하지 않으면서 술로 배를 채우는 습관이 계속됨에 따라 영양소 섭취가 감소하게 된다. 알코올을 섭취하는 경우, 상당량의 에너지를 섭취하게 되는데 그 이외 식품으로부터의 에너지 섭취가 감소할 뿐 아니라 비타민 및 무기질을 포함

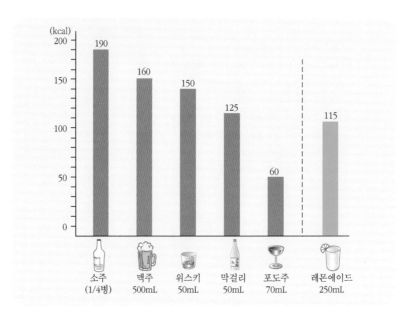

그림 11-4 각종 술의 열량가 비교

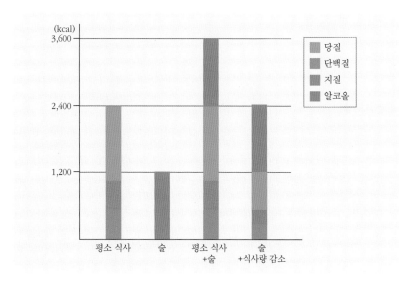

그림 11-5 알코올 섭취 시 영양소 섭취량의 변화

한 기타 영양소들의 섭취도 함께 감소하므로 일차적인 영양부족이 초래될 수 있다. 예를 들어, 그림 11-5에 나타난 것과 같이 평소 식사로부터 2,400kcal를 섭취하는 경우 탄수화물·단백질 및 지질을 균형 있게 섭취할 수 있으나, 식사를 전혀 하지 않은 상태에서 술로 배를 채우게 되면 다른 영양소는 섭취하지 않는 상태에서 열량만 1,200kcal를 취하게 된다. 한편, 평소와 같이 식사를 하면서 술을 곁들이게 되면 열량의 과잉섭취(3,600kcal)로 인해 비만, 특히 복부비만이 초래되기 쉽고, 술을 마심에 따라 식사량이 감소한 경우 총 섭취열량은 2,400kcal로 동일하나 탄수화물·단백질 및 지질의 섭취량이 절반으로 감소하게 된다(그림 11-5).

(2) 영양소의 흡수장애

그 외에도 알코올 섭취는 알코올 자체의 독성으로 인해 소화기계에 이상을 초래하여 영양소의 흡수장애를 유발하고, 체내의 영양소 대사에 영향을 미칠 수 있다. 실제로 만성적인 음주자에서 설사현상이 빈번히 나타나고, 담즙산의 분비량이 감소되어 지용성 영양소의 흡수가 저하되며, 소변을 통한 영양소 배설이 증가되는 현상이 나타난다. 따라서 알코올 중독자의 경우 비타민 B_1, B_2 및 B_6, 엽산 등의 수용성 비타민과 비타민 A, 그리고 무기질 중에서는 아연·마그네슘 및 철의 결핍증상을 보이는 것으로 알려져 있다.

5) 알코올 섭취가 건강에 미치는 영향

(1) 알코올 대사

알코올은 식품과는 달리 소화될 필요 없이 위벽을 따라 확산되므로 신속하게 흡수되어 몇 분 이내에 뇌에 도착한다. 이 때문에 술을 마시면 곧 황홀한 기분을 느끼게 된다. 한편, 위에 남아 있는 알코올은 알코올 분해효소(alcohol dehydrogenase)에 의해 분해되기 시작하는데 이때 분해되지 않고 남은 알코올은 소화관의 모세혈관을 통해 간으로 운반된다. 간세포는 알코올 분해효소를 충분히 생산하므로 체내에 알코올이 저장되지 않고 전부 대사된다.

알코올의 대사과정을 살펴보면 간에서 우선 알코올 탈수소효소에 의해 아세트알데히드(acetaldehyde)로 전환되며, 후자는 다시 아세트알데히드 탈수소효소(acetaldehyde dehydrogenase)에 의해 아세트산(acetic acid)으로 산화된다(그림 11-6). 이때 각 단계를 촉매하는 효소들은 NAD+를 조효소로 필요로 하고, 그 결과 환원형의 NADH가 생성되어 간조직에 축적됨에 따라 체내의 다른 영양소 대사에 영향을 미칠 수 있다.

알코올의 중간대사 산물인 아세트알데히드는 숙취의 원인물질로서, 아세트알데히드가 적절히 대사되지 못하고 체내에 축적되면 오심·구토·혈압저하·맥박저하·쇼크 등의 증상이 나타난다.

그림 11-6 올코올의 대사 경로

(2) 간질환

만성적인 알코올 섭취는 지방간, 알코올성 간염 및 간경변 등을 포함하는 간질환의 원인이 되고 있다. 알코올 섭취는 혈중 지방농도를 높일 뿐만 아니라 간에서 중

NAD

Nicotine Amide Dinucleotide의 약자. 비타민 B 복합체 중 하나인 니아신이 체내에서 다양한 산화·환원반응(예: 탈수소반응)에 조효소로 작용할 때, 실제로 활성을 나타내는 형태가 NAD이며 탈수소반응의 결과, NADH로 전환된다.

Q 빈속에 술을 마시면 안주와 함께 먹을 때보다 빨리 술에 취하는데, 왜 그럴까?

A 위에 음식이 가득 차 있을 때에는 알코올이 위벽을 통과해 흡수되어 뇌에 자극을 주는 데 시간이 오래 걸린다. 따라서, 안주를 먹으며 술을 마시는 것이 빈속(공복)에 술을 마시는 것보다 덜 취한다. 탄수화물 함량이 높은 안주는 알코올의 흡수를, 고지방 안주는 위의 연동운동을 지연시켜 알코올이 위에 오래 머무르도록 한다.

Q 건강을 해치지 않을 정도의 적정 음주량은 얼마나 될까?

A 알코올에 대한 내성(tolerance)에 있어서 개인차가 있지만, 일반적으로 남성의 경우 하루에 2잔, 여성의 경우 하루에 1잔을 권한다. 이 양은 1일 평균을 의미하는 것이 아니라 한 번에 먹는 최대량을 말한다. 예를 들어, 여성의 경우 1주일에 한 번, 한 번에 7잔을 먹어도 됨을 의미하는 것은 아니다.

Q 여성이 남성보다 적정 음주량이 적은 이유는 무엇일까?

A 여성이 남성보다 알코올에 대한 내성이 낮기 때문이다.
여성은 위에서의 알코올 분해효소 분비량이 남성보다 적다. 따라서, 동일한 체격의 남녀가 동일한 양의 알코올음료를 마신 경우, 남성에 비해 여성에서 더 많은 알코올이 소장으로 내보내져 혈액을 통해 간에 도착한다. 따라서, 동일한 음주량이라 할지라도 알코올로 인한 손상이 남성보다 여성에서 더 크다.

성지방의 합성을 증가시키는 한편, 지방분해를 저해함으로써 간조직에 지방을 축적시켜 지방간을 초래한다. 소주로 반 병 이상의 술을 거의 매일 계속해서 마신 사람들 중 약 절반가량이 5년 후에 지방간 현상을 나타낸 것으로 보고되었다. 알코올은 또한 간세포에 산소결핍증 및 지질과산화를 촉진하여 간조직의 손상을 초래하는 것으로 알려져 있다. 이와 같은 간세포의 괴사는 간경화증으로 이어지며, 결국 사망에 이르게 한다.

통계적으로 볼 때 만성 과음자의 약 90%가 지방간 증상을 보이며, 10~35%에서 알코올성 간염이, 그리고 10~20%는 알코올성 간경화증으로까지 발전하는 것으로 나타났다. 아울러 소량이지만 매일 술을 마시는 사람이 가끔 한 번씩 폭음하는 사람보다 알코올성 간경화증에 걸릴 확률이 더 높다.

(3) 위장질환

알코올은 위에 직접 작용하여 위염을 일으키고, 기존의 위염이나 궤양을 악화시킬 뿐만 아니라 식도나 위장출혈의 원인이 된다. 장점막이 손상되면 영양소 흡수가 저하되어 영양불량이 초래되며, 만성적인 음주 시 담즙분비의 이상으로 지방성분이 소화되지 못하여 설사가 유발되기도 한다.

(4) 심혈관계 질환

과음은 심장질환·관상동맥질환·부정맥 등을 유발하는 것으로 알려져 있다. 상습적인 음주는 또한 고혈압 발생률을 증가시키는데, 이는 알코올 섭취 시 혈압상승을 유도하는 각종 호르몬의 분비가 증가되기 때문이다. 하루에 3~4잔의 술을 매일 마시는 경우 고혈압 발생 위험률이 비음주자에 비해 약 50% 정도 증가되며, 하루에 6~7잔씩 마시는 경우에는 약 2배가량 증가한다고 한다.

알고 싶어요 ?!

Q 적포도주가 심혈관질환 예방에 좋다고 한다. 그렇다면 평소 술을 마시지 않던 사람도 건강을 위해 적포도주를 마셔야 할까?

A 적포도주를 즐겨 마시는 프랑스 인은 다른 구미지역의 사람들보다 심혈관질환 발생률이 낮다는 역학조사 결과에 근거하여, 적포도주가 심장병을 예방하고 혈중 콜레스테롤 농도를 낮추는 효과가 있는 것으로 알려지게 되었다. 또한 적포도주는 암의 발생 및 노화를 지연시키는 여러 가지 항산화 성분들을 지니고 있음이 발표되기도 하였다.
그렇다고 해서 평소에 술을 마시지 않던 사람이 포도주를 마실 필요는 없다. 연구결과를 주목해 보면 적포도주를 마실 경우 심장질환에 걸릴 확률은 감소하였으나, 프랑스 인은 미국인에 비해 간질환 발생률은 오히려 더 높은 것으로 나타났으며, 특히 여성의 경우 알코올 섭취 시 유방암 발생률이 더 증가한 것으로 나타났다.

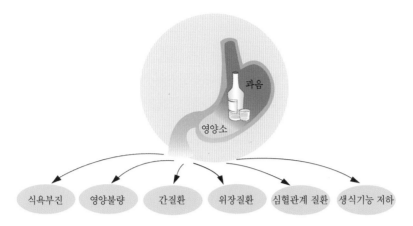

그림 11-7 만성 음주가 건강에 미치는 영향

(5) 생식기능 저하

상습적인 남성 음주자는 흔히 성욕감퇴를 경험하며, 알코올 중독자의 경우에는 성기능부전의 특징인 여성형 유방, 성형혈관증, 고환위축증, 수염의 소실 등이 나타난다.

6) 건전한 음주문화의 정착을 위하여

술은 우리의 삶에 활력을 불어넣어 인체에 좋은 약이 될 수 있는 동시에 죽음에 이르게 하는 독이 될 수도 있다. 젊은 층, 특히 우리나라 대학생의 음주문화를 개선하기 위해서는 개인의 노력과 함께 국가적·사회적 차원의 노력이 필요하다.

(1) 대학 차원의 노력

성인의 약 80%는 대학생이 된 후 정기적으로 술을 마시게 되었다고 하므로 대학교 신입생들에게 올바른 음주습관에 관한 오리엔테이션을 실시하는 것이 필요하다. 알코올 및 음주문제를 주제로 한 특강, 관련 과목 개설, '알코올 인식주간' 등과 같은 다양한 행사와 잘못된 음주문화 예방 프로그램을 적극적으로 개발하여야 할 것이다.

(2) 사회적 차원의 노력

서울 시내의 유명한 유흥가들은 공교롭게도 거의 대학가 주변에 밀집해 있고, 이러한 곳에는 대학생들뿐만 아니라 많은 젊은이들이 모여들고 있다. 따라서 이들을 위해 술 마시는 것 이외의 새로운 놀이문화 및 공간을 확보해 주어야 할 것이다.

알고 싶어요 ?!

Q 과연 해장술은 효과가 있을까?

A 과음으로 인해 간과 위장이 지쳐 있는 상태에서 또 술을 마시면 그 피해는 엄청나다. 해장술은 뇌의 중추신경을 마비시켜 숙취의 고통조차 느낄 수 없게 하는데, 해장술을 마심으로써 일시적으로 두통과 속쓰림이 가시는 듯한 착각은 마약과도 같다. 다친 곳을 또 때리는 것과 똑같은 해장술, 마시지도 권하지도 말아야 한다.

Q 홧김에 마신 술은 뒤끝이 좋지 않다고 하는데 왜 그럴까?

A 정신적인 스트레스 때문에 체내 알코올 분해능력이 저하되는 것은 물론 아니다. 그러나 화가 난 상태에서 술을 마시면 평소의 주량을 초과하여 마시거나 더 빨리 마시기 때문에 이런 말이 나온 듯하다.

Q 술을 섞어 마시면 해롭다고 하는데 왜 그럴까?

A 섞어 마시는 것 자체가 위험하다기보다는 여러 가지 술을 마시다 보면 자신의 주량을 초과하기 쉬워 빨리 취하게 되고 숙취현상 또한 심하게 일어날 수 있기 때문이다.

Q 목욕이나 조깅을 하면 술이 빨리 깬다고 하는데 정말일까?

A 숙취상태에서 기분전환으로 샤워를 하는 것은 괜찮지만 술에 취해 있을 때 목욕탕 또는 사우나에 들어간다든지 조깅을 하는 것은 삼가야 한다.

(3) 정책적 차원의 노력

첫째, 주류판매 및 소비조정을 통한 건강증진 기금의 조성이 필요하다.

둘째, 주류판매 면허제가 도입되어야 한다.

셋째, 알코올 남용 및 중독관리 기관이 필요하다.

넷째, 올바른 음주문화 형성을 위한 민간단체 활동이 활성화되어야 한다.

다섯째, 주류 제품에 '건강위해 가능성'에 대한 경고문 부착이 요구된다.

(4) 개인의 노력

위에 나열된 대안들보다 더 중요한 것은 무엇보다도 대학생들 자신의 음주에 대한 인식전환이다. 술만이 친목의 '제일 수단'이라는 인식을 버리고, 술을 마실 때에는 아래에 제시된 '건강을 위한 음주 습관'을 실천해 보도록 하자.

건강을 위한 음주 습관

1. 알코올 함량이 낮은 술을 선택한다.
2. 식사를 먼저 한 후 술을 마신다.
3. 술을 마실 때 물 등을 자주 마신다.
4. 본인의 주량을 알고 술을 마신다.
5. 음주 시 계획적으로 술을 마신다.
6. 억지로 술을 권하지 않으며, 원하지 않는 술은 정중히 거절한다.
7. 지나친 음주를 자제한다.

자료: 식품의약품안전처(2017)

2. 흡연과 건강은 어떤 관계가 있을까?

세계보건기구(WHO)와 미국 국립암협회에 따르면, 흡연으로 인하여 세계 경제가 연간 1조 달러(1천197조5천억 원)의 잠정 손실을 보고 있으며, 2030년까지 흡연 관련 사망자가 30% 가량 늘어날 전망이라고 하였다. 우리나라의 경우 흡연으로 인한 사망자는 연간 4만 2천 명(보건복지부)이며, 경제적 손실은 약 9조 원으로 추정된다.

1) 한국인의 흡연 실태

2017년에 발표된 OECD 국가의 흡연율을 살펴보면(표 11-4, 그림 11-8), 프랑스가 26.9%로 가장 높았고 다음이 독일(18.8%)이었다. 일본과 한국은 각각 17.7%와 17.5%였으며 영국이 16.8%이고 미국이 10.5%였다. 한편 한국의 남자의 흡연율은 31.6%로 이들 국가 중 가장 높았으며, 여자의 흡연율은 3.5%로 낮은 수준이었다.

연령대별 흡연율(그림 11-9)은 남자의 경우 20대 34.9%에서 점차로 증가하다가 40대에서는 44.1%로 가장 높았고 그 이후로 서서히 감소하여 70세 이상에서는 14.7%의 흡연율을 보였다. 한편, 여자는 20대의 흡연율이 10.9%로 가장 높았고, 그 이후 서서히 감소하여 70세 이상에서는 1.1%에 해당하였다.

표 11-4 국가별 흡연율(2010)

(단위 : %)

	한 국	일 본	미 국	영 국	독 일	프랑스
전 체	17.5	17.7	10.5	16.8	18.8	26.9
남	31.6	29.4	11.5	18.7	22.3	29.8
여	3.5	7.2	9.5	15	15.3	24.2

자료: OECD health data(2017)

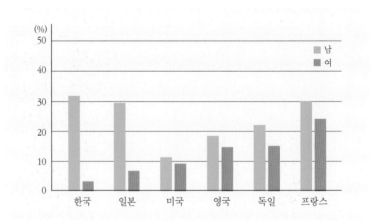

그림 11-8 국가별 흡연율의 비교
자료: OECD(2010), OECD health data.

한국인의 흡연 시작 연령을 살펴보면 남자의 경우 1998년에는 20.8세였으나 그로부터 10년 후인 2018년에는 18.8세로 약 2세가량 감소하였고, 여자의 경우는 1998년에는 29.4세였으나 2018년에는 23.5세로 무려 5.9세 감소하였다(그림 11-10).

최근 정부의 적극적인 금연 정책을 통하여 남녀 모두 금연율은 감소하고 있으나, 금연 시작연령은 낮아져 남자는 고등학생 때, 여자는 20대 또는 대학생 때인 것으로 나타났다.

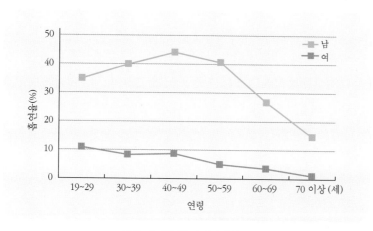

그림 11-9 한국인의 연령별 흡연율

자료: 보건복지부, 국민건강영양조사 현재흡연율(2018)

그림 11-10 한국인의 흡연 시작 연령

자료: 보건복지부, 국민건강영양조사 '건강행태 및 만성질환의 20년간(1998-2018) 변화'

2) 흡연이 영양상태에 미치는 영향

일반적으로 흡연자는 비흡연자에 비해 아침 결식률이 높고, 불규칙한 식습관을 가지고 있을 뿐 아니라 생활습관 역시 불규칙할 확률이 높다. 흡연자는 미각의 예민도가 저하되어 있으므로 전반적으로 식품선택에도 영향을 미친다. 예를 들어 흡연자는 기름진 음식과 기호식품을 선호하는 반면, 비타민과 무기질의 급원인 채소 및 과일류의 섭취율은 낮다.

담배연기에는 지질과산화를 촉진하는 자유유리기(free radical)가 다량 함유되어 있으므로, 흡연자는 비흡연자에 비해 항산화 영양소의 요구량이 높다. 실제로 흡연자의 경우 비흡연자에 비해 혈중 비타민 C의 농도가 더 낮으며 흡연자의 절반 이상이 비타민 C 결핍증을 보이고 있다는 점을 근거로 하여, 미국에서는 흡연자의 비타민 C 권장량을 비흡연자보다 약 50%(+40mg) 정도 상향 조정하고 있다(제8장 비타민 영양, 181쪽 참조).

알고 싶어요 ?!

Q 담배를 끊으면 살이 찐다고 하는데 왜 그럴까?

A 담배를 피우다 끊으면 평균 2.5kg 정도의 체중이 늘어나는데, 이것이 원래 자기의 체중이다. 담배를 피우면 담배연기 속의 독성물질을 제거하기 위해 세포들이 더 많은 에너지를 사용하기 때문에 체중이 줄게 된다. 하지만 2.5kg 체중감량과 건강을 맞바꾸는 것은 참으로 어리석은 일이다.

3) 흡연이 건강에 미치는 영향

(1) 담배의 유해성분

담배연기 속에는 약 4,000여 종의 화학물질이 들어 있으며, 이들의 약 90%가 가스이고 나머지 10%가 미립자이다. 가스 성분 중에서 주로 문제가 되는 것은 일산화탄소이고, 유독성 미립자 성분 중에서는 니코틴과 타르 등이 주요 위험요소이다.

❶ 일산화탄소　일산화탄소는 연탄가스와 같은 성분으로서, '담배를 피우는 것은 마

치 소량의 연탄가스를 지속적으로 맡고 있는 것과 같다'고 하면 그 유해성이 실감 날 것이다. 담배연기 속에는 약 0.5~1.0%의 일산화탄소가 함유되어 있으므로, 담배 한 갑을 피우면 약 2mg의 일산화탄소를 흡입하게 된다. 일산화탄소는 화학적 질식 가스로 신체에 산소공급을 감소시켜 신진대사 장애와 조기 노화현상을 초래하며, 혈소판 응집력을 증가시켜 혈전형성을 촉진한다.

❷ **니코틴** 담배의 독특한 맛을 내는 성분인 니코틴은 아편과 유사한 수준의 습관성 중독을 일으키기 때문에 마약으로 분류되는 물질이다. 니코틴은 또한 혈압을 올리고 혈중 콜레스테롤 농도를 증가시키며, 내분비 및 호흡기에도 나쁜 영향을 미친다. 담배 한 개비에는 약 1mg의 니코틴이 함유되어 있는데, 한 번에 40mg 이상의 니코틴이 흡입되면 치사량이 된다. 니코틴이 담배연기로 흡입되어 뇌에 약리작용을 일으키는 데는 불과 4~5초밖에 걸리지 않으나, 흡입된 니코틴이 체외로 완전히 배출되는 데는 약 3일이 걸린다.

❸ **타 르** 담배를 피울 때 파이프나 펄프를 검게 만드는 '담배진'이 바로 타르이다. 타르는 어떤 식물이든 불에 태우면 생기는 것으로서 약 20여 종의 A급 발암물질을 포함하며 수천 종의 독성 화학물질로 구성되어 있다. 담배 한 개비를 피울 때 흡입되는 타르의 양은 대개 10mg 이내이나, 한 사람이 하루에 한 갑씩 담배를 피울 때 1년간 모이는 타르의 양은 유리컵 하나를 꽉 채울 정도로 많다. 타르는 담배연기를

알고 싶어요 ?!

Q 담배를 피우면 과연 글이 잘 써질까?

A 담배를 끊지 못하는 사람들 중에는 "담배를 피우면 정신건강에 더 좋다"거나 또는 "담배를 피우면 시상이 떠오르고 글이 잘 써진다"라는 말을 흔히 늘어놓는다. 그러나 이것은 사실이 아니다. 담배가 해롭다는 사실이 알려진 후부터 흡연자들은 담배를 피울 때마다 오히려 불안과 죄의식을 느끼게 되므로, 당연히 정신건강에 이로울 수가 없다. 담배를 피워야 글이 잘 써진다는 것은 담배성분의 각성효과일 수도 있으나 담배를 피우지 않을 때 생기는 금단증상이 없어지기 때문에 그렇게 느끼는 점이 더 클 것이다. 만약 그 말이 맞는다면 담배를 피우지 않는 사람은 늘 스트레스에 쌓여 있고, 글도 시도 쓸 수 없을 것이다.

통해 폐로 가서 혈액을 통해 신체에 피해를 주기도 하고, 잇몸이나 기관지 등에 직접 작용하여 표피세포를 파괴하거나 만성염증을 일으키기도 한다.

(2) 흡연과 질병

❶ 암 담배연기와 직접 접촉하는 신체기관, 즉 구강·식도·폐 및 기관지에 발생하는 암의 90% 정도가 흡연 때문에 생기며, 담배연기와 직접 접촉하지 않는 장기 중 자궁경부·췌장·방광·신장·위장·조혈조직 등의 암 발생률 역시 흡연자의 경우 비흡연자에 비해서 약 1.5~3배 정도 높다. 또한 신체의 모든 부위에서 흡연으로 인한 암의 발생 위험률은 담배연기에 대한 노출 정도에 비례하여 증가한다.

그림 11-11에 제시된 바와 같이 흡연에 의해 암 사망률이 현저하게 증가하는 것으로는 후두암(20.3배), 구강암(4.6배) 및 폐암(4.1배)을 들 수 있으며, 이 중에서도 특히 주목을 받고 있는 것이 폐암이다. 우리나라의 경우 2009년 암 사망자(총 69,780명) 중 폐암으로 인한 사망자가 21.4%(14,919명)로 가장 높았다. 여기서 중요한 사실은 다른 암의 사망률은 해가 갈수록 점차 감소하거나 현상을 유지하는 추세인 것과는 달리, 폐암 사망률은 꾸준한 증가 추세를 보이고 있다는 것이다. 연령

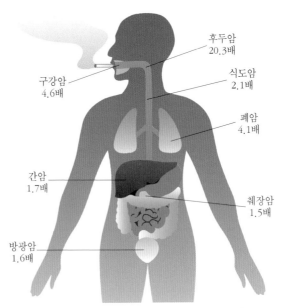

구강암 4.6배
후두암 20.3배
식도암 2.1배
폐암 4.1배
간암 1.7배
췌장암 1.5배
방광암 1.6배

그림 11-11 비흡연자에 대한 흡연자의 암 사망 증가율

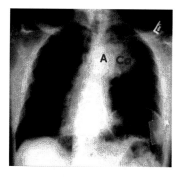

폐암환자의 X선 가슴촬영 사진

말기 폐암환자의 폐조직 사진

그림 11-12 폐암환자의 X선 촬영사진과 폐조직 사진

별로는 40대 이후에 폐암이 주로 발생하기 시작해 50~60대에 가장 많이 발생한다.

폐암은 발생 초기에는 특별한 증상이 없는 것이 특징으로, 기침을 하고 가래가 많아지며 목이 쉬는 등 가벼운 감기증세가 계속된다. 전문의들은 폐암의 조기 발견을 위해 45세 이상의 흡연자에게 1년에 1~2회 정기적인 검진을 받도록 권하고 있다. 검진의 종류로는 대개 X선 가슴촬영이 있고, 여기서 의심이 갈 때 추가적으로 CT촬영(컴퓨터 단층촬영)을 시행한다. 그림 11-12는 암세포가 대동맥까지 전이되어 있는 폐암환자의 X선 촬영사진과 말기 폐암환자의 폐조직 사진을 보여주고 있다.

❷ 심혈관질환 흡연은 고혈압·고콜레스테롤혈증과 함께 뇌혈관질환, 관상동맥질환, 복부 대동맥류, 말초혈관질환과 같은 심혈관질환의 주요 위험인자이다. 하루에 평균 한 갑 이상 담배를 피운 40~59세 성인의 경우, 관상동맥질환의 위험도는 같은 연령

알고 싶어요 ?!

Q 담배를 피워도 건강에 해를 입지 않을 요행은 없을까?

A 마치 비행기가 추락해도 살아남는 사람이 있듯이 담배를 피워도 살아 있는 동안 아무 해를 입지 않는 사람이 있을 수는 있다. 그러나 요행을 바라기엔 그 확률이 너무 낮다. 개인적으로 차이는 있지만 담배를 피우면 어떠한 형태이든지 반드시 피해를 받게 마련이다. 특히 담배를 오래 피울수록, 많이 피울수록, 일찍 시작할수록, 그리고 깊게 들이마실수록 더 해롭다.

의 비흡연자보다 2.5배가량 높았으며, 흡연량에 비례하여 심혈관질환 위험도도 함께 증가하였다.

❸ **폐질환** 흡연은 폐결핵, 폐렴, 독감, 기관지염, 폐기종, 천식, 만성 기도장애와 같은 호흡기계 질환을 유발한다.

금연 생활수칙

1. 금연일을 정합니다. 생일이나 기념일 등의 특별한 날이 기억하기 좋습니다.
2. 주위의 가족과 동료에게 금연을 알립니다.
3. 가능하면 같이 금연할 친구를 동반하세요.
4. 금연 시작 일까지 담배를 최대한 줄입니다. (반 갑 이하)
5. 니코틴 패치나 검, 경구 금연약과 같은 보조제도 도움이 됩니다.
6. 금연 시작 일에 담배를 생각나게 하는 재떨이, 라이터, 성냥 등은 모두 치웁니다.
7. 담배를 피우는 상황을 인지하고 대처하는 방법을 강구합니다. 처음 2주간이 가장 견디기 힘들지만, 3분만 참으면 담배를 피우고 싶은 생각은 사라질 것입니다.
8. 술이나 커피, 스트레스와 같은 상황은 될수록 피하고 충분한 수면과 가벼운 운동이나 목욕을 하는 것이 좋으며, 과다한 음주는 금연 실패의 중요한 요인이라는 점 꼭 기억하세요.
9. 금연에 의한 체중증가를 방지하기 위해 운동을 하고 입이 심심할 경우 무설탕 검이나 오이, 당근 등으로 대체합니다.
10. 배고픔은 때때로 흡연의 욕구로 오인되기 때문에 규칙적인 식사를 합니다.
11. 담배를 사지 않게 되어 생기는 돈을 모읍니다.
12. 힘들 때마다 금연으로 인한 자신과 가족의 건강과 행복을 생각하면 반드시 극복할 수 있습니다.

자료: 삼성서울병원 건강의학센터 금연클리닉

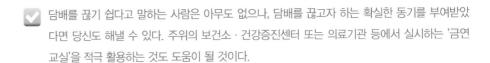

담배를 끊기 쉽다고 말하는 사람은 아무도 없으나, 담배를 끊고자 하는 확실한 동기를 부여받았다면 당신도 해낼 수 있다. 주위의 보건소 · 건강증진센터 또는 의료기관 등에서 실시하는 '금연교실'을 적극 활용하는 것도 도움이 될 것이다.

담배보다 꿈을 알게 해주어야 합니다. 공상생각. END.

✱ 알코올 중독의 가능성에 대해 평가해 보자!

상습적으로 술을 마신다면 최근 6개월 동안의 생활을 돌이켜보고, 해당되는 사항에 ○표 해보자. 만약 다음 중 네 가지 이상이 해당되면, 알코올 중독의 가능성이 높으므로 전문의와 상의하여야 한다.

알코올 중독의 가능성

1. 자기연민에 잘 빠지며 술로 이를 해결하려 한다.
2. 혼자 술 마시는 것을 좋아한다.
3. 술 마신 다음날 해장술을 마신다.
4. 취기가 오르면 술을 계속 마시고 싶은 생각이 지배적이다.
5. 술을 마시고 싶은 충동이 일어나면 거의 참을 수 없다.
6. 최근에 취중의 일을 기억하지 못하는 경우가 있다(6개월 동안 2회 이상).
7. 대인관계나 사회생활에 있어서 술이 해로웠다고 느낀다.
8. 술로 인해 직업기능에 상당한 손상이 있다.
9. 술로 인해 배우자가 떠났거나, 떠난다고 위협한다.
10. 술이 깨면 진땀, 손 떨림, 불안이나 좌절 혹은 불면을 경험한다.
11. 술이 깨면서 공포나 몸이 심하게 떨리는 것을 경험하거나, 혹은 헛것을 보거나 헛소리를 들은 적이 있다.
12. 술로 인해 생긴 문제로 치료를 받은 적이 있다.

자료: 한국형 국립서울정신병원 알코올중독 선별검사

Chapter 12

임신기와 수유기 영양

1. 임신기의 올바른 영양관리는?

2. 수유기의 올바른 영양관리는?

임신기와
수유기 영양

영양이 건강에 미치는 영향은 인간이 태어나기 전부터 시작되어
죽는 순간까지 계속된다. 인간은 일생을 통하여 영양소를
변함없이 필요로 하나, 이들 영양소의 필요량은 생애 주기에 따라
나타나는 대사적·생리적 변화를 반영한다.
특히 임신 및 수유로 인한 영양소 요구량의 증가는 모체뿐만 아니라
태아 및 유아의 건강유지를 위하여 불가피한 것이다.
따라서 건강한 새 생명의 탄생은 저절로 만들어지는 것이 아니라
인간의 노력에 의하여 만들어 가는 것이다.

1. 임신기의 올바른 영양관리는?

독립적인 개체로 존재하지 못하는 태아의 건강상태는 모체에 의존할 수밖에 없
다. 모체의 영양불량, 임신중독증, 원인불명의 태반기능부전증 등으로 인해 가끔 태
아의 저체중 및 미성숙·사산 등이 초래되며, 특히 개발도상국에서 저체중아의 출
산율이 높은 것은 모체의 영양불량과 관계가 깊다. 그림 12-1은 어머니의 식사내용
과 신생아의 건강상태와의 관계를 보여주고 있는데, 매우 양호한 식생활을 하고 있
는 모체에서 태어난 신생아의 94%가 양호하거나 또는 우수한 건강상태를 보인 반

면, 식품 섭취가 불충분한 모체에서 태어난 신생아의 경우 8%만이 건강상태가 양호 또는 우수하였고 나머지 92%는 허약하였다.

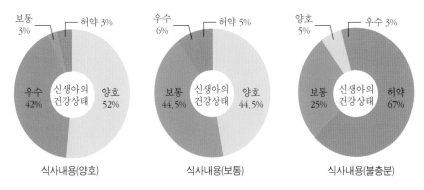

그림 12-1 어머니의 식사내용과 신생아의 건강상태와의 관계

1) 임신 및 태아의 발달

(1) 계획된 임신의 중요성

❶ 어머니의 역할 모체나 태아의 건강을 위해 임신 수개월 전부터 바람직한 체중을 유지하며, 균형잡힌 식사와 함께 운동을 통해 체력을 단련하는 준비과정이 필요하다.

❷ 아버지의 역할 한동안 건강한 2세를 출산하는 열쇠는 주로 어머니 쪽에 있다고 믿어왔으나, 최근 연구결과에 의하면 난임(難姙, sterility)과 기형아 출산을 유발하는 원인의 약 40% 정도가 남성(손상된 정자) 쪽에 있음이 밝혀졌다. 따라서 부부가 2세를 갖고자 계획하였다면 아버지도 균형된 식사를 하고 흡연 및 과음을 금하며, 방사선·중금속·농약 등 환경 위해성분에 노출되는 기회를 줄이는 등 건강한 새 생명의 탄생을 위해 미리 준비하여야 한다.

(2) 태아의 발달과정

임신기간은 총 40주로, 임신 1~2주는 정자와 난자가 만나서 자궁벽에 착상하는 시기이며, 임신 3~8주는 '배아(embryo) 발달기'로서 태아의 주요 장기를 포함한 기본적인 구조가 만들어지는 시기이며, 임신 9~38주는 '태아 발달기'로 태아의 크기가 커지고 주요 기관들이 성숙되는 단계이다.

☑ 임신 1기(~12주)는 태아의 주된 장기가 형성되는 기간으로, 임신부의 잘못된 섭식으로 인해 태아의 기형을 초래할 확률이 매우 높은 시기이다.

알고 싶어요 ?!

Q 출산 예정일은 어떻게 알 수 있을까?

A 임신부의 마지막 월경일을 기준으로, 월(月)에는 +9 또는 −3, 일(日)에는 +8을 더하면 된다. 예를 들어, 마지막 월경일이 6월 15일이면 출산 예정일은 다음해 3(6−3)월 23(15+8)일이 된다.

(3) 태반의 역할

임신이 시작되고 1개월 후부터 자궁벽에서 발달하기 시작한 태반을 통하여 모체 혈액에 포함된 영양소·호르몬·항체 및 산소 등이 태아에게 전달된다. 태아는 자궁 내의 폐쇄된 환경에서 성장하므로(그림 12-2), 태아의 대사산물 및 폐기물 역시 태반을 통하여 모체의 혈액으로 운반된다.

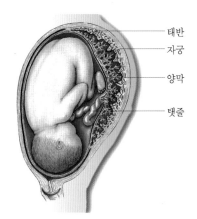

태반
자궁
양막
탯줄

그림 12-2 자궁 속의 태아

알고 싶어요 ?!

Q 소변검사로 어떻게 임신 여부를 알 수 있을까?

A 임신이 되면 자궁 내 태반에서 생산되는 호르몬이 임신부의 소변을 통해 배설되므로 이를 이용하여 임신 여부를 확인할 수 있다.

아울러 태반은 임신의 유지에 필요한 60여 가지의 효소와 일부 호르몬 등을 자체 생산하기도 한다. 영양상태가 좋은 임신부는 임신 초기에 건강한 태반을 만들어 이를 통하여 모체와 태아 간의 영양소 및 대사물의 이동이 원활히 이루어짐으로써 건강한 태아를 분만할 확률이 높아진다.

2) 임신 시의 체중 증가량

임신기간 동안의 적당한 체중 증가는 임신 중 영양관리 및 성공적인 임신 진행의 중요한 지표가 된다. 균형잡힌 식사를 하는 건강한 임신부의 경우, 임신기간 동안 평균 10~12kg 정도의 체중이 증가하게 된다. 임신 시 증가하는 체중에 대한 구성요소의 예가 그림 12-3에 제시되어 있다. 임신부의 체중이 증가하는 가장 큰 원인 중 하나가 수분의 증가이며, 총 수분 증가량의 절반 이상은 모체의 혈액이 증가함으로 인한 것이다. 임신으로 인한 체중 증가분의 상당량(60% 이상)이 모체 쪽에서 증가한 부분이기 때문에, 출산 후에도 증가한 체중의 상당량이 그대로 남아 있

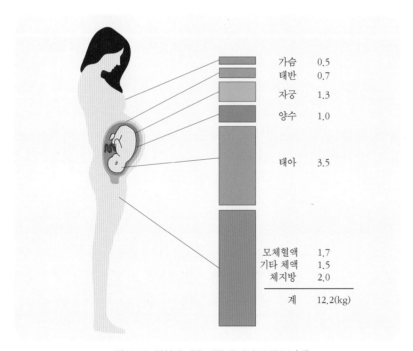

가슴	0.5
태반	0.7
자궁	1.3
양수	1.0
태아	3.5
모체혈액	1.7
기타 체액	1.5
체지방	2.0
계	12.2(kg)

그림 12-3 임신에 따른 체중 증가의 구성요소(예)

게 되므로 임신 전 체중으로 되돌아가기 위해서는 균형잡인 식사와 함께 적절한 운동, 그리고 모유 수유 등이 필수적이다.

최근 식생활 개선과 생활양식의 변화에 따라 비만이 문제시되고 있는데, 임신부의 경우도 예외는 아니다. 임신부의 비만을 정의하기는 어려우나 총 임신기간 중의 체중 증가량이 지나치게 많은 경우에는 각종 합병증과 산과적 이상이 발생할 확률이 증가하며, 임신중독증·당뇨병·거대아·분만지연·이완출혈·조기파수 등으로 인해 부득이 제왕절개를 해야 하는 상황이 증가하게 된다.

알고 싶어요 ?!

Q 출산 후 모유 수유를 하는 것이 산모의 체중감량에 도움이 되는 이유는 무엇일까?

A 한국 수유부의 하루 평균 유즙 분비량은 약 800mL이며, 이 정도의 모유를 분비하기 위해서는 약 600kcal의 에너지가 추가로 필요하다. 이 중의 절반 이상은 수유부가 섭취하는 식사에서 공급되고, 나머지는 임신기간 중 증가되었던 체지방이 연소됨으로써 공급된다.

---

3) 임신합병증과 영양

영양부족 또는 영양과잉 상태의 임신부는 정상 임신부에 비해 임신중독증과 같은 임신합병증의 발생 위험률이 증가하고, 미숙아 및 저체중아를 분만할 위험 또한 증가한다.

(1) 조산(早産)

임신 전에 저체중이었던 여성의 경우, 정상체중의 여성에 비해 임신기간 동안 체중 증가율이 낮았을 때 조산이 될 위험성이 증가한다. 따라서 임신 전에 저체중이었던 임신부는 임신기간 동안 적정 수준의 체중 증가를 달성하기 위해 영양관리에 세심한 주의를 기울여야 한다.

(2) 습관성 유산

습관성 유산의 주된 요인으로는 성세포의 결함과 모체의 불량한 환경요인 등을 들 수 있다. 특히 불량한 영양상태가 유산의 가능성을 높이는 요소가 되므로 습관성 유산의 경험이 있는 여성은 임신 전에 체중과 영양상태가 적당한지 충분히 검토하여야만 한다. 즉 비만한 여성은 임신 전에 체중을 줄여야 하고, 저체중인 여성은 충분한 식사와 휴식을 통하여 정상체중으로 회복된 후 임신하는 것이 좋다.

(3) 임신중독증

❶ 증 상 임신중독증은 주로 임신 20주 이후부터 나타나는데 고혈압, 단백뇨, 부종, 갑작스런 체중 증가, 졸음, 두통, 시각장애, 메스꺼움, 구토 등의 증상을 보인다. 심하면 경련증상이 일어나는데, 치료되지 않으면 모체나 태아 모두에게 매우 위험하다.
❷ 관련 요인 임신중독증의 정확한 원인은 아직까지 규명되지 않고 있으나, 식생활과 관련된 가능한 요인으로는 나트륨(또는 소금)의 과잉섭취, 단백질 섭취 부족, 과다한 체중 증가, 칼슘 부족 등이 거론되고 있다.

4) 임신 중 나타나는 이상증세

(1) 빈혈증

임신부에게 흔히 나타나는 영양결핍증으로 우리나라 임신부의 50~70%가량이 빈혈증세를 보인다. 임신부에게 나타나는 빈혈의 종류로는 철 결핍성 빈혈이 가장 많고, 엽산 결핍에 의한 거대 적혈구성 빈혈(제8장 비타민 영양, 193쪽 참조)이 그 다음 순위를 차지한다. 임신이 되면 우선 태반을 통해 태아에게 혈액을 전달하기 위해서 임신부의 혈액 부피가 증가하게 되는데, 이때 혈액 내 적혈구량의 증가가 혈장량의 증가에 미치지 못해 '혈액희석' 현상이 나타나 빈혈이 초래된다. 아울러 태아의 혈액을 만들기 위해 모체의 철 요구량도 증가하므로 혈중 헤모글로빈 농도 또는 적혈구 수가 감소하게 된다.

임신성 빈혈을 예방하기 위해서는 철 및 엽산을 충분히 섭취해야 할 뿐만 아니라, 기타 조혈작용에 필수적인 영양소인 단백질, 비타민 B_6, 비타민 B_{12} 및 비타민 C의 충분한 섭취 또한 필요하다.

(2) 위장장애

❶ 변 비 임신에 의한 위장장애 중 가장 흔하게 경험하는 것이 변비인데, 이는 임신 중 태반에서 분비되는 호르몬인 프로게스테론(progesterone)에 의한 것이다. 프로게스테론은 태아가 성장함에 따라 자궁의 근육을 이완시켜 임신을 유지하는 작용을 하는데, 이때 자궁뿐 아니라 장의 근육을 함께 이완시켜 변비를 유발하게 된다. 변비를 예방·치료하기 위하여 신선한 채소와 과일, 그리고 수분을 충분히 섭취하는 것이 필요하다.

❷ 가슴의 통증(Heart burn) 임신 시 분비되는 프로게스테론 호르몬에 의해 위장 근육이 이완되어 위산이 식도로 역류함에 따라 가슴에 통증을 느끼는 현상이 나타난다. 증세를 완화시키기 위해서 기름진 음식과 자극이 강한 향신료를 피하는 것이 바람직하다.

❸ 입덧(Morning sickness) 주로 호르몬 변화에 의해 임신 초기(5~6개월까지)에 나타나는 헛구역질, 메스꺼움, 구토 등의 증상을 말하며, 개인에 따라 정도의 차이가 매우 심하다. 기호에 맞는 식사를 소량씩 자주하고 적당한 운동을 하는 것이 도움이 되며, 증세가 매우 심한 경우에는 정맥주사를 이용하여 필요한 영양소를 보충해야 할 경우도 발생한다.

☑️ 비타민 B_6가 임신성 구토를 어느 정도 진정시킬 수 있다고 보고되고 있으나, 아직까지 그 효과가 명백히 증명되지는 않은 상태이다.

5) 임신부의 영양소 섭취기준

표 12-1에서 보듯이 임신 중에는 태아와 모체의 새로운 조직합성을 위하여 모든 영양소의 필요량이 증가하고, 대사 또한 항진된다. 임신 3기에 필요한 에너지 필요추정량은 비임신기에 비해 약 20%가량 증가하는데, 그 증가량의 80%는 태아를 위해 필요한 것이다. 그림 12-4는 임신을 하지 않은 같은 나이의 여성에 비하여 임신 3기 여성에 있어서 각종 영양소 섭취기준이 얼마나 증가하는지를 보여준다. 비타민 D의 경우, 비임신부에 비하여 임신기에 약 2배가량 증가하며, 철은 71%, 단백질은 20대와 30대가 각각 60%와 67%, 엽산은 각각 54.3%와 50% 증가한다.

표 12-1 임신부의 영양소 섭취기준 증가량(비임신부와 비교)

영양소	증가량	영양소	증가량	영양소	증가량
에너지 (kcal)[1]	+0/340/450*	비타민 B_1 (mg)[2]	+0.4	칼슘 (mg)[2]	+0
단백질 (g)[2]	+15/30	비타민 B_2 (mg)[2]	+0.4	인 (mg)[2]	+0
식이섬유 (g)[3]	+5	니아신 (mg)[2]	+4	나트륨 (g)[3]	+0
수분 (mL)[3]	+200	비타민 B_6 (mg)[2]	+0.8	마그네슘 (mg)[2]	+40
비타민 A (μg RE)[2]	+70	비타민 B_{12} (μg)[2]	+0.2	철 (mg)[2]	+10
비타민 D (μg)[3]	+0	엽산 (μg)[2]	+220	아연 (mg)[2]	+2.5
비타민 E (mg α-TE)[3]	+0	비타민 C (mg)[2]	+10	요오드 (μg)[2]	+90
비타민 K (μg)[3]	+0			셀레니움 (μg)[2]	+4

자료: 보건복지부 · 한국영양학회. 2020 한국인 영양소 섭취기준

1) 필요추정량 2) 권장섭취량 3) 충분섭취량
* 임신 3분기별 영양소 섭취기준

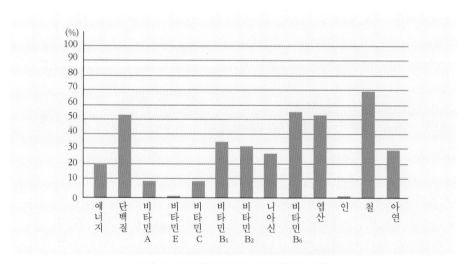

그림 12-4 임신부의 영양소 섭취기준의 증가율
자료: 보건복지부,한국영양학회. 2020 한국인 영양소 섭취기준
증가율 = [(임신3기 - 비임신부) / 비임신부] × 100

6) 임신부의 식사지침

(1) 임신 전반기

❶ 임신 2~3개월　이 시기는 모체에 처음으로 생리적 변화가 일어나고 입덧증상과 함께 음식에 대한 기호가 매우 예민하게 변화하는 시기이므로, 편식으로 인한 영양장애가 생기지 않도록 주의한다.

❷ 임신 4~5개월　이때까지 입덧이 지속될 수 있으며, 특히 공복 시 구토증세가 심해지므로 소량씩 자주 섭취하도록 한다. 식사를 정상적으로 할 수 없는 경우가 종종 발생하므로 일단 구미에 당기는 음식을 섭취하도록 하며, 종합비타민·무기질 보충제의 섭취로 부족한 영양소를 보충하는 것이 도움이 될 수 있다. 아울러 채소와 과일을 충분히 섭취하여 변비를 예방하도록 한다.

(2) 임신 후반기

임신 전반기에 비하여 갑작스러운 체중 증가와 함께 영양소 필요량이 크게 증가하는 시기로, 특히 에너지·단백질·칼슘 및 철의 섭취가 부족하지 않도록 주의하여야 한다. 정규식사만으로는 이 시기의 영양소 필요량을 충족시키기 위한 많은 양의 음식을 섭취하기가 어려우므로 1일 3회의 식사 외에도 오전 10시, 오후 3시 및 야식 등 6회분으로 나누어 식사하도록 한다. 자극성 있는 음식의 섭취는 되도록 제한하며, 식욕을 증진시키는 음식과 소화되기 쉬운 식품을 선택하고, 적절한 운동을 하는 것이 필요하다.

(3) 임신기간 중 금해야 할 것

❶ 카페인　과다한 카페인의 섭취는 유산 및 사산의 위험을 증가시키므로 커피의 경우 하루에 두세 잔 이상 마시지 않도록 한다. 카페인은 커피 이외에 콜라 등의 음료에도 함유되어 있으므로(그림 12-5), 음료 선택 시 각별히 유의해야 한다.

❷ 알코올　알코올 중독인 임신부에서 태어난 아이에게 나타나는 이상 증상을 '태내 알코올증후군(fetal alcohol syndrome, FAS)'이라 부르는데, 주요 증상으로는 출생 전 또는 후의 성장지연, 두개골 또는 두뇌의 기형, 중추신경계의 이상, 행동 및 지능장애, 학습능력장애를 들 수 있으며, 이와 같은 장애는 청소년기를 거쳐 성인기

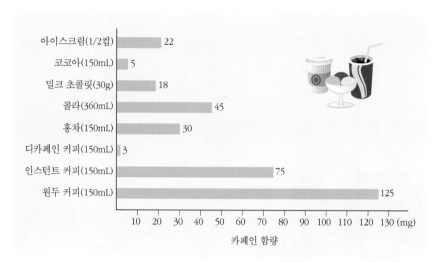

그림 12-5 다양한 음료 및 식품 중의 카페인 함량

까지 지속된다. FAS를 지닌 아동에게 나타나는 특징적인 얼굴형태로는 안검렬의 위축, 얇은 윗입술, 안면의 입체감 감소 등을 들 수 있다.

> ☑ 임신부와 태아에게 해가 되지 않을 정도의 '안전한 알코올의 섭취수준'이 책정되어 있지 않은 상태이므로, 임신부의 경우 알코올 섭취를 금하는 것이 바람직하다.

❸ **흡 연** 임신부가 흡연을 하는 경우 저체중아 출생률이 증가하고 태아의 폐기능 발달이 저하되며, 출생 후 아기가 성장하면서 호흡계 질병에 걸릴 확률이 높아진다. 임신부는 본인의 직접 흡연뿐만 아니라 주변 사람들에 의한 간접 흡연도 피해야 한다.

❹ **약물 섭취** 임신 중(특히 태아의 주요 장기가 형성되는 임신 12주까지)의 약물복용은 기형아를 출산할 위험을 증가시키므로 될 수 있는 대로 모든 약물의 복용을 금하는 것이 안전하며, 부득이한 경우는 반드시 의사와 상의하여 복용하도록 한다.

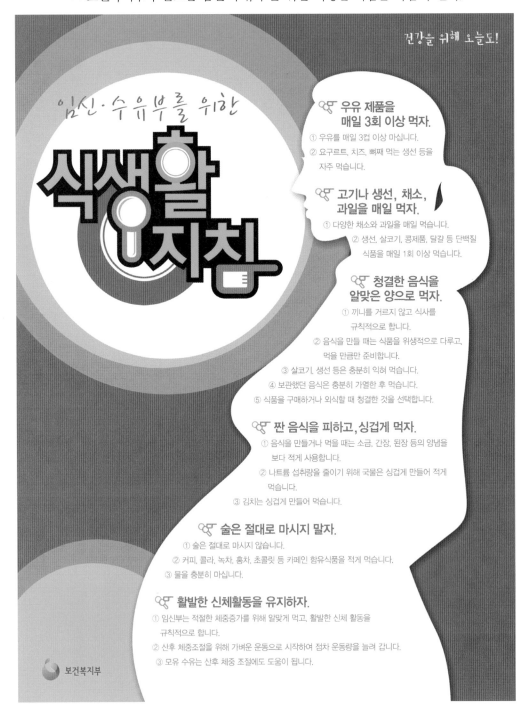

건강을 위해 오늘도!

임신·수유부를 위한

식생활 지침

우유 제품을 매일 3회 이상 먹자.
① 우유를 매일 3컵 이상 마십니다.
② 요구르트, 치즈, 뼈째 먹는 생선 등을 자주 먹습니다.

고기나 생선, 채소, 과일을 매일 먹자.
① 다양한 채소와 과일을 매일 먹습니다.
② 생선, 살코기, 콩제품, 달걀 등 단백질 식품을 매일 1회 이상 먹습니다.

청결한 음식을 알맞은 양으로 먹자.
① 끼니를 거르지 않고 식사를 규칙적으로 합니다.
② 음식을 만들 때는 식품을 위생적으로 다루고, 먹을 만큼만 준비합니다.
③ 살코기, 생선 등은 충분히 익혀 먹습니다.
④ 보관했던 음식은 충분히 가열한 후 먹습니다.
⑤ 식품을 구매하거나 외식할 때 청결한 것을 선택합니다.

짠 음식을 피하고, 싱겁게 먹자.
① 음식을 만들거나 먹을 때는 소금, 간장, 된장 등의 양념을 보다 적게 사용합니다.
② 나트륨 섭취량을 줄이기 위해 국물은 싱겁게 만들어 적게 먹습니다.
③ 김치는 싱겁게 만들어 먹습니다.

술은 절대로 마시지 말자.
① 술은 절대로 마시지 않습니다.
② 커피, 콜라, 녹차, 홍차, 초콜릿 등 카페인 함유식품을 적게 먹습니다.
③ 물을 충분히 마십니다.

활발한 신체활동을 유지하자.
① 임신부는 적절한 체중증가를 위해 알맞게 먹고, 활발한 신체 활동을 규칙적으로 합니다.
② 산후 체중조절을 위해 가벼운 운동으로 시작하여 점차 운동량을 늘려 갑니다.
③ 모유 수유는 산후 체중 조절에도 도움이 됩니다.

보건복지부

2. 수유기의 올바른 영양관리는?

1) 우리나라의 모유 수유 현황

(1) 모유 수유율

세계보건기구에서는 생후 6개월까지는 모유만 먹이는 완전모유 수유(exclusive breast feeding)를 권장한다. 2012년 세계보건기구의 세계보건총회에서 2025년까지 모성 및 아동 영양에 대한 종합계획을 수립한 바, 생후 6개월간의 완전모유 수유율을 50%까지 올리는 것을 목표로 정하였다. 전 세계적으로 생후 6개월간의 완전모유 수유율은 38%(2013년 기준)인 것으로 보고된 바 있다(자료: WHO (2014). Global Nutrition Targets 2025).

(2) 모유 수유를 증가시키기 위한 방안

첫째, 산모들의 모유에 대한 지식이 부족하므로 모유의 우수성에 대한 올바른 영양교육 및 계몽이 필요하다. 둘째, 분유회사의 지나친 광고에 대한 자제가 요구되며, 모유가 최선의 선택임을 소비자에게 인식시켜야 한다. 셋째, 산부인과 병원에서는 출산 직후 모자동실(母子同室)을 운영함으로써 신생아에게 초유를 먹일 수 있는

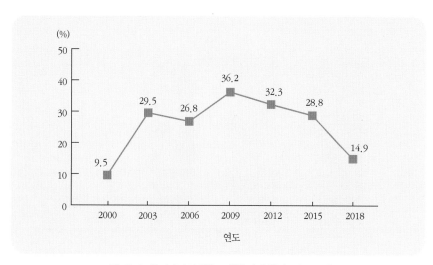

그림 12-6 우리나라의 생후 6개월 미만 완전모유 수유율
자료: 한국보건사회연구원, 각 연도 전국 출산력 및 가족보건·복지 실태조사(2000-2018, 3년 주기)

기회를 제공하는 등 모유 수유를 적극 권장하여야 한다. 넷째, 취업여성이 모유 수유를 성공적으로 계속 할 수 있도록 직장 내 탁아소 및 수유실 운영방안, 사용이 간편한 착유기의 개발 및 보급방안 등이 검토되어야 할 것이다.

2) 모유 수유의 장점

모유 수유를 성공적으로 실시할 경우, 영아의 건강뿐만 아니라 모체 자체의 건강 유지에도 도움이 된다.

(1) 영양적 우수성

동물은 종족에 따라 출생 후의 성장속도 및 영양소 요구량이 각기 다르며, 이와 같은 차이가 특정 종족의 유즙성분에 그대로 반영되어 있다. 따라서 우유(牛乳)는 송아지를 위해, 그리고 염소 젖은 염소새끼를 위해 최적의 섭생방식인 것이다. 시판되는 조제유(분유)의 절대목표는 모유성분과 동일하게 만드는 것이고, 이를 위해 연구투자를 부단히 하고 있으나, 아직도 모방할 수 없는 차이는 여전히 남아 있다. 예를 들어, 그림 12-7은 모유·우유·조제유의 에너지 구성비를 비교한 것이다.

(2) 성장에 따른 조성의 변화

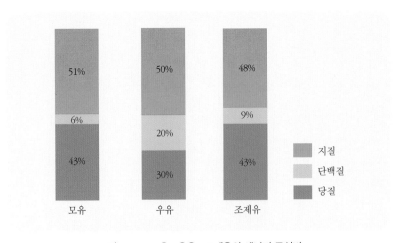

그림 12-7 모유·우유·조제유의 에너지 구성비

모유의 성분은 아기가 성장함에 따라 함께 변화한다. 예를 들어, 출산 직후 분비되는 초유와 출산 30일 이후에 분비되는 성숙유의 성분차이는 아기의 성장에 따른 영양소 요구량의 변화를 반영하고 있다.

(3) 면역인자 포함

모유에는 면역글로불린(IgA) 등을 포함한 다양한 면역성분이 함유되어 있으므로 모유를 먹는 영아는 인공영양아에 비해 병에 대한 저항성이 더 높고, 감염성 질병에 걸릴 확률이 낮다.

(4) 출산 후 체중감소 및 산후 회복촉진

유즙을 만드는 데 필요한 에너지를 충당하기 위하여 모체의 체지방이 연소되므로 모유 수유는 출산 후 산모의 체중감소에 유리하고(제12장 임신기와 수유기 영양, 304쪽, '알고싶어요' 참조), 아기가 젖을 빠는 동안 모체의 뇌에서 분비되는 옥시토신 호르몬에 의해 모체의 자궁수축이 촉진되므로 산후 회복에도 도움이 된다.

(5) 자연피임 효과

아기가 젖을 빨게 되면 모체에서 분비되는 프로락틴(prolactin) 호르몬이 수유부의 배란을 억제하므로 자연피임의 효과가 있다.

(6) 기 타

그 외에도 모유 수유를 하는 경우 유방암 예방, 모자 간의 유대감 강화 및 유아비만 예방 등의 효과를 기대할 수 있고, 아울러 경제적이기도 하다.

3) 수유의 생리

(1) 유방의 해부도

유즙을 생성하는 세포(유포)에서 만들어진 유즙은 유관을 따라 흘러나와 유두를 통해 분비된다. 유포와 유포 사이는 지방·결합조직 및 혈관으로 구성되어 있다(그림 12-8).

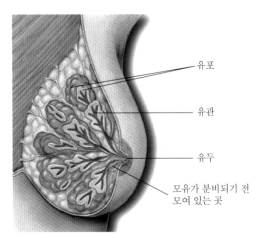

그림 12-8 유방의 해부도

(2) 모유의 생성 및 분비과정

❶ **호르몬 분비의 변화**   임신이 진행되면서 분비량이 증가하는 에스트로겐 (estrogen) 및 프로게스테론(progesteron) 등에 의해 유선조직이 발달하고 임신 기간 중 유방의 무게도 평소의 2~3배로 증가한다. 분만 후에는 에스트로겐과 프로게스테론의 양이 급격히 감소하는 반면, 프로락틴의 분비가 증가한다(그림 12-9)

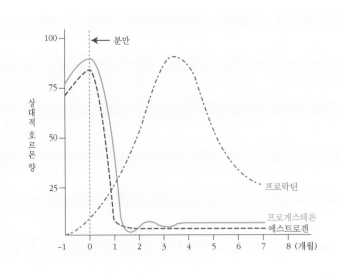

그림 12-9 분만 후 호르몬 분비의 변화

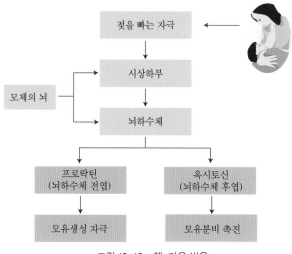

그림 12-10 렛-다운 반응

❷ 렛-다운 반응(Let-down reflex)　모유의 생성과 분비과정은 아기가 젖을 빠는 흡입력과 신경반사, 호르몬 등의 복잡한 상호작용에 의해 조절된다. 아기가 젖을 빨면 유두의 신경자극이 어머니의 뇌로 전달되어 모유의 생성 및 분비를 가능케 한다. 그림 12-10에서 보듯이 아기가 젖을 빠는 자극이 뇌하수체 전엽에 전달되면 프로락틴 분비를 자극하여 유포세포에서 모유생성을 촉진시키는 한편, 뇌하수체 후엽에서는 옥시토신 분비를 자극하여 유관 주위의 근육을 수축시킴으로써 생성된 모유가 유두를 통해 쉽게 분비되도록 한다. 이러한 렛-다운 반응은 유두의 통증, 피로 및 스트레스에 의해 민감하게 영향을 받을 수 있고, 이에 따라 젖이 잘 나오지 않게 되면 성공적인 수유를 방해하는 요인이 될 수 있다.

(3) 유즙 분비량

유즙 분비 능력은 개인의 생리적 특성과 환경에 따라 현저히 다르다. 분만 후 2~3일간은 적은 양의 초유가 분비되고, 그후 유즙 분비량이 급속히 증가하여 생후 1~3주 동안 정상적인 수유가 확립된다.

유즙 분비량은 보통 수유 첫째 및 둘째 주에는 1일 0.5L 정도이나, 점차 증가하여 수유 5개월 이후에는 약 1L에 이르기도 한다. 일반적으로 산모의 영양·건강 상태가 양호한 경우 유즙 생성량은 아기가 젖을 빠는 양에 비례하므로 쌍둥이를 수유하는 산모는 한 아이를 먹이는 산모에 비해 약 2배가량의 유즙이 분비될 수 있다.

젖이 계속적으로 잘 분비되기 위해서는 아기에게 젖을 먹일 때마다 유방을 비우는 것이 좋다. 아기가 전체의 양을 다 빨아먹지 않더라도 남긴 젖을 짜서 배출시켜 버리면 계속적인 유즙 분비에 도움이 된다.

4) 수유부의 영양소 섭취기준

수유부는 유즙의 생성과 분비는 물론이고, 육아와 일상적인 가사를 부담해야 하므로 비수유부에 비해 더 많은 에너지 및 영양소 섭취가 필요하다(표 12-2).

그림 12-11에는 수유부의 영양소 섭취기준이 수유 전에 비해 얼마나 증가하는지를 백분율로 나타내고 있다. 수유기간 동안에는 수유 전에 비해 비타민 A는 75%, 아연은 63%, 그리고 단백질은 55%(20대)~60%(30대) 증가되나 인, 나트륨 및 철의 섭취량은 추가할 필요가 없다.

표 12-2 수유부의 영양소 섭취기준 증가량(비수유부와 비교)

영양소	증가량	영양소	증가량	영양소	증가량
에너지 (kcal)[1]	+340	비타민 B$_1$ (mg)[2]	+0.4	칼슘 (mg)[2]	+0
단백질 (g)[2]	+25	비타민 B$_2$ (mg)[2]	+0.5	인 (mg)[2]	+0
식이섬유 (g)[3]	+5	니아신 (mg)[2]	+3	나트륨 (g)[3]	+0
수분 (mL)[3]	+700	비타민 B$_6$ (mg)[2]	+0.8	마그네슘 (mg)[2]	+0
비타민 A (μg RE)[2]	+490	비타민 B$_{12}$ (μg)[2]	+0.4	철 (mg)[2]	+0
비타민 D (μg)[3]	+0	엽산 (μg)[2]	+150	아연 (mg)[2]	+5
비타민 E (mg α-TE)[3]	+3	비타민 C (μg)[2]	+40	요오드 (μg)[2]	+190
비타민 K (μg)[3]	+0			셀레늄 (μg)[2]	+10

자료: 보건복지부 · 한국영양학회. 2020 한국인 영양소 섭취기준

1) 필요추정량 2) 권장섭취량 3) 충분섭취량

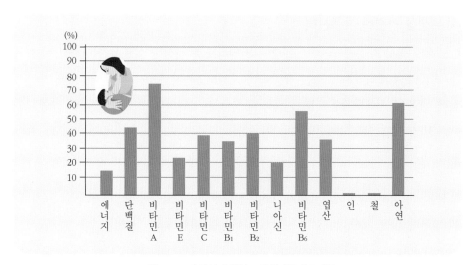

그림 12-11 수유부의 영양소 섭취기준의 증가율

자료: 보건복지부, 한국영양학회, 2020 한국인 영양소 섭취기준

증가율 = [(수유부 − 비수유부) / 비수유부] × 100

5) 수유부의 식사지침

(1) 다양한 식품 섭취

우리나라 수유부는 관습적으로 미역국과 쌀밥을 하루에 5회 이상 먹는 예가 많은데, 이러한 관습은 자칫 탄수화물 및 요오드의 과잉섭취와 함께 단백질·비타민·무기질 등의 섭취부족을 초래할 우려가 있다. 따라서 수유부의 식성이나 소화능력을 고려하여 다양한 식품을 섭취하도록 한다.

(2) 양질의 단백질 섭취

우유나 유제품·달걀 등에는 양질의 단백질뿐만 아니라 비타민 A, 리보플라빈 등이 풍부하므로 매일 우유는 2컵 이상, 달걀도 1~2개를 섭취하도록 한다. 육류나 생선류는 단백질은 물론 철이 풍부하므로 되도록 지방이 적은 부위를 선택하여 매일 150~160g 정도를 섭취하도록 한다.

(3) 신선한 과일 및 채소 섭취

과일과 채소류는 비타민 A와 비타민 C, 그리고 무기질과 섬유질의 급원일 뿐만 아니라 식욕을 촉진하고 소화기능에도 도움이 되므로 충분히 섭취한다.

(4) 위생상 안전한 식품선택

모체의 식사 내용은 곧바로 유즙에 반영되므로 신선한 식품을 선택하고, 섭취하는 식품이 부패되었는지 또는 중금속에 오염되었는지 등을 확인한다. 또한 가공식품에 함유된 식품첨가물에도 유의하여 식품을 선택하되, 될 수 있는 한 가공식품이나 인스턴트 식품은 피한다.

(5) 기 타

젓갈, 짠 김치, 장아찌, 단 과자, 도넛, 진한 커피, 알코올 음료, 매운 음식 등과 같이 염분이 많은 식품, 단 음식, 자극적인 식품은 피한다.

기능성식품과
건강기능식품

1. 기능성식품에 대한 이해

2. 우리나라의 건강기능식품 바로 알기

Chapter **13**

기능성식품과
건강기능식품

우리는 음식을 섭취함으로써 생명을 유지하는 데 필수적인
영양소를 공급받을 뿐만 아니라 다양한 맛과 향기를 통해
일상의 즐거움을 느낀다.
그 외에도 오래된 약식동원(藥食同源)의 개념에서 의미하는 바와 같이
식품을 통해 신체기능을 향상시킬 수 있는데,
이와 같은 식품의 3차 기능이 강조된 식품을 통칭하여 '기능성식품' 이라 한다.
한편, '건강기능식품' 은 한국에서만 통용되는 법제화된 용어로서
기능성식품과 유사한 의미를 지닌다.
건강기능식품은 식품으로 분류되지만 일반 식품과는 차별화되고,
또한 치료를 목적으로 하는 의약품이 아니라는 점에서
무엇보다 철학적인 개념의 정립이 필요하다.

1. 기능성식품에 대한 이해

1) 기능성식품의 정의

식품은 생명유지에 필수적인 영양소를 공급해주는 1차 기능, 맛과 향기 등 개
인의 기호성을 만족시키는 2차 기능, 그리고 질병의 예방 및 회복, 신체 항상성 조
절, 노화억제 등의 신체조절 기능을 담당하는 3차 기능을 지닌다. 기능성식품

(functional food)'이란 식품의 1차, 2차 기능 외에 3차 기능인 신체조절 기능이 강조된 식품을 의미하며, 체중, 혈당, 혈압, 혈행, 혈중 콜레스테롤, 중성지방 농도 및 면역력 등의 생체지표를 조절하는 기능뿐 아니라 간, 관절, 뼈, 장, 피부 등과 같은 신체의 기능을 최상의 상태로 유지하는 데 도움을 주는 기능을 의미한다.

기능성식품에서 중요한 것은 기능성을 나타내는 물질이다. 식품에는 탄수화물, 단백질, 지질(필수지방산 포함)뿐 아니라 각종 비타민과 무기질 성분이 함유되어 있고, 이러한 '영양소'들은 신체에 에너지를 제공하고 고유의 생리활성을 담당한다는 측면에서 이미 기능성 물질이라 볼 수 있다. 식품에는 이와 같이 '영양소'로 정의된 물질들 이외에도 수십 또는 수백 가지의 다양한 화합물들이 포함되어 있으며, 그 중 일부는 영양소는 아니지만 적절한 양을 섭취하는 경우 만성질환을 개선하는 등의 유용한 생리기능을 나타낸다. 예를 들어, 포도주에 많이 들어 있는 레스베라트롤(resveratrol), 녹차의 카테킨(catechin), 토마토의 리코펜(lycopene), 양파에 존재하는 쿼세틴(quercetin), 그리고 대두에 함유된 이소플라본(isoflavone) 등을 포함하여 수십 종의 피토케미컬 성분들은 다양한 성인병을 예방하는 효과가 있는 기능

피토케미컬(phytochemical)

피토케미컬은 식물을 뜻하는 영어 피토(phyto)와 화합물을 뜻하는 케미컬(chemical)의 합성어이다. 식물의 뿌리나 잎에서 만들어지는 모든 화학물질을 총칭하는 용어로 각종 미생물, 해충 등으로부터 자신의 몸을 보호하는 역할을 한다.

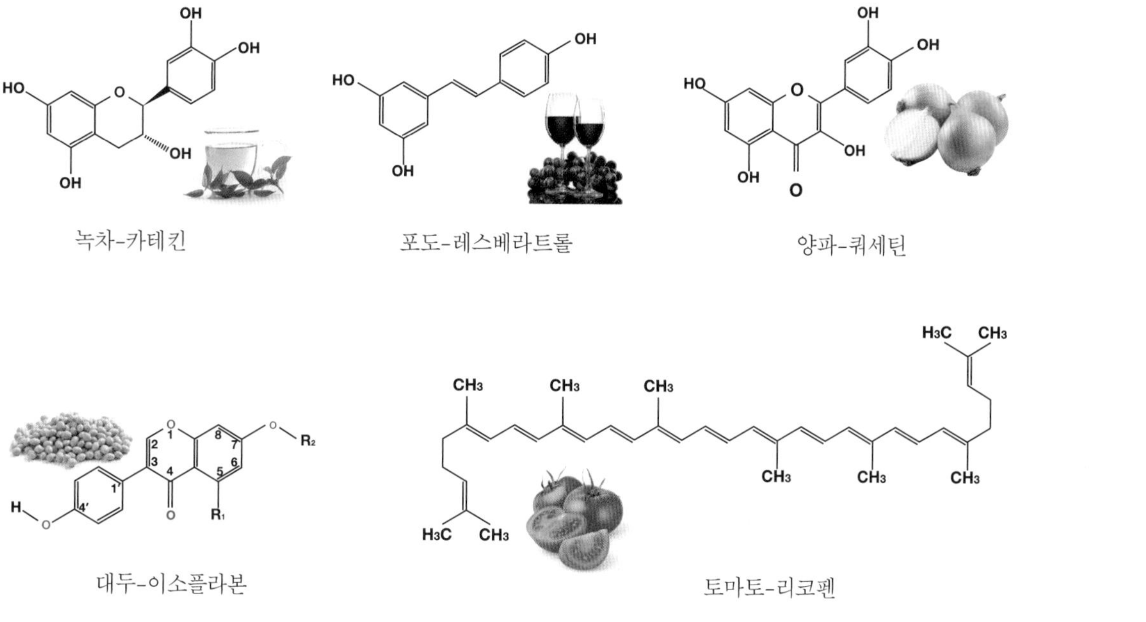

녹차-카테킨

포도-레스베라트롤

양파-쿼세틴

대두-이소플라본

토마토-리코펜

그림 13-1 성인병을 예방하는 기능성 물질이 포함된 식품

성 물질이다(그림 13-1). 기능성식품은 한 가지 기능성 물질로 구성되거나 또는 여러 가지 기능성 물질을 함유한 추출물의 형태일 수도 있으며, 후자의 경우 종종 이들 기능성 물질들의 상호·복합 작용에 의해 신체조절 기능을 나타낸다.

알고 싶어요 ?!

Q 기능성식품과 유사한 용어들이 많아서 혼동돼요……

A 정제, 캡슐 등의 형태를 가지고 식품으로 유통되어 오던 다양한 제품이 있고, 이들은 기능성식품(functional food), 건강보조식품, 식이보충제(dietary supplement, food supplement), 약효식품(nutraceutical), 디자이너푸드(designer food) 및 약리식품(pharmafood) 등과 같은 다양한 용어들로 불렸다. 이들은 모두 법적인 또는 학술적인 용어이기보다는 상업적으로 붙여진 용어들이며, 일상식사에서 섭취가 부족할 수 있는 영양소나 기능성 원료 또는 성분을 보충하기 위해 섭취하는 식품으로 생각할 수 있다.

2) 기능성식품, 과연 필요한가?

기원전 400년 히포크라테스는 음식으로 질병을 고칠 수 있다고 믿었고, 동양에서도 약식동원(藥食同源)의 개념이 오래 전부터 있었다. 현대의학 역시 만성 퇴행성 질환을 식생활 습관병이라 부르는 등 식생활과의 밀접한 연관성을 인정하고 있다. 영양학적 관점에서 '건강식'에 대한 해답을 찾는다면 '균형식'으로 일축될 수 있다. 다섯 가지 기초식품군에 해당되는 식품들을 골고루 적절한 양만큼 섭취한다면 성인병을 예방하고 영양균형과 건강을 유지할 수 있을 것이다. 그러나 문제는 바쁜 현대인에게 매일 다양한 식품재료들을 골고루 구입하여 섭취하는 것이 어려울 수 있고, 그로 인해 영양불균형이 장기화됨으로써 만성질환으로 이어질 가능성이 있다는 점이다. 따라서 영양소 및 비영양 생리활성 성분들을 효율적으로 활용함으로써 신체기능의 개선 및 건강유지에 도움을 줄 수 있고, 이러한 건강 지향적 식생활을 도와주는 보조제로서 기능성식품은 분명 긍정적인 의미가 있다.

고령화 사회로의 진입과 함께 식생활의 변화로 인해 만성질환이 증가하면서 한국 사회도 준건강인, 준환자, 그리고 잠재적인 영양불균형의 범주에 속하는 인구의 수가 급증하고 있다. 약물을 복용해야 하는 환자는 아니지만 질병을 나타내는 지표가 환자와 건강인의 경계역에 있고, 그대로 방치하는 경우 머지않아 질병으로 이환될 것이 예측되는 준건강인의 비율이 환자 또는 건강인의 비율보다 더 높을 수 있다. 또한 전 세계적으로 의료비 절감과 치료효과의 극대화를 위해 의료의 축이 질병의 '치료'에서 '예방'으로 옮겨가고 있으며, 아직까지 의약품을 복용할 단계가 아닌 준건강인의 경우에는 생활습관의 교정과 함께 기능성식품을 올바르게 섭취함으로써 건강증진의 혜택을 볼 수도 있다.

그럼에도 불구하고 기능성식품이 균형 잡힌 식생활 또는 규칙적인 운동을 대체할 수는 없으며, 특정한 음식(whole food)과 건강기능식품을 동일 선상에서 비교할 수 없다는 점을 소비자들은 인지해야 한다. 예를 들어, 비타민 C 제품의 기능성을 비타민 C의 함량만을 기준으로 수십 개의 귤과 비교할 수는 없는데(그림 13-2), 그 이유는 귤에는 비타민 C 이외에도 베타카로틴을 비롯하여 다양한 비타민과 무기질, 식이섬유, 그리고 유용한 피토케미컬 등이 함유되어 있기 때문이다. 또한 환자는 우선적으로 의사의 처방에 따라 약물치료를 받아야 하며, 기능성식품이 이를 대신해 줄 수는 없다.

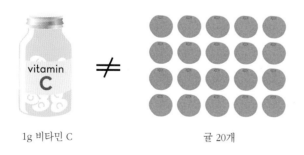

1g 비타민 C   귤 20개

그림 13-2 비타민 C 제품의 기능성, 귤과 단순 비교가 가능할까?

Q 40대 남성인데, 건강검진을 받은 결과 혈중 총 콜레스테롤 수치가 230mg/dL로 정상범위인 200mg/dL보다 높게 나왔는데, 이상지질혈증 약물을 복용해야 할까?

A 우리나라의 '이상지질혈증 치료지침 제정위원회'에서는 혈중 총 콜레스테롤 농도가 240mg/dL를 넘으면 약물치료를 하도록 권장하고, 200mg/dL 이상부터 240mg/dL 이하의 경계역에 있는 사람들에게는 식이요법 및 운동요법 등의 생활습관 치료를 권장한다. 따라서 생활습관 교정과 함께 혈중 콜레스테롤 농도를 정상으로 유지시키는 데 도움을 주는 기능성식품을 섭취함으로써 혈중 콜레스테롤 농도를 조절하고 심혈관계 질환으로 이환되는 속도를 지연시키는 효과를 볼 수 있다.

식이요법·운동요법
혈중 총 콜레스테롤 수치
200~240mg/dL

약물치료
혈중 총 콜레스테롤 수치
240mg/dL 이상

혈중 콜레스테롤 수치에 따른 관리지침

3) 기능성식품은 나라마다 어떻게 발전하였는가?

나라마다 기능성식품 관련 법규의 내용이 다르고, 기능성식품을 의미하는 법적인 용어 또한 상이하다. 미국에서는 1990년 '영양표시및교육법(NLEA)'이 발효되면서 식품을 대상으로 한 '건강강조표시(health claim)'가 가능하게 되었고, 1994년에는 사후 신고제의 형태로 운영되는 '식이보충제건강및교육법(DSHEA)'이 발효되어 식이보충제(dietary supplements)의 기능성 표시가 가능하게 되었다. 일본에서도 1991년 식품위생법을 개정한 '특정보건용식품제도'가 실시되었고, 2001년에는 '보건기능식품제도'가 시행되면서 특정보건용식품뿐만 아니라 영양기능식품까지 포함하게 되었다. 그 밖에 중국의 경우 1996년부터 '보건기능식품관리법'이 시행되었고, 대만에서는 1999년부터 '건강식품관리법'이 시행되었다.

이와 같이 기능성식품 관련 법규의 내용이 나라마다 상이하므로 기능성식품 시장의 성장이 국민건강에 미치는 문제점 또한 나라마다 다르게 나타날 수 있다. 즉, 미국 식이보충제의 경우, 관련법이 시행된 후 기능성식품에 관한 학문연구와 소비자 만족이 전반적으로 증가하였음에도 불구하고 사전 허가절차를 거치지 않은 데서 오는 심각한 안전성 및 부작용 문제가 제기된 사례가 있다. 예를 들어, 에페드린 성분이 함유된 마황을 포함하는 식이보충제 제품이 소비자에게 심각한 위해를 초래하였고, 따라서 미국 식약처는 2004년 2월 뒤늦게 마황이 함유된 제품의 판매 금지명령을 내린 바 있다.

2. 우리나라의 건강기능식품 바로 알기

1) 건강기능식품에 관한 법률

우리나라에서는 1990년대 후반부터 기능성을 표시한 식품이 '건강보조식품'이란 명칭으로 자율관리 체계에서 유통되기 시작하였고, 효능과 부작용에 대한 소비자 불만이 끊임없이 제기되었다. 이에 따라 2004년부터 '건강기능식품에 관한 법률'이 전면 시행되면서, 식품의약품안전청 주도의 '건강기능식품'이 탄생되었다. 따라서 '건강기능식품'이란 우리나라에서만 통용되는 법제화된 용어이며, 기능성식품과 유사한 의미를 가진다.

2) 건강기능식품의 정의

건강기능식품은 "인체에 유용한 기능성을 가진 원료나 성분을 사용하여 제조·가공한 식품"을 말하고(법 제3조 제1호), '기능성'이라 함은 "인체의 구조 및 기능에 대하여 영양소를 조절하거나 생리학적 작용 등과 같은 보건 용도에 유용한 효과를 얻는 것"을 말한다(동조 제2호). 처음에는 건강기능식품의 제형을 정제, 캡슐, 분말,

과립, 액상, 환, 젤리, 바 등으로 제한하였으나, 2008년 3월 21일 건강기능식품에 관한 법률이 개정되면서 제형의 제한이 삭제되었고, 두부, 식용유, 즉석밥 등과 같은 일반식품의 형태로도 기능성 원료를 사용하여 제조한다면 건강기능식품으로 인정받을 수 있게 되었다. 단지 후자의 경우 기능성 원료를 넣어 제조하고자 하는 식품의 유형을 정하여 별도로 식품의약품안전처장의 인정을 받아야 한다.

건강기능식품과 일반식품의 가장 큰 차이는 기능성 원료를 사용하고, 기능성 표현이 허용된다는 점이다. 따라서 건강기능식품은 과학적 자료에 근거하여 안전성과 기능성을 평가한 후 식품의약품안전처장이 인정한 식품이다. 아울러 기능성 원료에는 '건강기능식품공전'에 고시되어 관리되고 있는 '고시형'과 근거자료를 확보한 영업자에게 개별적으로 인정해주는 '개별인정형'의 두 가지가 있다.

(1) 고시형 건강기능식품

건강기능식품에 관한 법률 제14조 제1항의 규정에 의하여 식품의약품안전처장이 품목별로 기준 및 규격을 고시하는 품목을 '고시형 건강기능식품'이라 하며, 별도의 인정절차 없이 해당업자가 제조 또는 수입할 수 있다. '건강기능식품공전'에 수록되어 있는 고시형 건강기능식품 원료는 크게 '영양소'와 '기능성 원료'로 구분된다. '영양소'로 분류되는 고시형 원료는 다시 비타민 및 무기질, 식이섬유, 단백질, 필수지방산으로 구분되며, '기능성 원료'는 현재까지 35개 품목이 등재되어 있고, 터핀류, 페놀류, 지방산 및 지질류, 당 및 탄수화물류, 발효미생물류, 아미노산 및 단백질류, 그

표 13-1 고시형 기능성 원료의 명칭 및 인정된 기능성 내용

분류	원료명	기능성 내용
터핀류	인삼	면역력 증진, 피로 회복
	홍삼	면역력 증진, 피로 회복, 혈액 흐름 개선
	엽록소 함유 식물	피부 건강, 항산화 작용
	클로렐라	피부 건강, 항산화 작용
	스피룰리나	피부 건강, 항산화 작용, 혈중 콜레스테롤 조절
페놀류	녹차추출물	항산화 작용
	알로에 전잎	배변활동 원활
	프로폴리스추출물	항산화 작용, 구강 항균 작용

(계속)

분류	원료명	기능성 내용
지방산 및 지질류	오메가-3 지방산 함유 유지	혈중 중성지질 개선, 혈행 개선
	감마리놀렌산 함유 유지	콜레스테롤 개선, 혈행 개선
	레시틴	콜레스테롤 개선
	스콸렌	항산화 작용
	식물스테롤/ 식물스테롤에스테르	콜레스테롤 개선
	알콕시글리세롤 함유 상어간유	면역력 증진
	옥타코사놀 함유 유지	지구력 증진
	매실추출물	피로 개선
	공액리놀레산	체지방 감소
당 및 탄수화물류	글루코사민	관절 및 연골 건강
	N-아세틸글루코사민	관절 및 연골 건강, 피부 보습
	뮤코다당·단백	관절 및 연골 건강
	식이섬유	콜레스테롤 개선, 식후 혈당 상승 억제, 배변활동 원활 (*식이섬유 종류에 따라 다름)
	알로에 겔	피부 건강, 장 건강, 면역력 증진
	영지버섯	혈행 개선
	키노산/키토올리고당	콜레스테롤 개선
	프럭토올리고당	유익균 증식, 유해균 억제, 배변활동 원활, 칼슘 흡수
발효미생물류	프로바이오틱스	유익균 증식, 유해균 억제, 배변활동 원활
	홍국	콜레스테롤 개선
아미노산 및 단백질류	대두단백	콜레스테롤 개선
일반 원료	로열제리	영양 보급, 건강 증진 및 유지, 고단백 식품
	버섯	생리활성 물질 함유, 건강 증진 및 유지
	식물추출물발효	건강 증진 및 유지, 체질 개선, 영양 공급원
	자라	건강 증진 및 유지, 영양보급, 단백질 공급원, 신체기능 활성화, 체력 증진, 체력 보강
	효모	영양불균형 개선, 영양 공급원, 건강 증진 및 유지, 신진대사 기능
	효소	신진대사 기능, 건강 증진 및 유지, 체질 개선
	화분	영양 보급, 피부 건강, 건강 증진 및 유지

리고 일반 원료 등으로 구분된다. 표 13-1에는 각 유형별 고시형 기능성 원료의 명칭 및 인정된 기능성 내용이 정리되어 있다.

(2) 개별인정형 건강기능식품

'개별인정형 건강기능식품' 원료는 안전성 및 기능성에 대한 과학적 평가를 토대로 식품의약품안전처장이 인정한 원료를 뜻하고, 과학의 발전 속도에 맞추어 빠르게 품목을 확대할 수 있는 근거가 된다. 즉, 영업자가 원료의 안전성 및 기능성과 관련한 과학적 근거자료를 제출하고 인정을 신청하면, 식품의약품안전처장은 신청일로부터 120일 이내에 평가를 마쳐야 하고, 해당 영업자에게 인정서를 발급할 수 있다. 인정서를 발급받은 영업자에 한해 개별인정형 원료를 제조 또는 수입할 수 있는 권한이 주어진다.

건강기능식품에 관한 법률이 시행된 이후 총 144건의 개별인정형 건강기능식품 원료가 인정되었으며(2011년 7월 말 기준), 이를 기능성 내용별로 분류해 보면 '관절/뼈 건강'이 16개 품목으로 가장 많고, 그 다음이 콜레스테롤/중성지방 개선'(14개), 혈당 조절(14개), 체지방 감소(12개), 장 건강(11개), 항산화(9개), 혈압 조절(9개), 피부 건강(9개), 두뇌 건강(8개), 면역기능 개선(9개), 기억력 개선(6개), 혈행 개

표 13-2 기능성 내용별로 분류한 개별인정형 건강기능식품 원료 현황 (2011년 7월 30일 기준, 총 144개 품목)

기능성 표시(품목 수)	기능성 원료
관절/뼈 건강(16)	칼슘-폴리감마글루탐산, 피토쏘야(phytosoya), 대두이소플라본, 바이오이소플라본, 리프리놀-초록입홍합추출오일, 호프추출물, 지방산복합물, 차조기등복합추출물(KD-28), 로즈힙분말, 디메틸썰폰, 유니베스틴케이황금등복합물, 초록입홍합추출오일복합물, 글루코사민, N-아세틸글루코사민, 전칠삼추출물등복합물, 흑효모배양액분말
혈중 콜레스테롤/중성지방 개선(14)	DHA농축유지, 디글리세라이드(DG)함유유지, 난소화성말토덱스트린, 창녕양파추출액, 보리베타글루칸추출물, 홍국쌀, 보이차추출물, 아마인, 식물스타놀에스테르, 폴리코사놀-사탕수수왁스알코올, 유니벡스대나무잎추출물, 알로에복합추출물, 분말알로에추출물, 분말스피루리나원말
혈당 조절(14)	탈지달맞이꽃종자주정추출물, 지각상엽추출혼합물, 동결건조누에분말, 노팔(nopal)추출물, 참밀알부민, 콩발효추출물, 솔잎증류농축액, 탈지달맞이꽃종자주정추출물, 구아바잎, CJ홍경천등복합추출물, 피니톨, 바나바주정추출물, 쥐눈이콩펩타이드복합물, 구아바잎추출물

(계속)

기능성 표시(품목 수)	기능성 원료
체지방 감소(11)	콜레우스포스콜리추출물, 녹차추출물, 레몬밤추출물혼합분말, 깻잎추출물, 중쇄지방산(MCFA)함유유지, 대두배아열수추출물등복합물, 가르시니아캄보지아추출물, green mate extract FFLA920, 공액리놀레산, CJ히비스커스등복합추출물, 디글리세라이드(DG)함유유지
장 건강(11)	자일로올리고당(xylooligosaccharide)분말, 락추로스파우더, 프로바이오틱스, 커피만노올리고당분말, 구아검가수분해물, 액상프럭토올리고당(고형분 기준 55%), 분말한천, 대두올리고당, 이소말토올리고당, 라피노스, 밀전분유래난소화성말토덱스트린
항산화(9)	연어펩타이드, 고순도녹차(EGCG 90%), 토마토추출물, PME-88메론추출물, 코엔자임Q10, 복분자주정추출폴리페놀, 브로콜리스프라우트분말, 포도종자추출물, 피크노제놀-프랑스해안송껍질추출물
혈압 조절(9)	아티초크추출물, 지초추출분말, 해태올리고펩티드, L-글루타민산유래GABA함유분말, 코엔자임큐텐, 올리브잎주정추출물, 카제인가수분해물, 가쓰오부시올리고펩타이드, 정어리펩타이드
피부 건강(9)	AP콜라겐효소분해펩티드, 비즈왁스알코올, 쌀겨추출물, 홍삼/사상자/산수유복합추출물, 곤약감자추출물, 히알루론산나트륨, N-아세틸글루코사민, 소나무껍질추출물등복합물, 곤약감자추출분말
두뇌 건강(8)	인삼가시오갈피등혼합추출물, 홍삼농축액, 원지추출분말, CJ테아닌등복합추출물, 은행잎추출물, 피브로인추출물, 대두포스파티딜세린, 참당귀주정추출분말
면역기능 개선(9)	다래추출물분말/액상, 금사상황버섯, 게란티바이오-Ge효모, L-글루타민, FK-23(enterococcus faecalis), 당귀혼합추출물, 표고버섯균사체, 소엽추출물, 클로렐라
기억력 개선(6)	테아닌등복합추출물, 피브로인효소가수분해물, 원지추출분말, 홍삼농축액, 당귀등추출복합물, 녹차추출물/테아닌복합물
혈행개선(5)	HK나토배양물, DW정제오징어유, 피크노제놀-프랑스해안송껍질추출물, 은행잎추출물, DHA농축유지
간 기능 개선(5)	표고버섯균사체, 밀크씨슬추출물, 표고버섯균사체추출물분말, 헛개나무과병추출분말, 복분자추출분말
갱년기 여성(4)	석류농축액, 회화나무열매추출물, 석류추출물, 백수오등복합추출물
눈 건강(4)	루테인, 헤마토코쿠스추출물, 빌베리주정추출물, 루테인복합물
과민반응에 의한 코 상태 개선(3)	아세로라농축물, 구아바잎추출물, enterococcus faecalis 가열처리건조분말
운동수행능력 향상(3)	크레아틴, 마카젤라틴화분말, 동충하초발효추출물(지구력 증진)
전립선 건강(2)	쏘팔메토열매추출물, 쏘팔메토열매추출물등복합물

(계속)

기능성 표시(품목 수)	기능성 원료
긴장 완화(2)	유단백가수분해물, L-테아닌
요로 건강(2)	크랜베리추출물, 파크랜크랜베리분말
피로 개선(2)	발효생성아미노산복합물, 홍경천추출물
인지능력 개선(2)	참당귀뿌리주정추출분말, 포스파티딜세린
칼슘 흡수 도움(2)	액상프럭토올리고당, 칼슘PGA
충치발생 위험 감소(1)	자일리톨

선(5개), 그리고 간 기능 개선(5개) 등의 순으로 나타났다. 표 13-2에는 현재까지 인정된 개별인정형 건강기능식품 원료 품목들을 인정된 기능성 내용별로 제시하였다.

3) 일반식품, 건강기능식품과 의약품은 서로 어떻게 다른가?

건강기능식품의 위치를 일반식품, 그리고 의약품과 비교하여 표 13-3에 정리하였다. 일반식품은 '식품위생법', 그리고 의약품은 '약사법'에 의해 관리되는 한편, 건강기능식품은 별도의 '건강기능식품법'에서 관리된다. 건강기능식품은 건강인 및 준건

표 13-3 일반식품 vs 건강기능식품 vs 의약품

	식품		의약품
	일반식품	건강기능식품	
관련법규	식품위생법	건강기능식품법	약사법
제형	일반식품 형태	정제, 캡슐, 분말, 과립 액상, 환, 젤리, 바, 일반식품의 형태도 포함	정제, 캡슐, 분말, 과립, 액상, 환 등
인정 절차	기준규격형	고시형 개별인정형	기준규격형 개별인정형
안전성	위해성 배제	위해성 배제	위해/이득 균형
기능성	표시 못함	기능성 표기 가능 −영양소 기능 표시 −기타 기능 표시 −질병 발생 위험 감소 표시	유효성 표시 가능 −질병의 진단, 치료, 경감, 처치 또는 예방 효과

강인이 '건강 유지 및 증진'을 목적으로 섭취하는 식품인 반면, 의약품은 환자가 '질병의 치료'를 목적으로 복용하는 점에서 근원적인 차이가 있다. 일반식품과 건강기능식품의 큰 차이점 중의 하나는 일반식품의 경우 기능성 표현이 허용되지 않으나, 건강기능식품은 인체에 유용한 기능성 표시가 허용되어 있다. 제형을 기준으로 볼 때, 건강기능식품의 경우 의약품에서 허용되는 정제, 캡슐, 분말, 과립, 액상, 환 등의 제형이 보편적으로 허용되는 한편, 일반식품의 형태로도 가능하다. 의약품의 경

알고 싶어요 ?!

Q 약국에서 구입한 철분제는 의약품일까 아니면 건강기능식품일까?

A 동일한 원료 또는 성분이라 하더라도 환자가 아닌 건강인 또는 준건강인이 섭취하여 인체의 구조 및 기능에 유용한 효과를 나타냈다면 식품으로 정의되나, 질병 치료의 목적으로 이용되었다면 약품으로 보아야 한다. 예를 들어, 심각한 철분 결핍성 빈혈환자에게 철분보충제는 의약품으로 해석되나, 임상적·생화학적 기능 저하(예: 빈혈증상)가 나타나지 않은 상태에서 저장철을 나타내는 지표인 혈중 페리틴 농도가 정상 수준보다 낮은 사람들에게 있어서 철분보충제는 건강기능식품이다. 치료제 또는 건강식품인가에 따라 철분제의 용량에 차이가 있을 수 있다. 대다수의 한국 가임기 여성은 빈혈 증상까지 나타나지 않으나 저장철분이 고갈된 경계역의 철분 결핍 상태에 종종게 되므로, 식사가 불규칙한 가임기 여성이 함유 건강기능식품을 섭취하는 것은 건강증진에 도움이 된다.

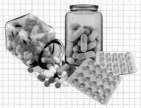

준건강인에게는 건강기능식품, 환자에게는 의약품인 철분제

Q 당뇨 환자인데 '식후 혈당 조절' 기능성을 인정받은 건강기능식품을 당뇨약과 병행하여 섭취해도 될까?

A 건강기능식품 원료·성분 인정을 위해 요구되는 과학적 자료는 임상 1상, 2상 및 3상을 거쳐 안전성 및 유효성을 입증해야 하는 의약품 허가와는 큰 차이가 있다. 이와 같이 신약과는 차별화된 시험관리 기준으로 인정받은 건강기능식품을 환자들을 대상으로 한 치료보조제 또는 대체의약품으로 사용한다면, 대사기능이 약화된 환자들에게 심각한 문제를 야기하고 국민건강을 위해할 소지가 있다.

우 부작용이 다소 있더라도 약효에 대한 기대가 더 크기 때문에 복용을 하나, 의사의 처방 없이 불특정 다수가 장기간 섭취하는 건강기능식품의 경우에는 일반식품과 마찬가지로 안전성에 문제가 없어야 하고 부작용이 나타나서는 안 된다.

4) 건강기능식품의 표시기준

(1) 건강기능식품의 기능성 표시 종류

❶ **영양소 기능 표시**   신체의 정상적인 기능을 유지하는 데 필요한 영양소의 생리적 기능을 나타낸다(예시: "엽산은 적혈구 형성에 중요한 역할을 한다.").

❷ **기타 기능 표시**   영양소 이외의 기능성 원료가 신체의 정상적인 기능을 향상시킨다는 내용을 표시한다(예시: "홍삼은 면역력 증진에 도움을 준다.").

❸ **질병 발생 위험 표시**   질병의 발생률을 감소시킨다는 내용의 표시로 의약품의 질병 치료, 예방, 증상 완화와는 구분되는 개념이며, 매우 제한적으로 허용하고 있다(예시: "자일리톨은 충치발생의 위험을 감소시킬 수 있다.").

(2) 건강기능식품의 용기, 포장에 의무적으로 표시하여야 하는 사항

그림 13-3   건강기능식품 마크

알고 싶어요 ?!

Q 시중에 유통되는 건강지향적 식품들과 건강기능식품을 어떻게 구별할 수 있을까?

A 우선 제품 포장지에 '건강기능식품'이라는 명시 또는 '건강기능식품 마크'가 있는지를 확인하고, 이러한 표시가 없다면 식품의약품안전처장이 인정한 건강기능식품이 아니라고 판단해야 한다. 건강기능식품을 유사 용어(건강식품, 기능성식품, 건강보조식품, 식이보조제 등)와 혼동하거나 보완요법 및 치료보조제로 혼동해서는 안된다.

〈예시 1〉

① 영양 · 기능정보

② 1회 분량/1일 섭취량 : ○정(○mg)

1회 분량/ 1일 섭취량당	함량	%영양소 기준치
③ 열량	150kcal	
탄수화물	23g	7%
당류	10g	
단백질	2g	3%
지방	6g	11%
나트륨	55mg	2%
④ 비타민 C	11mg	20%
칼슘	20mg	7%
⑤ 기능성분 또는 지표성분	○ mg	

⑥ ※%영양소기준치 : 1일 영양소기준치에 대한 비율

〈예시 2〉

① 영양 · 기능정보

② 1회 분량/1일 섭취량 : ○정(○mg)

1회 분량/ 1일 섭취량당	함량	%영양소 기준치
③ 열량	150kcal	
탄수화물	23g	7%
당류	10g	
식이섬유	3g	12%
단백질	2g	3%
지방	6g	11%
포화지방산	2g	13%
불포화지방산	3g	
트랜스지방		
콜레스테롤	10mg	3%
나트륨	55mg	2%
④ 비타민 C	11mg	20%
칼슘	20mg	7%
⑤ 기능성분 또는 지표성분	○ mg	

⑥ ※%영양소기준치 : 1일 영양소기준치에 대한 비율

〈예시 3〉

① 영양 · 기능정보 ② 1회 분량/1일 섭취량 : ○ 정(○mg)	1회 분량/ 1일 섭취량당	함량	%영양소 기준치	1회 분량/ 1일 섭취량당	함량	%영양소 기준치
	③ 열량	150kcal		단백질	2g	3%
	탄수화물	23g	7%	지방	6g	11%
	당류	10g		나트륨	55mg	2%
	④ 비타민 C	11mg	20%	칼슘	20mg	7%
	⑤ 기능성분 또는 지표성분	○ mg				

⑥ ※%영양소기준치 : 1일 영양소기준치에 대한 비율

〈예시 4〉

① 영양 · 기능정보   ② 1회 분량/1일 섭취량 : ○ 정(○ mg)

1회 분량/1일 섭취량당 함량 : 열량   kcal, 탄수화물 ○g(○%), 당류 ○g, 단백질 ○g(○%), 지방 ○g(○%), 나트륨 ○mg(○%), 비타민 C ○mg(○%), 칼슘 ○mg(○%), 기능성분 또는 지표성분 ○mg

③ ※( )안의 수치는 1일 영양소기준치에 대한 비율임

그림 13-4 영양 · 기능정보 표시요령 및 방법

① '건강기능식품'이라는 표시가 있어야 한다(그림 13-3).

② 영양정보(영양소 및 함량)와 기능정보(기능성 성분 또는 원료의 지표성분 및 그 함량)가 표시되어야 한다(그림 13-4).

③ 섭취량 및 섭취방법, 섭취 시 주의사항이 기재되어야 한다.

④ 유통기한 및 보관방법이 기재되어야 한다.

⑤ "질병의 예방 및 치료를 위한 의약품이 아니다."라는 내용의 표현이 적혀 있어야 한다.

5) 건강기능식품의 허위·과대 표시나 광고 금지

건강기능식품의 기능성을 표시·광고하기 위해서는 식약처장이 정한 심의기준, 방법 및 절차에 따라 심의를 받아야 한다. 다음의 다섯 가지 사항을 허위 표시·광고로 규정하고, 이를 위반하는 경우 5년 이하의 징역 또는 5,000만 원 이하의 벌금에 처하도록 규정하고 있다.

① 질병의 예방 및 치료에 효능·효과가 있거나 의약품으로 오인·혼동할 우려가 있는 내용을 표시·광고해서는 안되며, 질병의 표시에 해당할 수 있는 표현 내용은 다음과 같다.
   - 질병 또는 질병군의 발생을 사전에 방지한다는 내용
   - 질병 또는 질병군에 효과가 있다는 내용(다만, 질병이 아닌 인체의 구조 및 기능에 대한 보건용도의 유용한 효과는 해당되지 아니한다.)
   - 질병의 특징적인 징후 또는 증상에 대하여 효과가 있다는 내용
   - 제품명, 학술자료, 사진 등을 활용하여 질병과의 연관성을 암시하는 내용
   - 의약품에 포함된다는 내용
   - 의약품을 대체할 수 있다는 내용
   - 의약품의 효능 또는 질병 치료의 효과를 증가시킨다는 내용

② 사실과 다르거나 과장된 내용을 금한다.

③ 소비자를 기만하거나 오인·혼동시킬 우려가 있는 내용을 표시·광고해서는 안된다.

Q '특수용도식품'은 건강기능식품과 다른가?

A '특수용도식품'은 식품위생법에서 관리되며, 특수한 상황에 있는 대상자들의 영양관리를 위한 식사대용식으로 영아용 조제식, 성장기용 조제식, 영·유아용 곡류조제식, 기타 영·유아식, 특수 의료용도 식품, 체중조절용 조제식품, 임산·수유부용 식품 등이 포함된다.

건강기능식품의 기능성을 표현하는 데 있어서 질병의 표시에 해당할 수 있는 표현인지를 구분하는 것이 어려울 수도 있다. 다음과 같은 표현의 예시는 질병의 표시에 해당한다고 볼 수 있다.

1	질병 예방	• 중풍 예방, 위장 출혈 예방, 천식 예방, 동맥경화 예방, 고혈압 예방 • 암 예방 • 악성 종양 발생을 예방
2	질병 치료	• 류머티즘 관절염 환자 치료에 효과 • 천식 환자의 치료에 효과 • 당뇨에 좋은 식품, 변비에 좋은 식품
3	질병과 관련한 증상이나 증후	• 인슐린이 부족한 사람들의 혈당 조절에 도움 • 아토피 피부염 증상 완화에 도움 • 알레르기 비염 완화에 도움 • 관절 통증 완화에 도움 • 두통 완화에 도움 • 항암제로 인한 호중구 감소 증상을 개선 • 통증 완화에 도움
4	질병으로 간주될 수 있는 신체의 변화	• 임신중독증에 도움 • 갱년기의 골다공증 예방, 치매 예방 • 낭포 여드름 피부에 도움
5	질병 치료의 대체	• 비만 치료에 도움 • 전립선 비대증 환자의 치료에 도움 • 천연 항생제
6	치료제와 병행하는 섭취방법	• 혈당 강하제와 함께 복용 시 혈당 조절에 도움 • 고혈압 치료제와 함께 복용하면 도움
7	질병이나 질병을 일으키는 요인에 대한 신체의 능력	• 바이러스 감염에 대한 신체 저항력을 키워 감기 예방에 도움 • 감염질환 환자의 면역력을 증진시키는 데 도움
8	질병 치료의 부작용 경감	• 항암제 복용의 부작용을 줄이는 데 도움 • 항생제 복용으로 인한 설사를 줄이는 데 도움
9	기 타	• 금연보조제 식품

찾아보기

ㄱ

가시적 지질 106
각기병 186
간순환 52
갈락토오스 76
개별인정형 건강기능식품 328
건강강조표시 324
건강기능식품 271, 325
건강기능식품 마크 332
건강기능식품법 330
건강기능식품에 관한 법률 325
건강식품관리법 325
고시형 건강기능식품 326
골다공증 173
골밀도 211
과당 76
관상심장병 131
구루병 173
구리 231
구순구각염 188
권장섭취량 15
권장식사패턴 23
균형식 4
글리코겐 78, 84
기능성식품 320
기능성 원료 326
기능정보 332
기초대사량 238
기타 기능 표시 332

ㄴ

나트륨 216
니아신 189
니코틴 293

ㄷ

다당류 77
다량 무기질 205, 207

단당류 75
단백질의 보완효과 154
당뇨병 89
대장 49
대표식품의 1인 1회 분량 22

ㄹ

레티놀 166
렛-다운 반응 315
리놀레산 108
리놀렌산 108
리보플라빈 187

ㅁ

마그네슘 223
마라스무스 151
맥아당 77
모유 수유 311
미국의 식사모형 25
미량 무기질 205, 224

ㅂ

보건기능식품관리법 325
보건기능식품제도 324
부종현상 61
불완전단백질 154
불포화지방산 107
불필수아미노산 85, 138
비가시적 지질 106
비만 254
비만치료제 270
비오틴 196
비타민 A 166
비타민 B_1 185
비타민 B_2 187
비타민 B_6 190
비타민 B_{12} 193
비타민 B 복합체 162

비타민 C 178
비타민 D 170
비타민 E 174
비타민 K 177
비헴철 225

ㅅ

사망원인 6
상한섭취량 15
생화학적 방법 37
설염 188
설탕 77
식이섬유 78
세트-포인트 245, 268
세포 52
세포내액 60
세포외액 60
셀레늄 230
소장 45, 48
소장 상피벽 48
소장순환 52
소화계 42
소화과정 44
수분 섭취량 59
수분 손실량 59
수분평형 58
수용성 비타민 166, 178
수유부의 식사지침 317
수유부의 영양소 섭취기준 316
순환계 51
습관성 유산 305
식사구성안 20
식사기록법 38
식사력 조사법 39
식사조사법 38
식생활 실천지침 26
식이보충제 322
식이보충제건강및교육법 324

찾아보기

식이섬유 95
식품구성자전거 23
식품군 21
식품섭취빈도 조사법 39
식품위생법 330
식품의 열량소대사량 242
식품표시제도 29
신경성 섭식장애 246
신경성 식욕부진증 248
신경성 탐식증 250
신장순환 52
신체계측법 35
실측법 39
심혈관질환 295

ㅇ

아라키돈산 109
아미노산 138
아연 229
알코올 276
암 294
엽산 191
영양 8
영양권장량 14
영양소 섭취기준 14
영양소 8, 326
영양소 기능 표시 332
영양정보 334
영양표시 및 교육법 324
영양표시제도 29
영양학 9
완전단백질 153
요오드 228
위 44
유당 77
유당 불내성 92
융모막 48
이당류 77

이상지질혈증 129
인 215
인지질 112
일산화탄소 292
임상적 방법 38
임신 301
임신부의 식사지침 308
임신부의 영양소 섭취기준 306
임신중독증 305
임신합병증 304
입덧 306

ㅈ

자당 77
전분 77
젖산 83
제한아미노산 144
조산 304
중성지방 109
지방산 106
지용성 비타민 165, 166
지질 104
질병 발생 위험 표시 332
질병의 표시 336
질소평형 147

ㅊ

철 224
철결핍성 빈혈 226
체질량지수 255
총 당류 86
충분섭취량 15
충치 93

ㅋ

칼륨 222
칼슘 207
케토시스 79

코발트 231
콜레스테롤 113
콜레스테롤에스터 119
콰시오커 151

ㅌ

타르 293
탈수현상 62
태반 302
특수용도식품 335
특정보건용식품제도 324
티아민 185

ㅍ

판토텐산 195
평균수명 5
평균필요량 15
폐순환 51
포도당 76
포화지방산 107
프로비타민 A 166
피토케미컬 321
필수아미노산 138
필수지방산 108

ㅎ

한국인 영양소 섭취기준 14
헴철 225
혈당 88
혈액과 림프 50
활동대사량 241
흡연 289

24시간회상법 38
ATP 82

저자 소개

박 태 선

연세대학교 식품영양학과 (학사)
연세대학교 식품영양학과 (석사)
미국 매사추세츠 주립대학교 (M.S.)
미국 캘리포니아 주립대학교 (데이비스) (Ph.D.)
미국 스탠포드 의과대학 박사후 연구원
미국 팔로알토 의학연구소 박사후 연구원
미국 스탠포드 의과대학 선임연구원
현재 연세대학교 식품영양학과 교수
저서 Anti-Obesity Drug Discovery and Development (2011)
　　　Dietary Modulation of Cell Signaling (2008)
　　　영양생화학실험 (2004)
　　　21세기 스포츠영양 (2001)
　　　식이요법 실습서 (1999)
　　　한국인의 식생활 100년 평가(I)-20세기를 중심으로 (1998)
　　　한국인의 식생활 100년 평가(II)-20세기를 중심으로 (1998)

김 은 경

연세대학교 식품영양학과 (학사)
연세대학교 식품영양학과 (석사)
연세대학교 식품영양학과 (박사)
연세대학교 식품영양학과 방문교수
미국 알라바마 주립대학교 방문교수
현재 강릉원주대학교 식품영양학과 교수
저서 생애주기영양학 (2007)
　　　식이요법 실습서 (1999)
　　　한국인의 식생활 100년 평가(I)-20세기를 중심으로 (1998)
　　　한국인의 식생활 100년 평가(II)-20세기를 중심으로 (1998)

3판
현대인의 생활영양

2000년 3월 5일 초판 인쇄 | 2011년 2월 25일 19쇄 초판 발행 | 2011년 8월 31일 2판 발행
2017년 3월 3일 2판 7쇄 수정 발행 | 2021년 2월 26일 3판 발행 | 2022년 8월 17일 3판 2쇄 발행

지은이 박태선 · 김은경 | **펴낸이** 류원식 | **펴낸곳 교문사**

편집팀장 김경수 | **디자인** 이수미

주소 (10881)경기도 파주시 문발로 116 | **전화** 031-955-6111 | **팩스** 031-955-0955

홈페이지 www.gyomoon.com | **E-mail** genie@gyomoon.com

등록 1968. 10. 28. 제406-2006-000035호

ISBN 978-89-363-2142-0 (93590) | 값 22,000원